信息安全
技术大讲堂

从实践中学习

TCP/IP协议

大学霸IT达人◎编著

U0208461

机械工业出版社
China Machine Press

图书在版编目（CIP）数据

从实践中学习TCP/IP协议/大学霸IT达人编著. —北京：机械工业出版社，2019.7
（2020.7重印）

（信息安全技术大讲堂）

ISBN 978-7-111-63037-1

Ⅰ. 从…　Ⅱ. 大…　Ⅲ. 计算机网络－通信协议　Ⅳ. TN915.04

中国版本图书馆CIP数据核字（2019）第126612号

从实践中学习 TCP/IP 协议

出版发行：机械工业出版社（北京市西城区百万庄大街 22 号　邮政编码：100037）

责任编辑：欧振旭　李华君　　　　　　　　责任校对：姚志娟

印　　刷：中国电影出版社印刷厂　　　　　版　　次：2020 年 7 月第 1 版第 2 次印刷

开　　本：186mm×240mm　1/16　　　　　印　　张：17.75

书　　号：ISBN 978-7-111-63037-1　　　　定　　价：79.00 元

凡购本书，如有缺页、倒页、脱页，由本社发行部调换

客服热线：（010）88379426　88361066　　　投稿热线：（010）88379604

购书热线：（010）68326294　　　　　　　　读者信箱：hzit@hzbook.com

　　TCP/IP 协议（TCP/IP Protocol Suite）是互联网通信的基础框架。它采用分层结构，规定了数据如何封装、寻址、传输、路由和接收。为了实现这些功能，TCP/IP 协议包含了几十种网络协议，构成了一个协议族。所以，想要系统地了解网络的运行原理，必须要系统地学习 TCP/IP 协议的相关知识。

　　由于 TCP/IP 协议对整个互联网运作进行了标准化，所以它包含大量的理论知识。同时，由于大部分协议都被隐藏在系统和软件内部，用户无法直接接触，更不可能复现，因此传统 TCP/IP 协议的学习过程漫长而又枯燥乏味。

　　本书便是针对这种现状而写，主要是结合理论，并通过实际动手实践，带领读者掌握 TCP/IP 的相关知识。本书结合了 Wireshark 和 netwox 工具对 TCP/IP 协议进行讲解。其中，netwox 工具提供了大量模块，允许用户手动创建各种协议的数据包，而 Wireshark 工具则可以捕获数据包，直观地展现用户创建的数据包。

本书有何特色

1. 结合netwox进行讲解

　　在 TCP/IP 协议族中，很多协议都是隐藏在系统底层，如 ARP 和 ICMP 协议。用户无法接触到这类协议，只能面对抽象的理论。而 netwox 是一个非常强大的网络工具集，它包含 200 多个模块，可以生成各种网络报文。本书结合该工具，生成讲解所需的各种报文，这样读者就可以避免单纯地进行理论学习。

2. 基于协议模型逐层讲解

　　在 TCP/IP 协议族中，各个协议各司其职，分属不同的协议层，从底层开始，逐层依赖，协调工作。为了便于读者掌握该理念，本书严格按照层次结构，逐层讲解每一层的作用和相关协议。

3. 充分讲解网络组成的相关协议

　　TCP/IP 协议族不仅规范了数据的传输方式，还规定了网络组成方式和运作机制。例如，ARP 协议规范了 IP 和 MAC 地址的转化方式；DHCP 协议规范了主机如何获取 IP 地址。只有掌握这类协议，才能完整地理解互联网数据传输机制。本书详细地讲解了这类协议，如 ARP、DHCP、DNS 和 ICMP 协议。

4．详细讲解网络维护类协议

为了方便管理网络，TCP/IP 协议族中包含了大量的维护类协议，如 SNMP、Telnet 和 WHOIS。这些协议广泛应用于实际的网络维护和网络安全领域。本书将详细地讲解这类协议，帮助读者理解协议实际应用的重要性。

5．内容延伸到安全领域

TCP/IP 协议是网络运行的基础，也是网络安全人员的必备知识。本书从协议报文的基础理论出发，将内容延伸到网络安全领域，充分讲解各个协议在安全领域的应用方式。通过学习，读者可以更深刻地理解网络协议的重要性。

6．提供完善的技术支持和售后服务

本书提供了专门的 QQ 交流群（343867787），方便大家交流和讨论学习中遇到的各种问题。同时，本书也提供了专门的售后服务邮箱 hzbook2017@163.com。读者在阅读本书的过程中若有疑问，可以通过该邮箱获得帮助。

本书内容

第 1、2 章详细讲解了网络协议的基础知识，内容包括网络组成、网络协议的结构、网络访问层的构成。另外，还讲解了学习必备的两个工具 Wireshark 和 netwox。

第 3 章讲解了网际层和 IP 协议，内容包括 IP 地址的规范、IP 协议工作方式和报文结构。另外，本章还讲解了如何构建 IP 数据包，基于该协议实施洪水攻击。

第 4、5 章讲解了 ARP 和 ICMP 协议。这两个协议负责局域网内和网际之间的数据传输和寻址的关键环节。其中，ICMP 协议也是网络维护和网络安全的重要协议。

第 6、7 章讲解了传输层和 TCP、UDP 协议。传输层负责用户数据的传输。TCP 和 UDP 是最常见和最重要的数据传输协议，这两个协议代表了数据传输的两种经典方式——连接和无连接。

第 8、9 章讲解了 DHCP 和 DNS 协议。其中，DHCP 协议负责网络设备 IP 地址的获取和维护；DNS 协议则负责域名和 IP 地址的转化规则。而 IP 地址和域名是互联网访问的核心环节，是必须要掌握的内容。

第 10～12 章分别讲解了 Telnet、SNMP 和 WHOIS 协议。这 3 个协议都是典型的网络维护类协议。例如，Telnet 协议用于网络远程登录；SNMP 协议用于网络设备和信息管理；WHOIS 是网络信息查询协议。

第 13、14 章分别讲解了 FTP 和 TFTP 协议。虽然这两个协议都是文件共享类型协议，

但其实现机制不同。它们是常见的两种应用协议类型，TFTP 协议只规范了数据传输方式，而 FTP 协议提供了完备的用户接口——FTP 命令，满足实际应用。

本书配套资源获取方式

本书涉及的相关工具读者可以自行下载。下载途径如下：

- 根据图书中对应章节给出的网址自行下载；
- 加入技术讨论 QQ 群（343867787）获取；
- 登录华章公司网站 www.hzbook.com，在该网站上搜索到本书，然后单击"资料下载"按钮，即可在页面上找到"配书资源"下载链接。

本书内容更新文档获取方式

为了让本书内容紧跟技术的发展和软件更新，我们会对书中的相关内容进行不定期更新，并发布对应的电子文档。需要的读者可以加入 QQ 交流群（343867787）获取，也可以通过华章公司网站上的本书配套资源链接下载。

本书读者对象

- 网络应用程序开发人员；
- 渗透测试技术人员；
- 网络安全和维护人员；
- 信息安全技术爱好者；
- 计算机安全技术自学者；
- 高校相关专业的学生；
- 专业培训机构的学员。

本书阅读建议

- Kali Linux 内置了 Wireshark 和 netwox 工具，使用该系统的读者可以跳过 1.3 节和 1.4 节中的安装部分。
- 在学习阶段中，建议多进行实际操作。使用 netwox 工具构建各种数据包，并使用 Wireshark 工具进行分析。只要大量练习，就能理解和掌握 TCP/IP 协议族的各种协议。
- 在实际应用中，常见的网络协议有几百种。本书只讲解最基础的协议，读者需要归纳总结不同协议的工作模式，然后拓展到其他常见协议中。

本书作者

本书由大学霸 IT 达人技术团队编写。感谢在本书编写和出版过程中给予我们大量帮助的各位编辑！

由于作者水平所限，加之写作时间有限，书中可能还存在一些疏漏和不足之处，敬请各位读者批评指正。

编著者

|目录|

第1章 网络概述

计算机网络是通过数据通信技术将孤立的计算机连接起来，使其能够共享文件和传输数据。通过实现网络连接，计算机的作用被几十倍、几百倍地放大。由于网络的不断发展，各种应用也随之深入人们生活的方方面面。网络协议作为网络世界的基石，也被不断制定和完善。本章将简要讲解网络和网络协议的基本概念。

1.1 网络组成

网络是计算机或类似计算机的网络设备的集合，它们之间通过各种传输介质进行连接。无论设备之间如何连接，网络都是将来自于其中一台网络设备上的数据，通过传输介质传输到另外一台网络设备上。本节将基于这个过程讲解网络的组成。

1.1.1 网卡

网卡也被称为网络适配器（Network Adapter），是连接计算机和传输介质的接口。网卡主要用来将计算机数据转换为能够通过传输介质传输的信号。

1. 网卡种类

网络设备要访问互联网，就需要通过网卡进行连接。由于上网的方式不同，所使用的网卡种类也会不同。网卡的种类有以下几种：

（1）有线网卡

有线网卡就是通过"线"连接网络的网卡。这里所说的"线"指的是网线。有线网卡常见形式如图 1.1 所示。

（2）无线网卡

与有线网卡相反，无线网卡是不需要通过网线进行连接的，而是通过无线信号进行连接。无线网卡通常特指 Wi-Fi 网络的无线网卡。无线网卡常见形式如图 1.2 所示。

（3）蓝牙适配器

蓝牙适配器也是一种无线网卡。蓝牙适配器与无线网卡的区别是数据通信方式不同。蓝牙适配器常见样式如图 1.3 所示。

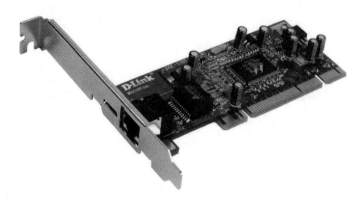

图 1.1 有线网卡

图 1.2 无线网卡   图 1.3 蓝牙适配器

2. 按安装方式分类

网卡通常是网络设备的从属设备。根据其安装方式，网卡可以分为内置网卡和外置网卡。

（1）内置网卡

由于网卡已经成为连接网络的必要设备，所以很多网络设备都内置了网卡。因此，内置网卡也被称为集成网卡。例如，现在的主板都集成了有线网卡，如图 1.4 所示。箭头所指的接口就是内置网卡提供的有线网卡接口。

图 1.4 内置网卡

（2）外置网卡

除了内置网卡外，很多网络设备都允许用户安装额外的网卡。这类网卡被称为外置网卡，有时被称为独立网卡。由于它可以插在主板的各种扩展插槽中，所以可以随意拆卸，具有一定的灵活性。图 1.1 和图 1.2 的有线网卡和无线网卡就属于外置网卡。

1.1.2 网络电缆

网络电缆用来连接网络中的各个设备，供设备之间进行数据通信。常见的网络电缆有双绞线、光纤、电话线等。

1．双绞线

双绞线也就是网线。它是由两根具有绝缘保护层的铜导线缠绕组成的，如图 1.5 所示。这样的铜线一共有 8 根。每根都通过对应的颜色进行区分。现实生活中，家庭和企业中的计算机进行上网，一般都是通过双绞线连接网络。这些双绞线在排序上往往采用 EIA/TIA 568B 的线序，依次为橙白、橙、绿白、蓝、蓝白、绿、棕白、棕。

图 1.5　双绞线

2．光纤

光纤是一种传输光信号的细而柔软的媒质，多数光纤在使用前必须由几层保护结构包裹，如图 1.6 所示。光纤的主要作用是把要传送的数据由电信号转换为光信号进行通信。在光纤的两端分别装有"光猫"进行信号转换。

3．电话线

电话线就是连接电话的线。电话线也是由绝缘保护层的铜导线组成的。与双绞线不同的是，电话线只有 2 根或 4 根线，而且不一定会缠绕在一起，也没有颜色排序，如图 1.7 所示。

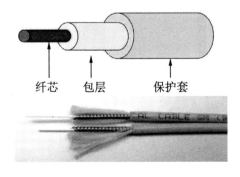

图 1.6　光纤

图 1.7　电话线

1.1.3 网络设备

网络设备指的是网络组成中的设备，如交换机、路由器、调制解调器等。它们是发送或接收数据的终端设备。

1. 交换机

交换机（Switch）可以将多个网络设备连接起来组成一个局域网。它是一种用于电（光）信号转发的网络设备，用来进行数据交换。交换机外观如图 1.8 所示。

图 1.8　交换机

2. 路由器

路由器（Router）又称网关设备（Gateway），用于连接多个逻辑上分开的网络。所谓逻辑网络是代表一个单独的网络或者一个子网。当数据从一个子网传输到另一个子网中时，可通过路由器的路由功能来完成。它会根据信道的情况自动选择和设定路由，以最佳路径，按前后顺序发送信号。路由器也是用来进行数据转换的。路由器与交换机很容易区分，最大的区别是，路由器上有 WAN 口和 LAN 接口，而交换机没有这些接口。常见的路由器外观如图 1.9 所示。

图 1.9　路由器

3．调制解调器

调制解调器（Modem），俗称"猫"，是一种计算机硬件。它能把计算机的数字信号翻译成可沿普通电话线传送的脉冲信号，而这些脉冲信号又可被线路另一端的另一个调制解调器接收，并翻译为计算机的数字信号语言。调制解调器外观如图 1.10 所示。

图 1.10　调制解调器

1.2　网 络 协 议

网络协议是网络运行的基石。在网络中，网络设备、传输介质、网卡又各有不同，数据在传输过程中也会使用不同的规则进行传输，而这些规则是依靠网络协议完成的。下面介绍网络协议的相关知识。

1.2.1　什么是网络协议

网络协议为计算机网络中进行数据交换而建立的规则、标准或约定的集合。它规定了通信时信息必须采用的格式和这些格式所代表的意义。网络中存在着许多协议，接收方和发送方使用的协议必须一致，否则一方将无法识别另一方发出的信息。网络协议使网络上各种设备能够相互交换信息。而 TCP/IP 协议就是一种常见的协议，Internet 上的计算机使用的就是该协议。

1.2.2　TCP/IP 协议

TCP/IP 协议是 Internet 网络的基础协议。它不是一个协议，而是一个协议族的统称。起初它是一门新的通信技术。在 20 世纪 70 年代前半叶，ARPANET（全球互联网的祖先）中的一个研究机构研发了 TCP/IP，直到 1983 年成为 ARPANET 网络中唯一指定的协议。

最初研究这项新技术，主要用于国防军事上，是为了在通信过程中，即使遭到了敌人的攻击和破坏，也可以经过迂回线路实现最终通信，保证通信不中断。后来逐步演变为现有的 TCP/IP 协议族。该协议族包括 TCP 协议、IP 协议和 ICMP 协议和 HTTP 协议等。

1.2.3　OSI 协议层次

OSI 协议层次结构就是现在常说的 OSI 参考模型（Open System Interconnection Reference Model）。它是国际标准化组织（ISO）提出的一个标准框架，定义了不同计算机互连的标准，目的是使世界范围内的各种计算机互连起来，构成一个网络。

OSI 框架是基于 1984 年国际标准化组织（ISO）发布的 ISO/IEC 7498 标准。该标准定义了网络互联的 7 层框架。这 7 层框架自下而上依次为物理层、数据链路层、网络层、传输层、会话层、表示层和应用层。其层次如图 1.11 所示。

应用层
表示层
会话层
传输层
网络层
数据链路层
物理层

图 1.11　OSI 网络协议层次

每层的作用如下：
- 应用层：为应用程序提供服务并规定应用程序中相关的通信细节。常见的协议包括超文本传输协议（HTTP）、简单邮件传送协议（SMTP）和远程登录（Telnet）协议等。
- 表示层：将应用处理的信息转换为适合网络传输的格式，或将来自下一层的数据转换为上层能够处理的格式。该层主要负责数据格式的转换，确保一个系统的应用层信息可被另一个系统应用层读取。
- 会话层：负责建立和断开通信连接（数据流动的逻辑通路），以及记忆数据的分隔等数据传输相关的管理。
- 传输层：只在通信双方的节点上（比如计算机终端）进行处理，无须在路由器上处理。
- 网络层：将数据传输到目标地址，主要负责寻找地址和路由选择，网络层还可以实现拥塞控制、网际互联等功能。
- 数据链路层：负责物理层面上互连的节点间的通信传输。例如，一个以太网相连的两个节点之间的通信。该层的作用包括：物理地址寻址、数据的成帧、流量控制、数据的检错和重发等。

● 物理层：利用传输介质为数据链路层提供物理连接，实现比特流的透明传输。

1.2.4　TCP/IP 协议层次结构

TCP/IP 协议层次结构也就是现在常说的 TCP/IP 参考模型。它是 ARPANET 和其后继的因特网使用的参考模型。基于 TCP/IP 的参考模型，可以将协议分成 4 个层次，从上到下分别为应用层、传输层、网际层和网络访问层。分层以后，层中的协议只负责该层的数据处理。TCP/IP 协议层次结构如图 1.12 所示。

| 应用层 |
| 传输层 |
| 网际层 |
| 网络访问层 |

图 1.12　TCP/IP 协议层次结构

每层的作用如下：
● 应用层：为应用程序提供服务并规定应用程序中相关的通信细节。
● 传输层：为两台主机上的应用程序提供端到端的通信，提供流量控制、错误控制和确认服务。
● 网际层：提供独立于硬件的逻辑寻址，从而让数据能够在具有不同的物理结构的子网之间传递。负责寻找地址和路由选择的同时，网络层还可以实现拥塞控制、网际互联等功能。
● 网络访问层：提供了与物理网络连接的接口。针对传输介质设置数据格式，根据硬件的物理地址实现数据的寻址，对数据在物理网络中的传递提供错误控制。

1.3　学习辅助工具——网络工具集 netwox

一个好的辅助工具可以起到事半功倍的效果。在本书中将使用到两个辅助工具，网络工具集工具 netwox 和网络分析工具 Wireshark。

netwox 是由 lauconstantin 开发的一款网络工具集，适用群体为网络管理员和网络黑客。它可以创造任意的 TCP、UDP 和 IP 数据报文，以实现网络欺骗。它可以在命令模式下使用，也可以在 GUI 中使用 netwag 调用。该工具包含了超过 200 个不同的功能，这里被称为模块。每个模块都有一个特定的编号，使用不同的编号模块来实现不同的功能。

netwox 工具支持在 Linux 和 Windows 系统中运行。由于后面的章节需要结合 netwox 工具来实现各种功能，所以这里讲解该工具的安装及基本使用方法。

1.3.1 下载及安装

Kali Linux 系统自带 netwox 工具，而 Windows 系统默认没有安装。因此，本节将讲解如何在 Windows 系统中安装 netwox 工具。安装方法如下：

（1）访问网址 https://sourceforge.net/projects/ntwox/ ，进入 netwox 下载页面，如图 1.13 所示。图中显示了可下载的版本，从这里可以看到当前的最新版本为 5.39。

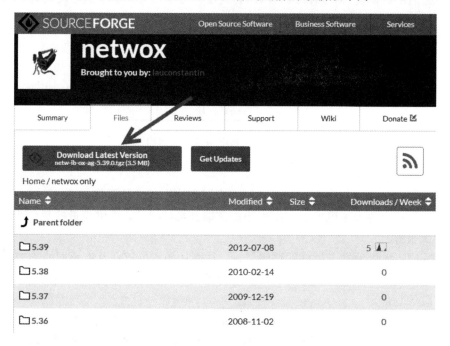

图 1.13 下面页面

（2）下载最新版本，单击 Download Latest Version 按钮进行下载。成功下载后，下载的是一个压缩包，名称为 netw-ib-ox-ag-5.39.0.tgz。

（3）解压 netw-ib-ox-ag-5.39.0.tgz 安装包，在解压的文件夹中找到对应的应用程序文件 installwindows.exe。双击该文件进行安装，会弹出"安装确认"对话框，如图 1.14 所示。

图 1.14 安装确认

（4）同意在该系统中安装。输入 y，并回车，将显示其他需要确认的信息。这里，一律输入 y 并回车即可，信息如下：

```
This program will install netwib, netwox and netwag on your system.
Do you agree ? [y/n] y
Setting global variables.
 Version...
 Version=539
 InstallDir...
 InstallDir=C:\Program Files (x86)\netw\netw539
Do you agree to use this installation directory ? [y/n] y
                                      #确认安装的目录
Copying files under C:\Program Files (x86)\netw\netw539
 src\netwox-bin_windows\netwib539.dll
 src\netwox-bin_windows\netwox539.exe
 src\netwag-bin_windows\netwag539.tcl
 src\netwib-bin_windows\dll
 src\netwib-bin_windows\include
 src\netwib-bin_windows\lib
 src\netwib-doc_html\*
 src\netwox-doc_html\*
 src\netwag-doc_html\*
Do you agree to place shortcuts on desktop ? [y/n] y
                                  #确认是否创建桌面快捷键
Do you agree to place shortcuts in start menu ? [y/n] y
                                  #确认是否在开始菜单中创建快捷键
Press any key to terminate
```

（5）上述代码中的最后一行信息表示按任意键终止，即表
示安装完成。此时在"开始"菜单中可以查看到安装的 netwox
工具，如图 1.15 所示。

图 1.15　netwox 图标

1.3.2　层次结构分析

成功安装了 netwox 工具以后就可以使用了。由于该工具提供了众多模块，为了方便
用户对模块的查找和使用，netwox 对这些模块以分类的方式进行了整理，以层次结构（如
主菜单、子菜单）的方式进行显示，供用户查找和使用。使用该工具之前，需要了解分类
的这些层次结构。下面将对层次结构进行分析。

（1）在"开始"菜单中，选择 netwox 命令，运行 netwox 工具，如图 1.16 所示。

图 1.16 中显示了该工具的主菜单。每一行表示一个菜单项，第一个字符为该菜单的
快捷键。每个菜单含义如下：

- 0：退出 netwox 工具。
- 3：搜索工具，用来搜索与指定信息相关的模块。
- 4：显示指定模块的帮助信息。
- 5：在命令行中输入指定模块的参数选项并运行。
- 6：从键盘输入指定模块的参数选项并运行。
- a：显示信息。
- b：显示网络协议下相关的模块。

- c：显示应用程序协议下相关的模块。
- d：显示与嗅探数据包相关的模块。
- e：显示与创建和发送数据包相关的模块。
- f：显示与进行数据包记录相关的模块。
- g：显示与客户端相关的模块。
- h：显示与服务器相关的模块。
- i：显示与检测主机连通性相关的模块。
- j：显示与路由跟踪相关的模块。
- k：显示与扫描计算机和端口相关的模块。
- l：显示与审计相关的模块。
- m：显示与暴力破解相关的模块。
- n：显示与远程管理相关的模块。
- o：显示其他模块。

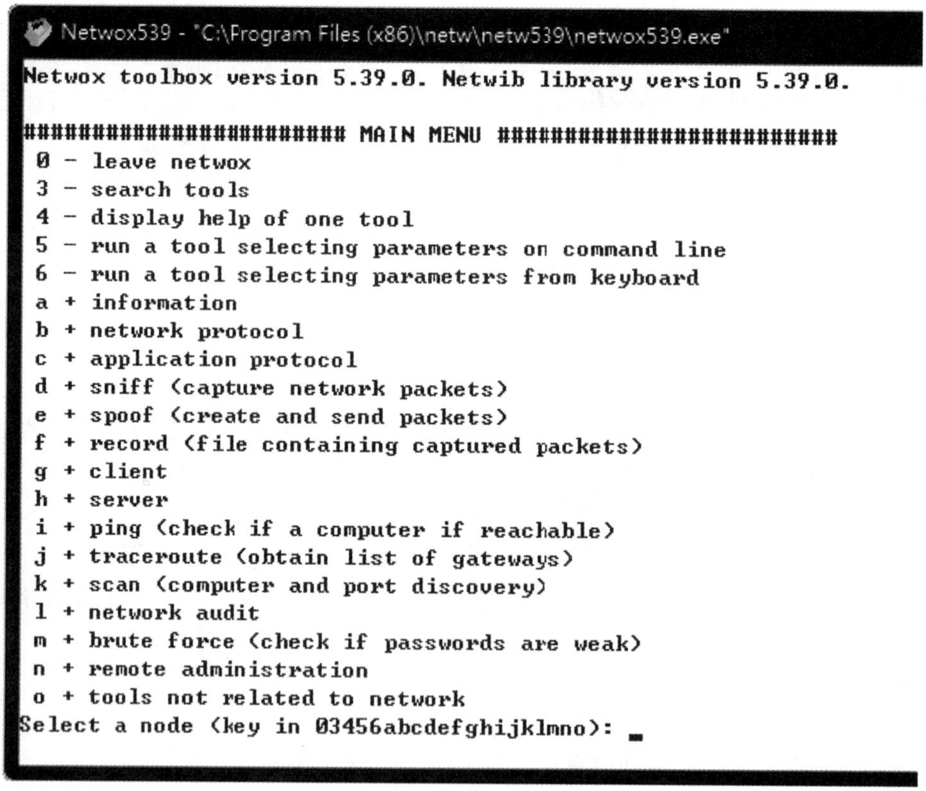

```
Netwox539 - "C:\Frogram Files (x86)\netw\netw539\netwox539.exe"

Netwox toolbox version 5.39.0. Netwib library version 5.39.0.

###################### MAIN MENU ########################
0 - leave netwox
3 - search tools
4 - display help of one tool
5 - run a tool selecting parameters on command line
6 - run a tool selecting parameters from keyboard
a + information
b + network protocol
c + application protocol
d + sniff (capture network packets)
e + spoof (create and send packets)
f + record (file containing captured packets)
g + client
h + server
i + ping (check if a computer if reachable)
j + traceroute (obtain list of gateways)
k + scan (computer and port discovery)
l + network audit
m + brute force (check if passwords are weak)
n + remote administration
o + tools not related to network
Select a node (key in 03456abcdefghijklmno): _
```

图 1.16　主菜单

　　以上菜单项是 netwox 工具的总体分类，每个菜单项属于一个大类。而每个菜单项中还会有子菜单，而每个子菜单下又有一个小的分类。

（2）使用快捷键 e，查看创建和发送数据包的相关模块，输出信息如下：

```
Select a node (key in 03456abcdefghijklmno): e

############## spoof (create and send packets) ##############
                                              #创建和发送数据包模块
0 - leave netwox
1 - go to main menu
2 - go to previous menu
3 - search tools
4 - display help of one tool
5 - run a tool selecting parameters on command line
6 - run a tool selecting parameters from keyboard
a + Ethernet spoof
b + IP spoof
c + UDP spoof
d + TCP spoof
e + ICMP spoof
f + ARP spoof
```

从输出信息可以了解到，该分类中的子菜单包含了各种创建和发送数据包的模块，如 IP 协议的（快捷键 b）、UDP 协议的（快捷键 c）、ICMP 协议的（快捷键 e）。通过子菜单的快捷键，可以进一步查看具体的可用模块或更小的分类。

（3）使用快捷键 c，查看创建和发送 UDP 数据包的模块，输出信息如下：

```
Select a node (key in 0123456abcdef): c

####################### UDP spoof #######################
                                              #创建和发送 UDP 数据包
0 - leave netwox
1 - go to main menu                           #返回主菜单
2 - go to previous menu                       #返回上一个菜单
3 - search tools
4 - display help of one tool
5 - run a tool selecting parameters on command line
6 - run a tool selecting parameters from keyboard
a - 35:Spoof EthernetIp4Udp packet
b - 39:Spoof Ip4Udp packet
c - 43:Spoof of packet samples : fragment, ip4opt:noop
d - 44:Spoof of packet samples : fragment, ip4opt:rr
e - 45:Spoof of packet samples : fragment, ip4opt:lsrr
f - 46:Spoof of packet samples : fragment, ip4opt:ts
g - 47:Spoof of packet samples : fragment, ip4opt:ipts
h - 48:Spoof of packet samples : fragment, ip4opt:ippts
i - 141:Spoof EthernetIp6Udp packet
j - 145:Spoof Ip6Udp packet
k - 192:Spoof of packet samples : fragment, ip4opt:ssrr
```

以上输出信息显示了相关的各种模块及快捷键。例如，加粗部分的信息表示 netwox 的第 39 个模块功能为创建基于 IPv4 地址的 UDP 协议数据包。如果使用该模块，可以使用快捷键 b；如果用户想退出当前分类，可以使用快捷键 1 返回主菜单，或使用快捷键 2 返回上一个菜单；使用快捷键 0 退出 netwox 工具。以类似的方法，可以查看其他分类中的模块。

1.3.3 使用搜索功能

虽然 netwox 工具对所有模块进行了整理和分类，但是有时候想找到要使用的模块也会很麻烦。因此，netwox 提供了搜索功能。用户可以指定关键字搜索与之相关的模块。例如，搜索与 DNS 相关的模块。在主菜单界面中输入 3，显示信息如下：

```
Select a node (key in 03456abcdefghijklmno): 3
Enter search string:
```

以上输出信息表示，需要在这里输入要搜索的关键字。例如，这里输入 dns 然后回车，将显示与 DNS 相关的模块，输出信息如下：

```
Enter search string: dns

########### list of tools containing this text ###########
Tools containing "dns":
 102:Query a DNS server
 103:Obtain version of a Bind DNS server
 104:DNS server always answering same values
 105:Sniff and send DNS answers
```

输出信息显示了与 DNS 相关的模块。相关的模块编号有 102、103、104 和 105。

1.3.4 使用模块

1.3.3 节介绍了如何查找要使用的模块。找到要使用的模块编号以后就可以进行使用了。本节将以一个模块为例，简单地介绍其使用方法。无论使用哪个模块，基本语法是不会变的。语法格式如下：

```
netwox ID options
```

其中，ID 表示模块对应的编号，是必需的；options 表示可用到的选项，是可选的。

【实例 1-1】演示使用编号为 1 的模块，实现对应的功能。

（1）启动 netwox 工具。然后在主菜单界面中按快捷键 5，显示信息如下：

```
Select a node (key in 03456abcdefghijklmno): 5
Select tool number (between 1 and 223):
```

以上输出信息表示需要输入要使用的模块编号。

（2）本例使用第 1 个模块，输入 1 然后回车，将显示该模块的帮助信息，并在帮助信息下面会给出使用模块的命令。输出信息如下：

```
Select tool number (between 1 and 223): 1

################## running tool number 1 ##################
Title: Display network configuration                #功能简单介绍
+--------------------------------------------------------------
```

```
-----------------------------------------+
| This tool displays network configuration:        |    #功能详细说明
| - the list of devices/interfaces:                |
|   + nu: device number                            |
|   + dev: easy device name                        |
| ...                                              |    #省略其他信息
| - the routes                                     |
|   + nu: device number of device associated to this entry |
|   + destination/netmask: destination addresses   |
| If no Parameter is set, they are all displayed.  |
|                                                  |
| This tool may need to be run with admin privilege in order to obtain |
| full network configuration.                      |
+-----------------------------------------+
Synonyms: address, arp, device, gateway, ifconfig, interface, ipconfig, mac,
neighbor, netmask, route, show
Usage: netwox 1 [-d|+d] [-i|+i] [-a|+a] [-r|+r]    #语法格式
Parameters:                                        #可用的选项参数
 -d|--devices|+d|--no-devices   display devices
 -i|--ip|+i|--no-ip             display ip addresses
 -a|--arpcache|+a|--no-arpcache display arp cache and neighbors
 -r|--routes|+r|--no-routes     display routes
Example: netwox 1                                  #参考实例
Enter optional tool parameters and press Return key.
netwox 1
```

上述信息首先输出模块功能的简单介绍，以及功能的详细说明信息；然后输出的是该模块的语法格式和可用的选项参数，并给出了参考实例。输出信息的最后一行是用户使用到的命令。我们要使用的模块为 1，因此给出的命令信息为 netwox 1。这里还可以输入可使用的选项。如果选项不是必须的，可以不输入选项。

（3）本例中，使用选项-i 表示获取 IP 地址信息。在 netwox 1 后面输入-i 然后回车，将执行模块功能。运行结果如下：

```
netwox 1 -i
nu ip            /netmask          ppp point_to_point_with
1  127.0.0.1     /255.0.0.0        0
2  192.168.59.1  /255.255.255.0    0
5  192.168.12.102 /255.255.255.0   0
7  192.168.38.1  /255.255.255.0    0
13 192.168.12.102 /255.255.255.0   0
25 192.168.38.1  /255.255.255.0    0
26 192.168.59.1  /255.255.255.0    0
9  127.0.0.1     /255.0.0.0        0


Command returned 0 (OK)
Press 'r' or 'k' to run again this tool, or any other key to continue
```

以上输出信息显示了模块执行的结果。输出信息的最后一行表示，如果用户继续使用该模块，按快捷键 r 或 k，将回到 netwox 1 使用模块的命令模式中；如果用户不再使用该模块，按任意键将返回主菜单界面。

📢 提示：在 Windows 系统中使用 netwox 工具，需要按照以上模式运行工具。在 Linux 系统中，用户可以直接在命令行中，使用 netwox 命令+模块编号方式来直接使用，无须进行菜单操作。例如，在 Linux 系统中使用编号为 1 的模块，直接执行如下命令：

```
netwox 1 -i
```

1.4 学习辅助工具——网络分析工具 Wireshark

Wireshark（前身 Ethereal）是一个网络包分析工具。该工具主要是用来捕获网络数据包，并自动解析数据包，为用户显示数据包的详细信息，供用户对数据包进行分析。它可以运行在 Windows 和 Linux 操作系统上。由于后面章节会使用该工具捕获并分析各类协议数据包，本节将讲解该工具的安装及基本使用方法。

1.4.1 下载及安装

Kali Linux 系统自带 Wireshark 工具，而 Windows 系统中默认没有安装该工具。因此，本节讲解如何在 Windows 系统中安装 Wireshark 工具。安装方法如下：

（1）打开网址 http://www.wireshark.org，进入 Wireshark 官网，如图 1.17 所示。

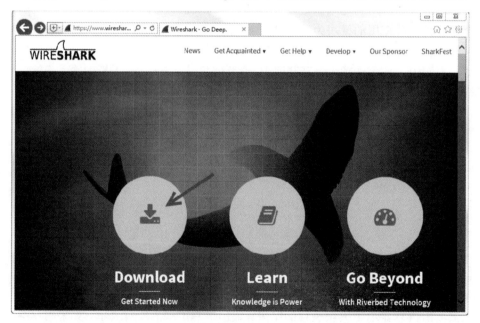

图 1.17　Wireshark 官方网站

（2）单击图中的下载图标进入下载页面，如图 1.18 所示。在 Stable Release 部分可以看到目前 Wireshark 的最新版本是 2.6.5，并提供了 Windows（32 位和 64 位）、Mac OS 和源码包的下载地址。用户可以根据自己的操作系统下载相应的软件包。

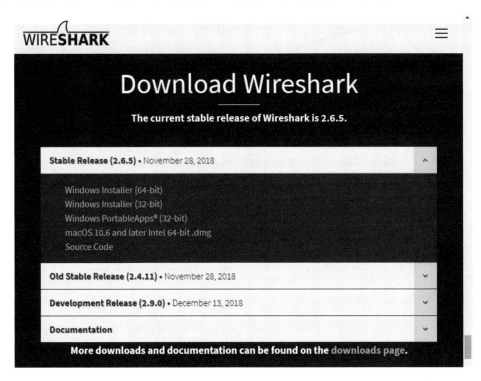

图 1.18   下载页面

（3）这里下载 Windows 64 位的安装包。单击 Windows Installer (64-bit)链接，进行下载。下载后的文件名为 Wireshark-win64-2.6.5.exe。

（4）双击下载的软件包进行安装。安装比较简单，只要使用默认值，单击 Next 按钮，即可安装成功。

（5）安装好以后，在 Windows 的"开始"菜单中会出现 Wireshark 图标，如图 1.19 所示。

图 1.19   Wireshark 图标

1.4.2   实施抓包

安装好 Wireshark 以后，就可以运行它来捕获数据包了。方法如下：

（1）在 Windows 的"开始"菜单中，单击 Wireshark 菜单，启动 Wireshark，如图 1.20 所示。该图为 Wireshark 的主界面，界面中显示了当前可使用的接口，例如，本地连接 5、本地连接 10 等。要想捕获数据包，必须选择一个接口，表示捕获该接口上的数据包。

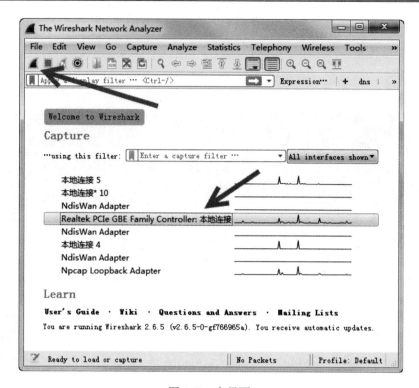

图 1.20　主界面

（2）在图 1.20 中，选择捕获"本地连接"接口上的数据包。选择"本地连接"选项，然后单击左上角的 按钮，将进行捕获网络数据，如图 1.21 所示。图中没有任何信息，表示没有捕获到任何数据包。这是因为目前"本地连接"上没有任何数据。只有在本地计算机上进行一些操作后才会产生数据，如浏览网站。

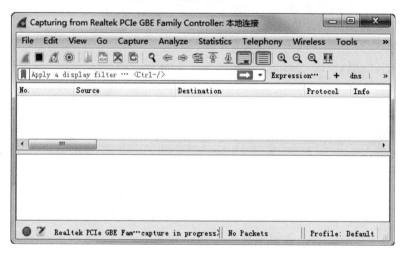

图 1.21　将要捕获数据包

（3）当本地计算机浏览网站时，"本地连接"接口的数据将会被 Wireshark 捕获到。捕获的数据包如图 1.22 所示。图中方框中显示了成功捕获到"本地连接"接口上的数据包。

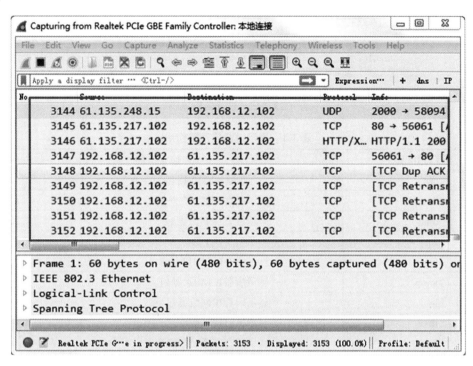

图 1.22　成功捕获到的数据包

（4）Wreshark 将一直捕获"本地连接"上的数据。如果不需要再捕获，可以单击左上角的 ■ 按钮，停止捕获。

1.4.3　使用显示过滤器

默认情况下，Wireshark 会捕获指定接口上的所有数据，并全部显示。这样会导致在分析这些数据包时，很难找到想要分析的那部分数据包。这时可以借助显示过滤器快速查找数据包。显示过滤器是基于协议、应用程序、字段名或特有值的过滤器，可以帮助用户在众多的数据包中快速地查找数据包，可以大大减少查找数据包时所需的时间。

使用显示过滤器，需要在 Wireshark 的数据包界面中输入显示过滤器并执行，如图 1.23 所示。

图中方框标注的部分为显示过滤器区域。用户可以在里面输入显示过滤器，进行数据查找，也可以根据协议过滤数据包。用到的显示过滤器如表 1.1 所示。

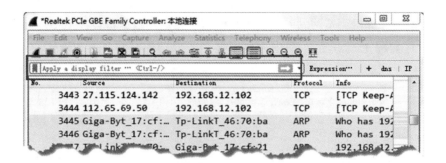

图 1.23　显示过滤器输入框

表 1.1　显示过滤器及其作用

显示过滤器	作　　用
arp	显示所有ARP数据包
bootp	显示所有DHCP数据包
dns	显示所有DNS数据包
ftp	显示所有FTP数据包
http	显示所有HTTP数据包
icmp	显示所有ICMP数据包
ip	显示所有IPv4数据包
ipv6	显示所有IPv6数据包
tcp	显示所有基于TCP的数据包
tftp	显示所有TFTP（简单文件传输协议）数据包

　　例如，要从捕获到的所有数据包中，过滤出 DNS 协议的数据包，这里使用 dns 显示过滤器，过滤结果如图 1.24 所示。图中显示的所有数据包的协议都是 DNS 协议。

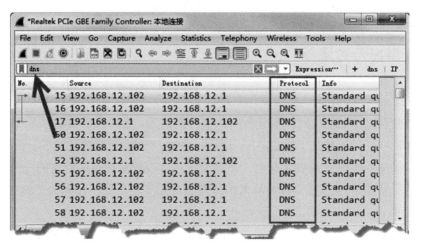

图 1.24　显示过滤器结果

1.4.4　分析数据包层次结构

任何捕获的数据包都有它自己的层次结构，Wireshark 会自动解析这些数据包，将数据包的层次结构显示出来，供用户进行分析。这些数据包及数据包对应的层次结构分布在 Wireshark 界面中的不同面板中。下面介绍如何查看指定数据包的层次结构。

（1）使用 Wireshark 捕获数据包，界面如图 1.25 所示。

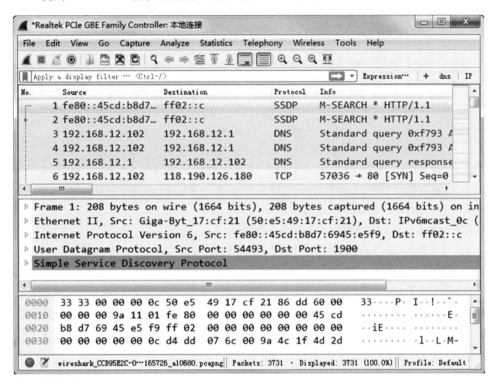

图 1.25　捕获数据包界面

图 1.25 中所显示的信息从上到下分布在 3 个面板中，每个面板包含的信息含义如下：

- Packet List 面板：上面部分，显示 Wireshark 捕获到的所有数据包，这些数据包从 1 进行顺序编号。
- Packet Details 面板：中间部分，显示一个数据包的详细内容信息，并且以层次结构进行显示。这些层次结构默认是折叠起来的，用户可以展开查看详细的内容信息。
- Packet Bytes 面板：下面部分，显示一个数据包未经处理的原始样子，数据是以十六进制和 ASCII 格式进行显示。

（2）以 HTTP 协议数据包为例，了解该数据包的层次结构。在 Packet List 面板中找到一个 HTTP 协议数据包，如图 1.26 所示。

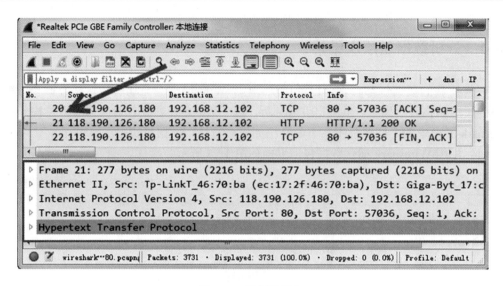

图 1.26 选择数据包

其中，编号 21 的数据包是一个 HTTP 协议数据包。此时在 Packet Details 面板上显示的信息就是该数据包的层次结构信息。这里显示了 5 个层次，每个层次的含义如下：

- Frame：该数据包物理层的数据帧概况。
- Ethernet II：数据链路层以太网帧头部信息。
- Internet Protocol Version 4：网际层 IP 包头部信息。
- Transmission Control Protocol：传输层的数据段头部信息。
- Hypertext Transfer Protocol：应用层的信息，此处是 HTTP 协议。

由此可见，Wireshark 对 HTTP 协议数据包进行解析，显示了 HTTP 协议的层次结构。

（3）用户对数据包分析就是为了查看包的信息，展开每一层，可以查看对应的信息。例如，查看数据链路层信息，展开 Ethernet II 层，显示信息如下：

```
Ethernet II, Src: Tp-LinkT_46:70:ba (ec:17:2f:46:70:ba), Dst: Giga-Byt_17:
cf:21 (50:e5:49:17:cf:21)
    Destination: Giga-Byt_17:cf:21 (50:e5:49:17:cf:21)        #目标 MAC 地址
    Source: Tp-LinkT_46:70:ba (ec:17:2f:46:70:ba)            #源 MAC 地址
    Type: IPv4 (0x0800)
```

显示的信息包括了该数据包的发送者和接收者的 MAC 地址（物理地址）。

可以以类似的方法分析其他数据包的层次结构。在下面的章节中将要借助 Wireshark 工具来分析数据包。

第 2 章　网络访问层

网络访问层是 TCP/IP 协议栈的最底层。它提供物理网络的接口，实现对复杂数据的发送和接收。网络访问层协议为网络接口、数据传输提供了对应的技术规范。本章将详细讲解网络访问层的构成和相关协议。

2.1　网络访问层的构成

在 TCP/IP 协议中，网络访问层对应 OSI 七层网络模型的物理层和数据链路层。下面依次介绍这两个层的作用。

2.1.1　物理层

物理层是 OSI 七层网络模型中的第 1 层，它虽然处于最底层，却是整个开放系统的基础。在进行数据传输时，物理层的作用是提供传送数据的通路和可靠的环境。对于计算机来说，物理层对应的就是网络适配器。

根据网络适配器的存在方式，可以分为两类。第一类是物理网络适配器，如有线网卡、无线网卡；第二类是虚拟网络适配器，如宽带拨号连接、VPN 连接等。

【实例 2-1】显示计算机上的网络适配器信息，执行命令如下：

```
root@daxueba:~# netwox 169
```

输出信息如下：

```
Lo0 127.0.0.1 notether
Lo0 ::1 notether
Eth0 192.168.59.131 00:0C:29:CA:E4:66
Eth0 fd15:4ba5:5a2b:1008:20c:29ff:feca:e466 00:0C:29:CA:E4:66
Eth0 fd15:4ba5:5a2b:1008:61f8:89cd:3207:9d0 00:0C:29:CA:E4:66
Eth0 fe80::20c:29ff:feca:e466 00:0C:29:CA:E4:66
```

从输出信息可以看到，该计算机中存在两类网络适配器，分别为 Lo 和 Eth。其中，Lo 表示回环接口，它是虚拟网络适配器；Eth 为以太网网络适配器。如果同类型设备有多个，会在后面添加数字编号。编号从 0 开始，表示该类型的网络接口的第一个设备。

2.1.2   数据链路层

数据链路层是 OSI 七层网络模型中的第 2 层,介于物理层与网络层之间,用来为网络层提供数据传送服务。它定义了数据传输的起始位置,并且通过一些规则来控制这些数据的传输,以保证数据传输的正确性。由于数据链路层完成以上两个独立的任务,所以相应地划分为两个子层,其含义如下:

- 介质访问控制(Media Access Control,MAC):提供与网络适配器连接的接口。实际上,网络适配器驱动程序通常被称为 MAC 驱动,而网卡在工厂固化的硬件地址通常被称为 MAC 地址。
- 逻辑链路控制(Logical Link Control,LLC):这个子层对经过子网传递的帧进行错误检查,并且管理子网上通信设备之间的链路。

2.2   网 络 体 系

网络体系定义了物理网络的构成,以及对应的通信协议。例如,有线网络和无线网络是两种不同的网络体系。本节将详细讲解网络体系的构成和类型。

2.2.1   体系的构成

由于网络体系不仅定义了网络构成,还规定了通信方式,所以它包括以下 4 个方面。

- 访问方法:定义了计算机使用传输介质的规则。通过这些规则,可以避免数据传输的各种冲突。
- 数据帧格式:定义了数据传输的格式。所有要传输的数据必须按照该格式进行传输。
- 布线类型:定义了网络适配器和其他网络设备的连接方式。例如,每台计算机都通过电缆连接到网络设备,从而形成星型网络。
- 布线规则:定义网络适配器和网络设备连接规范,如网络适配器接口类型和连线长度等。

2.2.2   类型

由于网络使用的场景和数据传输所使用的终端设备不同,在物理层中识别的网络接口设备也会不同。网络体系主要分为 4 大类型,每种类型及使用范围如下:

- IEEE 802.3(以太网):在大多数办公室和家庭中使用的基于线缆的网络,就是常见的有线局域网。

- IEEE 802.11（无线网络）：在办公室、家庭和咖啡厅使用的无线网络技术，如 Wi-Fi 网络。
- IEEE 802.16（WiMAX）：用于移动通信长距离无线连接的技术。
- 点到点协议（PPP）：使用 Modem 通过电话线进行连接的技术，如通过拨号方式建立的网络连接。

2.3　物　理　地　址

物理地址是一种标识符，用来标记网络中的每个设备。同现实生活中收发快递一样，网络内传输的所有数据包都会包含发送方和接收方的物理地址。由于网络设备对物理地址的处理能力有限，物理地址只在当前局域网内有效。所以，接收方的物理地址都必须存在于当前局域网内，否则会导致发送失败。本节将详细讲解物理地址的使用。

2.3.1　MAC 地址是预留的

由于数据包中都会包含发送方和接收方的物理地址，数据包从起始地发送到目的地，为了能够正确地将数据包发送出去，就必须要求 MAC 地址具有唯一性。因此 MAC 地址都是由生产厂家在生产时固化在网络硬件中，是硬件预留的地址。

2.3.2　MAC 地址格式

硬件的 MAC 地址是厂家按照一定的规则，进行设置所产生的。因此，MAC 地址拥有自己的格式。它采用十六进制数表示，共 6 个字节（48 位），长度为 48bit。整个地址可以分为前 24 位和后 24 位，代表不同的含义。

- 前 24 位称为组织唯一标识符（Organizationally Unique Identifier，OUI），是由 IEEE 的注册管理机构给不同厂家分配的代码，区分了不同的厂家。
- 后 24 位是由厂家自己分配的，称为扩展标识符。同一个厂家生产的网卡中 MAC 地址后 24 位是不同的。

2.3.3　查询 MAC 厂商

由于 MAC 地址的前 24 位是生产厂商的标识符，因此可以根据前 24 位标识符判断出硬件的生产厂商和生产地址。用户可以在一些网站上查询，如 http://mac.51240.com/。

【实例 2-2】查询 MAC 地址 00:0C:29:CA:E4:66 所对应的厂商。

（1）在浏览器中输入网址 http://mac.51240.com/，如图 2.1 所示。

图 2.1 网站首页

（2）在"MAC 地址"文本框中输入 MAC 地址 00-0C-29-CA-E4-66。然后单击"查询"按钮，查询结果如图 2.2 所示。

MAC地址	00-0C-29-CA-E4-66
组织名称	VMware, Inc.
国家/地区	US
省份(州)	CA
城市	Palo Alto
街道	3401 Hillview Avenue
邮编	94304

图 2.2 MAC 地址查询结果

从图 2.2 显示的信息中,可以看到 MAC 地址 00-0C-29-CA-E4-66 的厂商是 VMware,Inc,由此可以推断出这是一台虚拟机设备,并且可以看到厂家对应的省份、街道、邮编等信息。

2.3.4 查看网络主机 MAC 地址信息

一个局域网或公司中往往存在多台计算机,这些计算机都有自己的 MAC 地址和 IP 地址。其中,IP 地址是可变的,而 MAC 地址一般是不可变的。为了准确地识别主机,用户可以获取计算机对应的 MAC 地址。

【实例 2-3】显示网络主机 MAC 地址信息。

(1)显示局域网中指定主机的 MAC 地址信息。例如,显示主机 192.168.59.133 的 MAC 地址。执行命令如下:

```
root@daxueba:~# netwox 5 -i 192.168.59.133
```

输出信息如下:

```
192.168.59.133   00:0C:29:D0:21:23
```

输出信息表示主机 192.168.59.133 的 MAC 地址为 00:0C:29:D0:21:23。

(2)显示局域网中所有主机的 MAC 地址,执行命令如下:

```
root@daxueba:~# netwox 5 -i 192.168.59.0/24
```

输出所有主机的 MAC 地址如下:

```
192.168.59.1     00:50:56:C0:00:08
192.168.59.2     00:50:56:EA:F3:A1
192.168.59.131   00:0C:29:CA:E4:66
192.168.59.132   00:0C:29:C4:8A:DE
192.168.59.133   00:0C:29:D0:21:23
192.168.59.254   00:50:56:F0:69:32
```

以上输出信息显示了局域网中所有启用主机的 IP 地址和对应的 MAC 地址。

(3)在显示局域网中所有主机的 MAC 地址信息时,有时由于暂时没有发现主机,等待较长的时间,也不会有任何输出信息。为了能够更好地了解当前的进度,可以使用-u 选项,显示未发现主机的 MAC 地址的信息,进而可以查看扫描进度。执行命令如下:

```
root@daxueba:~# netwox 5 -i 192.168.59.0/24 -u
```

输出信息如下:

```
192.168.59.0     unresolved
192.168.59.1     00:50:56:C0:00:08
192.168.59.2     00:50:56:EA:F3:A1
192.168.59.3     unresolved
...                              #省略其他信息
192.168.59.131   00:0C:29:CA:E4:66
192.168.59.132   00:0C:29:C4:8A:DE
192.168.59.133   00:0C:29:D0:21:23
192.168.59.134   unresolved
192.168.59.135   unresolved
```

```
...                                          #省略其他信息
192.168.59.254          00:50:56:F0:69:32
192.168.59.255          unresolved
```

从输出信息可以看到，程序对局域网中的所有主机进行了扫描，主机 IP 地址为
192.168.59.0 到 192.168.59.255。如果扫描的主机存在，则给出对应的 MAC 地址；如果主
机不存在，则显示为 unresolved。

2.3.5 根据 MAC 地址获取主机其他信息

进行数据传输的主机不仅拥有 MAC 地址，还拥有路由器分配的 IP 地址，有的还会有
自己的主机名、标题等信息。如果知道了主机的 MAC 地址信息，那么就可以使用 netwox
工具获取该主机的这些信息。

【实例 2-4】已知一主机的 MAC 地址为 00:0C:29:CA:E4:66，显示该主机的其他信息。

（1）显示该主机相关信息，执行命令如下：

```
root@daxueba:~# netwox 4 -e 00:0C:29:CA:E4:66
```

输出信息如下：

```
IP address:  192.168.59.131
Hostname:    localhost
Hostnames:   localhost
```

从输出信息可以看到，该主机的 IP 地址为 192.168.59.131，主机名为 localhost。

（2）如果在显示信息时只想显示 IP 地址信息，可以使用--ip 选项，执行命令如下：

```
root@daxueba:~# netwox 4 -e 00:0C:29:CA:E4:66 --ip
```

输出信息只有 IP 地址信息，如下：

```
192.168.59.131
```

（3）如果在显示信息时只想显示主机名信息，可以使用--host 选项，执行命令如下：

```
root@daxueba:~# netwox 4 -e 00:0C:29:CA:E4:66 --host
```

输出信息只有主机名信息，如下：

```
localhost
```

（4）如果在显示信息时只想显示标题信息，可以使用--title 选项，执行命令如下：

```
root@daxueba:~# netwox 4 -e 00:0C:29:CA:E4:66 --title
```

执行命令后，如果没有输出信息，表示该主机没有标题信息。

2.4 以 太 网

以太网是现有局域网最常用的通信协议标准,其网络结构通常为星型结构。在网络中,

计算机使用传输介质进行连接，网络数据通过传输介质进行传输来完成整个通信。本节将详细讲解以太网中的相关概念。

2.4.1　以太网连接

以太网是目前最为广泛的局域网技术，下面具体讲解网络设备之间连接和数据传输的方法，以及以太网中的两个网络设备进行连接的方法。

1．拓扑结构

计算机网络的拓扑结构是引用拓扑学中研究与大小、形状无关的点、线关系的方法。它把网络中的计算机和通信设备抽象为一个点，把传输介质抽象为一条线，而由点和线组成的几何图形就是计算机网络的拓扑结构。以太网结构主要分为总线型和星型两种。

- 总线型：是指所有计算机通过一条同轴电缆进行连接。
- 星型：是指所有计算机都连接到一个中央网络设备上（如交换机）。

2．传输介质

不论是总线型还是星型，计算机和通信设备之间进行数据传输都需要有传输介质。以太网采用了多种连接介质，如同轴缆、双绞线和光纤等。其中，双绞线多用于从主机到集线器或交换机的连接，而光纤则主要用于交换机间的级联和交换机到路由器间的点到点链路上。同轴缆作为早期的主要连接介质，现在已经逐渐被淘汰。

3．工作机制

有了传输介质以后，以太网中的数据就可以借助传输介质进行传输了。以太网采用附加冲突检测的载波帧听多路访问（CSMA/CD）机制，以太网中所有节点都可以看到在网络中发送的所有信息。因此，以太网是一种广播网络。它需要判断计算机何时可以把数据发送到访问介质。通过使用 CSMA/CD，所有计算机都可以监视传输介质的状态，在传输之前等待线路空闲。如果两台计算机尝试同时发送数据，就会发生冲突，计算机会停止发送，等待一个随机的时间间隔，然后再次尝试发送。

当以太网中的一台主机要传输数据时，工作过程如下：

（1）监听信道上是否有信号在传输。如果有，表示信道处于忙状态，则继续帧听，直到信道空闲为止。

（2）若没有监听到任何信号，就传输数据。

（3）传输数据的时候继续监听。如果发现冲突，则执行退避算法。随机等待一段时间后，重新执行步骤（1）。当冲突发生时，涉及冲突的计算机会返回监听信道状态。若未发现冲突，则表示发送成功。

2.4.2　以太帧结构

以太网链路传输的数据包称做以太帧。在以太网中，网络访问层的软件必须把数据转换成能够通过网络适配器硬件进行传输的格式。

1．工作机制

当以太网软件从网络层接收到数据报之后，需要完成如下操作：

（1）根据需要把网际层的数据分解为较小的块，以符合以太网帧数据段的要求。以太网帧的整体大小必须在 64～1518 字节之间（不包含前导码）。有些系统支持更大的帧，最大可以支持 9000 字节。

（2）把数据块打包成帧。每一帧都包含数据及其他信息，这些信息是以太网网络适配器处理帧所需要的。

（3）把数据帧传递给对应于 OSI 模型物理层的底层组件，后者把帧转换为比特流，并且通过传输介质发送出去。

（4）以太网上的其他网络适配器接收到这个帧，检查其中的目的地址。如果目的地址与网络适配器的地址相匹配，适配器软件就会处理接收到的帧，把数据传递给协议栈中较高的层。

2．以太帧结构

以太帧起始部分由前同步码和帧开始定界符组成。后面紧跟着一个以太网报头，以 MAC 地址说明目的地址和源地址。帧的中部是该帧负载的包含其他协议报头的数据包，如 IP 协议。以太帧由一个 32 位冗余校验码结尾，用于检验数据传输是否出现损坏。以太帧结构如图 2.3 所示。

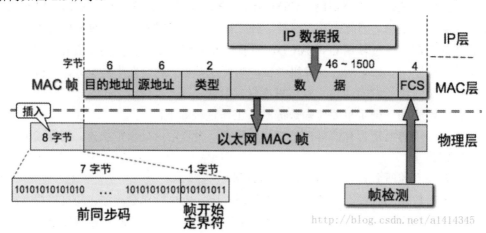

图 2.3　以太帧结构

图 2.3 中每个字段含义如下:

- 前同步码:用来使接收端的适配器在接收 MAC 帧时能够迅速调整时钟频率,使它和发送端的频率相同。前同步码为 7 个字节,1 和 0 交替。
- 帧开始定界符:帧的起始符,为 1 个字节。前 6 位 1 和 0 交替,最后的两个连续的 1 表示告诉接收端适配器:"帧信息要来了,准备接收"。
- 目的地址:接收帧的网络适配器的物理地址(MAC 地址),为 6 个字节(48 比特)。作用是当网卡接收到一个数据帧时,首先会检查该帧的目的地址,是否与当前适配器的物理地址相同,如果相同,就会进一步处理;如果不同,则直接丢弃。
- 源地址:发送帧的网络适配器的物理地址(MAC 地址),为 6 个字节(48 比特)。
- 类型:上层协议的类型。由于上层协议众多,所以在处理数据的时候必须设置该字段,标识数据交付哪个协议处理。例如,字段为 0x0800 时,表示将数据交付给 IP 协议。
- 数据:也称为效载荷,表示交付给上层的数据。以太网帧数据长度最小为 46 字节,最大为 1500 字节。如果不足 46 字节时,会填充到最小长度。最大值也叫最大传输单元(MTU)。在 Linux 中,使用 ifconfig 命令可以查看该值,通常为 1500。
- 帧检验序列 FCS:检测该帧是否出现差错,占 4 个字节(32 比特)。发送方计算帧的循环冗余码校验(CRC)值,把这个值写到帧里。接收方计算机重新计算 CRC,与 FCS 字段的值进行比较。如果两个值不相同,则表示传输过程中发生了数据丢失或改变。这时,就需要重新传输这一帧。

2.4.3 构建以太帧

通过上一节的学习了解了以太帧的结构。用户可以根据需要设置以太帧的字段值,从而构建以太帧。netwox 工具中编号为 32 的模块提供了以太帧构建功能。

【实例 2-5】构建以太网数据帧。

(1)查看以太网数据帧,执行命令如下:

```
root@daxueba:~# netwox 32
```

输出信息如下:

```
Ethernet_____.
| 00:0C:29:CA:E4:66->00:08:09:0A:0B:0C type:0x0000          |
|_____|
```

上述输出信息中的 00:0C:29:CA:E4:66 为源 MAC 地址,是当前主机的 MAC 地址;00:08:09:0A:0B:0C 为目标 MAC 地址,0x0000 为以太网类型。

(2)构建以太帧,设置源 MAC 地址为 00:0c:29:c4:8a:de,目标 MAC 地址为 01:02:03:04:05:06,执行命令如下:

```
root@daxueba:~# netwox 32 -a 00:0c:29:c4:8a:de -b 01:02:03:04:05:06
```

输出信息如下：

```
Ethernet
| 00:0C:29:C4:8A:DE->01:02:03:04:05:06 type:0x0000          |
|                                                           |
```

从输出信息可以看到，源 MAC 地址由原来的 00:0C:29:CA:E4:66 变为了 00:0C:29:C4:8A:DE；目标 MAC 地址由原来的 00:08:09:0A:0B:0C 变为了 01:02:03:04:05:06。

（3）为了验证构建的以太帧，通过 Wireshark 工具进行抓包。在链路层中可以看到伪造的源 MAC 地址和目标 MAC 地址，信息如下：

```
Ethernet II, Src: Vmware_c4:8a:de (00:0c:29:c4:8a:de), Dst: Woonsang_04:05:
06(01:02:03:04:05:06)
```

（4）为了不被其他主机发现，在构造数据包时，可以指定假的源 MAC 地址。但是，每构造一次只能发送一个数据包。如果需要发送多个数据包，就需要构造多次。为了方便，可以使用 macchanger 工具临时修改 MAC 地址，这样就不需要每次构造假的源 MAC 地址了。例如，将当前主机的 MAC 地址修改为 00:0c:29:aa:e0:28，执行命令如下：

```
Current MAC:      00:0c:29:ca:e4:66 (VMware, Inc.)
Permanent MAC:    00:0c:29:ca:e4:66 (VMware, Inc.)
New MAC:          00:0c:29:aa:e0:28 (VMware, Inc.)
```

以上输出信息表示当前主机原来的 MAC 地址为 00:0c:29:ca:e4:66，修改后的 MAC 地址为 00:0c:29:aa:e0:28。

（5）再次使用 netwox 工具进行发包，默认使用修改后的 MAC 地址作为源 MAC 地址，如下：

```
root@daxueba:~# netwox 32
```

输出信息如下：

```
Ethernet
| 00:0C:29:AA:E0:28->00:08:09:0A:0B:0C type:0x0000          |
|                                                           |
```

2.4.4 以太帧洪水攻击

交换机为了方便数据传输，通常会存储每个端口所对应的 MAC 地址，形成一张表。当交换机收到计算机发来的以太帧时，就会查看帧中的源 MAC 地址，并查找存储的表。如果表中存在该 MAC 地址，就直接转发数据。如果没有，则将该 MAC 地址存入该表中。

当其他计算机向这个 MAC 地址发送数据时，可以快速决定向哪个端口发送数据。由于该表不可能是无穷大的，所以当达到一定数量时，将不会储存其他新的 MAC 地址。再有新的主机发来数据帧时，部分交换机将不再查找对应的端口，而是以广播的形式转发给所有的端口。这样，就使其他主机可以接收到该数据帧了。

netwox 工具提供编号为 75 的模块，用来实现以太帧洪水攻击功能。它可以伪造大量的以太网数据包，填满交换机的存储表，使交换机失去正确的转发功能。

【实例 2-6】实施以太帧洪水攻击，执行命令如下：

```
root@daxueba:~# netwox 75
```

执行命令后没有任何输出信息，但是会发送大量的以太网数据包。使用 Wireshark 工具进行抓包，如图 2.4 所示。图中捕获的数据包为以太帧洪水攻击产生的数据包。

No.	Source	Destination	Protocol	Info
45	108.109.110.111	112.113.114.115	IPv4	Fragmented IP protocol (proto=SCPS 1
46	108.109.110.111	112.113.114.115	IPv4	Fragmented IP protocol (proto=SCPS 1
47	108.109.110.111	112.113.114.115	IPv4	Fragmented IP protocol (proto=SCPS 1
48	108.109.110.111	112.113.114.115	IPv4	Fragmented IP protocol (proto=SCPS 1
49	108.109.110.111	112.113.114.115	IPv4	Fragmented IP protocol (proto=SCPS 1
50	108.109.110.111	112.113.114.115	IPv4	Fragmented IP protocol (proto=SCPS 1
51	108.109.110.111	112.113.114.115	IPv4	Fragmented IP protocol (proto=SCPS 1
52	108.109.110.111	112.113.114.115	IPv4	Fragmented IP protocol (proto=SCPS 1
53	108.109.110.111	112.113.114.115	IPv4	Fragmented IP protocol (proto=SCPS 1
54	108.109.110.111	112.113.114.115	IPv4	Fragmented IP protocol (proto=SCPS 1
55	108.109.110.111	112.113.114.115	IPv4	Fragmented IP protocol (proto=SCPS 1
56	108.109.110.111	112.113.114.115	IPv4	Fragmented IP protocol (proto=SCPS 1

图 2.4　以太帧洪水攻击产生的数据包

2.5　网络配置信息

计算机的网络配置信息包含网络设备接口、IP 地址、MAC 地址和掩码等信息。为了方便用户查看计算机中的这些信息，netwox 工具提供了对应的模块，用于获取网络配置信息。

2.5.1　显示网络配置信息

为了了解当前网络的相关信息，netwox 工具提供了编号为 1 的模块。它可以显示当前主机的网络接口信息、主机的 IP 地址信息，以及路由表等信息。

【实例 2-7】显示网络配置信息，执行命令如下：

```
root@daxueba:~# netwox 1
```

执行命令后将显示当前网络设备信息。由于信息较多，下面对每个部分进行讲解。

（1）显示网络设备接口列表信息如下：

```
############################# Devices ############################
nu   dev        ethernet_hwtype        mtu     real_device_name
1    Lo0        loopback               65536   lo
2    Eth0       00:0C:29:CA:E4:66      1500    eth0
```

以上输出信息中每列含义如下：

- nu：设备编号。
- dev：设备接口名称的简单形式。
- ethernet_hwtype：以太网地址或硬件类型。
- mtu：MTU 值。
- real_device_name：设备接口名称的真正形式。

（2）显示 IP 地址列表信息如下：

```
############################### IP ###############################
nu   ip                /netmask            ppp point_to_point_with
1    127.0.0.1         /255.0.0.0          0
1    ::1/128                               0
2    192.168.59.131    /255.255.255.0      0
2    fd15:4ba5:5a2b:1008:20c:29ff:feca:e466/64       0
2    fe80::20c:29ff:feca:e466/64           0
2    fd15:4ba5:5a2b:1008:4c3c:fda9:c3dc:499a/64      0
```

以上输出信息中每列含义如下：

- nu：与此地址关联的设备编号。
- ip：IP 地址。
- netmask：子网掩码。
- ppp：点对点的地址。
- point_to_point_with：远程端点的地址。

（3）IP4 ARP 缓存或 IP6 邻居信息如下：

```
######################## ArpCache/Neighbor ######################
nu   ethernet            ip
2    00:0C:29:C4:8A:DE   192.168.59.132
2    00:0C:29:CA:E4:66   192.168.59.131
2    00:0C:29:CA:E4:66   fd15:4ba5:5a2b:1008:20c:29ff:feca:e466
2    00:0C:29:CA:E4:66   fd15:4ba5:5a2b:1008:4c3c:fda9:c3dc:499a
2    00:0C:29:CA:E4:66   fe80::20c:29ff:feca:e466
2    00:50:56:EA:F3:A1   192.168.59.2
2    00:50:56:EA:F3:A1   fe80::250:56ff:fec0:2222
2    00:50:56:F0:69:32   192.168.59.254
```

以上输出信息中每列含义如下：

- nu：与此条目关联的设备编号。
- ethernet：计算机的以太网地址。
- ip：计算机的 IP 地址。

（4）显示路由信息如下：

```
############################# Routes #############################
nu   destination     /netmask        source       gateway        metric
```

```
1    127.0.0.1        /255.255.255.255     local           0
2    192.168.59.131   /255.255.255.255     local           0
2    192.168.59.0     /255.255.255.0  192.168.59.131      100
1    127.0.0.0        /255.0.0.0          127.0.0.1         0
2    0.0.0.0          /0.0.0.0            192.168.59.131    192.168.59.2   100
1    ::1/128                               local            0
2    fd15:4ba5:5a2b:1008:20c:29ff:feca:e466/128 local       0
2    fe80::20c:29ff:feca:e466/128                 local      0
2    fd15:4ba5:5a2b:1008:4c3c:fda9:c3dc:499a/128 local      0
2    fd15:4ba5:5a2b:1008::/64   fd15:4ba5:5a2b:1008:20c:29ff:feca:e466  0
2    fe80::/64                  fe80::20c:29ff:feca:e466            0
2    fd15:4ba5:5a2b:1008::/64   fd15:4ba5:5a2b:1008:4c3c:fda9:c3dc:499a  0
2    fd15:4ba5:5a2b:1008::/64   fd15:4ba5:5a2b:1008:20c:29ff:feca:e466
fe80::250:56ff:fec0:2222 100
2    ::/0              fe80::20c:29ff:feca:e466 fe80::250:56ff:fec0:2222 100
```

以上输出信息中每列含义如下：

- nu：与此条目关联的设备编号。
- destination：目标地址。
- netmask：掩码。
- source：源 IP 地址或本地路由。
- gateway：网关。
- metric：路线度量。

2.5.2　显示网络调试信息

如果想了解更多的网络信息，netwox 工具还提供了编号为 2 的模块，用于显示网络调试信息。

【实例 2-8】显示网络调试信息，执行命令如下：

```
root@daxueba:~# netwox 2
```

执行命令后可以看到，不仅显示了网络配置信息，还显示了调试信息：

```
Netwox toolbox version 5.39.0.                    #版本信息
Netwib library version 5.39.0.

####***#####***###***###****#####
NETWIBDEF_SYSNAME="Linux"
NETWIBDEF_SYSARCH="amd64"
NETWIBDEF_ARCH_ENDIAN=0
NETWIBDEF_ARCH_BITS=64
NETWIBDEF_ARCH_ALIGN=1
                                                  #省略其他信息
NETWIBDEF_HAVEVAR_SC_GETPW_R_SIZE_MAX=1
NETWIBDEF_HAVEVAR_SC_GETGR_R_SIZE_MAX=1
Error 0 : ok                                      #0 个错误


####***#####***###***###****#####
######################### Devices #########################
```

```
nu    dev       ethernet_hwtype        mtu      real_device_name
1     Lo0       loopback               65536    lo
2     Eth0      00:0C:29:CA:E4:66      1500     eth0
############################### IP ###############################
nu    ip                   /netmask                   ppp point_to_point_with
1     127.0.0.1            /255.0.0.0                  0
1     ::1/128                                          0
2     192.168.59.131      /255.255.255.0              0
2     fd15:4ba5:5a2b:1008:20c:29ff:feca:e466/64       0
2     fe80::20c:29ff:feca:e466/64                      0
2     fd15:4ba5:5a2b:1008:4c3c:fda9:c3dc:499a/64       0
######################### ArpCache/Neighbor #########################
nu    ethernet             ip
2     00:0C:29:C4:8A:DE    192.168.59.132
2     00:0C:29:CA:E4:66    192.168.59.131
2     00:0C:29:CA:E4:66    fd15:4ba5:5a2b:1008:20c:29ff:feca:e466
2     00:0C:29:CA:E4:66    fd15:4ba5:5a2b:1008:4c3c:fda9:c3dc:499a
2     00:0C:29:CA:E4:66    fe80::20c:29ff:feca:e466
2     00:50:56:EA:F3:A1    192.168.59.2
2     00:50:56:EA:F3:A1    fe80::250:56ff:fec0:2222
2     00:50:56:F0:69:32    192.168.59.254
########################### Routes ###########################
nu    destination        /netmask          source      gateway          metric
1     127.0.0.1         /255.255.255.255   local                        0
2     192.168.59.131    /255.255.255.255   local                        0
2     192.168.59.0      /255.255.255.0     192.168.59.131               100
1     127.0.0.0         /255.0.0.0         127.0.0.1                    0
2     0.0.0.0           /0.0.0.0           192.168.59.131  192.168.59.2 100
1     ::1/128                              local                        0
2     fd15:4ba5:5a2b:1008:20c:29ff:feca:e466/128 local                 0
2     fe80::20c:29ff:feca:e466/128         local                       0
2     fd15:4ba5:5a2b:1008:4c3c:fda9:c3dc:499a/128 local                0
2     fd15:4ba5:5a2b:1008::/64  fd15:4ba5:5a2b:1008:20c:29ff:feca:e466 0
2     fe80::/64       fe80::20c:29ff:feca:e466                          0
2     fd15:4ba5:5a2b:1008::/64  fd15:4ba5:5a2b:1008:4c3c:fda9:c3dc:499a 0
2     fd15:4ba5:5a2b:1008::/64  fd15:4ba5:5a2b:1008:20c:29ff:feca:e466
fe80::250:56ff:fec0:2222 100
2     ::/0            fe80::20c:29ff:feca:e466 fe80::250:56ff:fec0:2222 100
Error 0 : ok
 hint: errno = 19 = No such device
 hint: this is not an IPv4 address: fe80::250:56ff:fec0:2222


 ####***###***####***####***####***####

 :::: After devices_ioctl ::::                        # devices_ioctl 信息
 $$$ devices $$$
  d=0,lo, m=65536 t=loopback
  d=0,eth0, m=1500 t=ethernet>00:0C:29:CA:E4:66
  d=0,lo, m=65536 t=loopback
  d=0,eth0, m=1500 t=ethernet>00:0C:29:CA:E4:66

 $$$ ip $$$
  d=0,lo i=127.0.0.1/255.0.0.0 p=false
  d=0,eth0 i=192.168.59.131/255.255.255.0 p=false
```

```
  $$$ arpcache $$$

  $$$ routes $$$

:::: After procnetifinet6 ::::                          # procnetifinet6信息
 $$$ devices $$$
  d=0,lo, m=65536 t=loopback
  d=0,eth0, m=1500 t=ethernet>00:0C:29:CA:E4:66
  d=0,lo, m=65536 t=loopback
  d=0,eth0, m=1500 t=ethernet>00:0C:29:CA:E4:66

  $$$ ip $$$
  d=0,lo i=127.0.0.1/255.0.0.0 p=false
  d=0,eth0 i=192.168.59.131/255.255.255.0 p=false
  d=0,lo i=::1/128 p=false
  d=0,eth0 i=fd15:4ba5:5a2b:1008:20c:29ff:feca:e466/64 p=false
  d=0,eth0 i=fe80::20c:29ff:feca:e466/64 p=false
  d=0,eth0 i=fd15:4ba5:5a2b:1008:4c3c:fda9:c3dc:499a/64 p=false
 …                                                       #省略其他信息
$$$ routes $$$
  d=1,lo i=127.0.0.1/255.255.255.255 s=false g=false m=0
  d=2,eth0 i=192.168.59.131/255.255.255.255 s=false g=false m=0
  d=2,eth0 i=192.168.59.0/255.255.255.0 s=true,192.168.59.131 g=false m=100
  d=1,lo i=127.0.0.0/255.0.0.0 s=true,127.0.0.1 g=false m=0
  d=2,eth0 i=::/0 s=true,fe80::20c:29ff:feca:e466 g=true,fe80::250:56ff:
  fec0:2222 m=100
Error 0 : ok
 hint: errno = 19 = No such device
 hint: this is not an IPv4 address: fe80::250:56ff:fec0:2222

####***####***####***####***####
END
```

第 3 章　网际层和 IP 协议

网际层是 TCP/IP 协议的第二层。它提供独立于硬件的逻辑寻址，从而让数据能够在具有不同物理结构的子网之间传递。这种传递基于 IP 协议提供的 IP 地址实现。本章将详细介绍网际层中的 IP 地址规范及 IP 协议。

3.1　IP 地址

IP 地址（Internet Protocol Address）是互联网协议特有的一种地址。它是 IP 协议提供的一种统一的地址格式。它为互联网上的每一个网络和每一台主机分配一个逻辑地址，以此来屏蔽物理地址的差异。本节将详细讲解 IP 地址的构成和划分。

3.1.1　为什么使用 IP 地址

在单个局域网网段中，计算机与计算机之间可以使用网络访问层提供的 MAC 地址进行通信。如果在路由式网络中，计算机之间进行通信就不能利用 MAC 地址实现数据传输了。因为 MAC 地址不能跨路由接口运行；即使强行实现跨越，使用 MAC 地址传输数据也是非常麻烦的。这是由于内置在网卡里的固定 MAC 地址不能在地址空间上引入逻辑结构，使其无法具备真正的地址来表示国家、省、市、区、街道、路、号这类层次。因此，要进行数据传输，必须使用一种逻辑化、层次化的寻址方案对网络进行组织。这就是 IP 地址。

网络中的每个计算机都有对应的 IP 地址。用户可以使用 netwox 工具探测目标主机。
【实例 3-1】显示目标主机的相关信息。
（1）探测局域网中所有主机的 IP 地址、主机名和 MAC 地址信息。

```
root@daxueba:~# netwox 3 -a 192.168.59.0/24
```

显示的所有主机信息如下；

```
IP address:     192.168.59.0
Hostname:   localhost
Hostnames:  localhost
Eth address:unresolved
```

```
IP address:      192.168.59.1              #主机 IP 地址
Hostname:    localhost
Hostnames:   localhost
Eth address:     00:50:56:C0:00:08         #MAC 地址

IP address:      192.168.59.2              #主机 IP 地址
Hostname:    localhost
Hostnames:   localhost
Eth address:     00:50:56:EA:F3:A1         #MAC 地址
...                                        #省略其他信息
IP address:      192.168.59.131            #主机 IP 地址
Hostname:    localhost
Hostnames:   localhost
Eth address:     00:0C:29:CA:E4:66         #MAC 地址

IP address:      192.168.59.132            #主机 IP 地址
Hostname:    localhost
Hostnames:   localhost
Eth address:     00:0C:29:C4:8A:DE         #MAC 地址
...                                        #省略其他信息
IP address:      192.168.59.254            #主机 IP 地址
Hostname:    localhost
Hostnames:   localhost
Eth address:     00:50:56:F7:32:70         #MAC 地址

IP address:      192.168.59.255            #主机 IP 地址
Hostname:    localhost
Hostnames:   localhost
Eth address:     unresolved
```

以上输出信息依次显示了局域网中的所有主机信息，主机 IP 地址为 192.168.59.0 到 192.168.59.255。如果主机存在，就在 Eth address 部分中显示对应的 MAC 地址，如果主机不存在，则显示为 unresolved。从输出信息中可以了解到，主机 192.168.59.131 存在，其 MAC 地址为 00:0C:29:CA:E4:66。

（2）主机可以被用做服务器，探测域名为 www.163.com 的所有主机的 IP 地址、主机名，以及 MAC 地址信息。

```
root@daxueba:~# netwox 3 -a www.163.com
```

输出信息如下：

```
IP address:      220.194.153.86
Hostname:    unresolved
Hostnames:   unresolved
Eth address:     unresolved

IP address:      218.26.75.208                 #IPv4 地址
Hostname:    208.75.26.218.internet.sx.cn      #主机名
Hostnames:   208.75.26.218.internet.sx.cn
Eth address:     unresolved
```

```
IP address:       124.163.192.254                    #IPv4 地址
Hostname:      254.192.163.124.adsl-pool.sx.cn       #主机名
Hostnames:     254.192.163.124.adsl-pool.sx.cn
Eth address:      unresolved

IP address:       2408:80f1:201:1::7                 #IPv6 地址
Hostname:      unresolved
Hostnames:     unresolved
Eth address:00:50:56:EA:F3:A1                         #MAC 地址

IP address:       2408:80f1:201:1::6                 #IPv6 地址
Hostname:      unresolved
Hostnames:     unresolved
Eth address:      00:50:56:EA:F3:A1                  #MAC 地址
```

以上输出信息显示了域名 www.163.com 的主机所使用的 IP 地址、主机名，以及 MAC 地址信息。

3.1.2　IP 地址构成

在网际层中，利用 IP 地址将数据传输到目的地。为了能够使数据正确地发送到目标主机上，网络上的 IP 地址必须有一定的规则来识别主机的位置。下面介绍 IP 地址的构成。

1．基本构成

为了便于寻址，了解目标主机的位置，每个 IP 地址包括两个标识码（ID），即网络 ID 和主机 ID。同一个物理网络上的所有主机都使用同一个网络 ID，网络上的一个主机（包括网络上的工作站、服务器和路由器等）有一个主机 ID 与其对应。网络 ID 和主机 ID 含义如下：

- 网络 ID：用于识别主机所在的网络，网络 ID 的位数直接决定了可以分配的网络数量。
- 主机 ID：用于识别该网络中的主机，主机 ID 的位数则决定了网络中最大的主机数量。

2．基本分类

大型网络包含大量的主机，而小型网络包含少量的主机。根据用户需求不同，一个网络包含的主机数量也会不同。为了满足不同场景的需要，网络必须使用一种方式来判断 IP 地址中哪一部分是网络 ID，哪一部分是主机 ID。IP 地址为 32 位地址，被分为 4 个 8 位段。为了方便对 IP 地址的管理，将 IP 地址基本分为三大类，每类地址的分类与含义如下：

- A 类：前 8 位表示网络 ID，后 24 位表示主机 ID；该地址分配给政府机关单位使用。
- B 类：前 16 位表示网络 ID，后 16 位表示主机 ID；该地址分配给中等规模的企业使用。
- C 类：前 24 位表示网络 ID，后 8 位表示主机 ID；该地址分配给任何需要的人使用。

除了上述的 A、B、C 三类地址以外，还有两类隐藏地址，即 D 类地址和 E 类地址：

- D 类：不分网络 ID 和主机 ID；该地址用于多播。
- E 类：不分网络 ID 和主机 ID；该地址用于实验。

3．地址区分

IP 地址被分类以后，如何判断一个 IP 地址是 A 类、B 类还是 C 类地址呢？为了更好地进行区分，将每类地址的开头部分设置为固定数值，如图 3.1 所示。

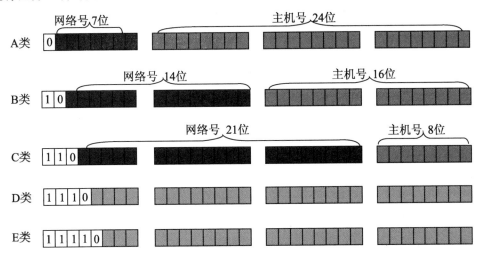

图 3.1　IP 地址区别

从图 3.1 中可以看出，每类 IP 地址都是以 32 位的二进制格式显示的，每类地址的区别如下：

- A 类：网络 ID 的第一位以 0 开始的地址。
- B 类：网络 ID 的第一位以 10 开始的地址。
- C 类：网络 ID 的第一位以 110 开始的地址。
- D 类：地址以 1110 开始的地址。
- E 类：地址以 11110 开始的地址。

4．地址范围

由于每类地址的开头是固定的，因此每类地址都有自己的范围：

- A 类：IP 地址范围为 0.0.0.0～127.255.255.255。
- B 类：IP 地址范围为 128.0.0.0～191.255.255.255。
- C 类：IP 地址范围为 192.0.0.0～223.255.255.255。
- D 类：IP 地址范围为 224.0.0.0～239.255.255.255。
- E 类：IP 地址范围为 240.0.0.0～255.255.255.254。

5. 特殊 IP 地址

在进行 IP 地址分配时,有一些 IP 地址具有特殊含义,不会分配给互联网的主机。例如,保留了一些 IP 地址范围,用于私有网络,这些地址被称为私有地址。再如,保留一部分地址用于测试,被称为保留地址。A 类、B 类、C 类地址的地址范围及含义如下:

(1)A 类地址

- 私有地址范围为 10.0.0.0～10.255.255.255。
- 保留地址范围为 127.0.0.0～127.255.255.255.

(2)B 类地址

- 私有地址范围为 172.16.0.0～172.31.255.255。
- 保留地址为 169.254.X.X。

(3)C 类地址

私有地址范围为 192.168.0.0～192.168.255.255。

3.1.3 子网划分

数据在网络中进行传输是通过识别 IP 地址中的网络 ID,从而将数据发送到正确的网络中。然后再根据主机 ID 将数据发送到目标主机上。如果一个网络中包含了百万台主机,数据通过网关找到对应的网络后,很难快速地发送到目标主机上。为了能够在大型网络中实现更高效的数据传输,需要进行子网划分,将网络划分为更小的网络。

子网划分是将 IP 地址的主机 ID 部分划分为子网 ID 和主机 ID。其中,子网 ID 用来寻找网络内的子网;主机 ID 用来寻找子网中的主机。子网掩码则是用来指明地址中多少位用于子网 ID,保留多少位用于实际的主机 ID。

3.1.4 CIDR 格式

将 IP 地址分为 A 类、B 类、C 类后,会造成 IP 地址的部分浪费。例如,一些连续的 IP 地址,一部分属于 A 类地址,另一部分属于 B 类地址。为了使这些地址聚合以方便管理,出现了 CIDR(无类域间路由)。

无类域间路由(Classless Inter-Domain Routing,CIDR)可以将路由集中起来,在路由表中更灵活地定义地址。它不区分 A 类、B 类、C 类地址,而是使用 CIDR 前缀的值指定地址中作为网络 ID 的位数。这个前缀可以位于地址空间的任何位置,让管理者能够以更灵活的方式定义子网,以简便的形式指定地址中网络 ID 部分和主机 ID 部分。

CIDR 标记使用一个斜线(/)分隔符,后面跟一个十进制数值表示地址中网络部分所占的位数。例如,205.123.196.183/25 中的 25 表示地址中 25 位用于网络 ID,相应的掩码为 255.255.255.128。

【实例 3-2】已知 CIDR 格式地址为 192.168.1.32/27，计算该地址的掩码，并显示包含了多少台主机。

（1）列出包含的所有主机。

```
root@daxueba:~# netwox 213 -i 192.168.1.32/27
```

输出信息如下：

```
192.168.1.32
192.168.1.33
192.168.1.34
192.168.1.35
192.168.1.36
192.168.1.37
192.168.1.38
...                                          #省略其他信息
192.168.1.57
192.168.1.58
192.168.1.59
192.168.1.60
192.168.1.61
192.168.1.62
192.168.1.63
```

上述输出信息显示该 CIDR 地址中包含了 32 台主机，IP 地址为 192.168.1.32～192.168.1.63。

（2）计算 IP 地址 192.168.1.32/27 的掩码。

```
root@daxueba:~# netwox 24 -i 192.168.1.32/27
```

输出信息如下：

```
192.168.1.32-192.168.1.63                    #IP 地址范围
192.168.1.32/27                              #IP 地址段
192.168.1.32/255.255.255.224                 #掩码
localhost=localhost                          #主机名
```

上述输出信息显示掩码为 255.255.255.224。

3.2 IP 协议

IP 协议提供了一种分层的、与硬件无关的寻址系统，它可以在复杂的路由式网络中传递数据所需的服务。IP 协议可以将多个交换网络连接起来，在源地址和目的地址之间传送数据包。同时，它还提供数据重新组装功能，以适应不同网络对数据包大小的要求。本节将详细讲解 IP 协议的使用。

3.2.1 IP 协议工作方式

在一个路由式网络中，源地址主机向目标地址主机发送数据时，IP 协议是如何将数据成功发送到目标主机上的呢？由于网络分同网段和不同网段两种情况，工作方式如下：

1. 同网段

如果源地址主机和目标地址主机在同一网段，目标 IP 地址被 ARP 协议解析为 MAC 地址，然后根据 MAC 地址，源主机直接把数据包发给目标主机。

2. 不同网段

如果源地址主机和目标地址主机在不同网段，数据包发送过程如下：

（1）网关（一般为路由器）的 IP 地址被 ARP 协议解析为 MAC 地址。根据该 MAC 地址，源主机将数据包发送到网关。

（2）网关根据数据包中的网段 ID 寻找目标网络。如果找到，将数据包发送到目标网段；如果没找到，重复步骤（1）将数据包发送到上一级网关。

（3）数据包经过网关被发送到正确的网段中。目标 IP 地址被 ARP 协议解析为 MAC 地址。根据该 MAC 地址，数据包被发送给目标地址的主机。

3.2.2 IP 协议包结构

在 TCP/IP 协议中，使用 IP 协议传输数据的包被称为 IP 数据包。每个数据包都包含 IP 协议规定的内容。IP 协议规定的这些内容被称为 IP 数据报文（IP Datagram）或者 IP 数据报。IP 数据报文由首部和数据两部分组成。首部的前一部分是固定长度，共 20 字节，是所有 IP 数据报必须具有的。在首部的固定部分的后面是一些可选字段，其长度是可变的。

每个 IP 数据报都以一个 IP 报头开始。源计算机构造这个 IP 报头，而目的计算机利用 IP 报头中封装的信息处理数据。IP 报头中包含大量的信息，如源 IP 地址、目的 IP 地址、数据报长度、IP 版本号等。每个信息都被称为一个字段。IP 数据报头字段如图 3.2 所示。

IP 报头的最小长度为 20 字节，图 3.2 中每个字段的含义如下：

- 版本（version）：占 4 位，表示 IP 协议的版本。通信双方使用的 IP 协议版本必须一致。目前广泛使用的 IP 协议版本号为 4，即 IPv4。
- 首部长度（网际报头长度 IHL）：占 4 位，可表示的最大十进制数值是 15。这个字段所表示数的单位是 32 位字长（1 个 32 位字长是 4 字节）。因此，当 IP 的首部长度为 1111 时（即十进制的 15），首部长度就达到 60 字节。当 IP 分组的首部长度不是 4 字节的整数倍时，必须利用最后的填充字段加以填充。数据部分永远在 4 字节的整数倍开始，这样在实现 IP 协议时较为方便。首部长度限制为 60 字节的缺点是，长度有时可能不够用，之所以限制长度为 60 字节，是希望用户尽量减少开销。最常用的首部长度就是 20 字节（即首部长度为 0101），这时不使用任何选项。

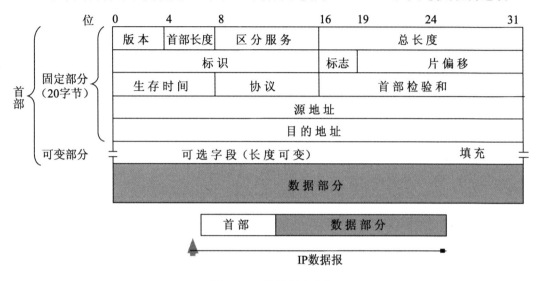

图 3.2　IP 数据报头字段

- 区分服务（tos）：也被称为服务类型，占 8 位，用来获得更好的服务。这个字段在旧标准中叫做服务类型，但实际上一直没有被使用过。1998 年 IETF 把这个字段改名为区分服务（Differentiated Services，DS）。只有在使用区分服务时，这个字段才起作用。

- 总长度（totlen）：首部和数据之和，单位为字节。总长度字段为 16 位，因此数据报的最大长度为 $2^{16}-1=65535$ 字节。

- 标识（identification）：用来标识数据报，占 16 位。IP 协议在存储器中维持一个计数器。每产生一个数据报，计数器就加 1，并将此值赋给标识字段。当数据报的长度超过网络的 MTU，而必须分片时，这个标识字段的值就被复制到所有的数据报的标识字段中。具有相同的标识字段值的分片报文会被重组成原来的数据报。

- 标志（flag）：占 3 位。第一位未使用，其值为 0。第二位称为 DF（不分片），表示是否允许分片。取值为 0 时，表示允许分片；取值为 1 时，表示不允许分片。第三位称为 MF（更多分片），表示是否还有分片正在传输，设置为 0 时，表示没有更多分片需要发送，或数据报没有分片。

- 片偏移（offsetfrag）：占 13 位。当报文被分片后，该字段标记该分片在原报文中的相对位置。片偏移以 8 个字节为偏移单位。所以，除了最后一个分片，其他分片的偏移值都是 8 字节（64 位）的整数倍。

- 生存时间（TTL）：表示数据报在网络中的寿命，占 8 位。该字段由发出数据报的源主机设置。其目的是防止无法交付的数据报无限制地在网络中传输，从而消耗网络资源。路由器在转发数据报之前，先把 TTL 值减 1。若 TTL 值减少到 0，则丢弃这个数据报，不再转发。因此，TTL 指明数据报在网络中最多可经过多少个路由器。TTL 的最大数值为 255。若把 TTL 的初始值设为 1，则表示这个数据报只能在本局域网中传送。

- 协议：表示该数据报文所携带的数据所使用的协议类型，占 8 位。该字段可以方便目的主机的 IP 层知道按照什么协议来处理数据部分。不同的协议有专门不同的协议号。例如，TCP 的协议号为 6，UDP 的协议号为 17，ICMP 的协议号为 1。
- 首部检验和（checksum）：用于校验数据报的首部，占 16 位。数据报每经过一个路由器，首部的字段都可能发生变化（如 TTL），所以需要重新校验。而数据部分不发生变化，所以不用重新生成校验值。
- 源地址：表示数据报的源 IP 地址，占 32 位。
- 目的地址：表示数据报的目的 IP 地址，占 32 位。该字段用于校验发送是否正确。
- 可选字段：该字段用于一些可选的报头设置，主要用于测试、调试和安全的目的。这些选项包括严格源路由（数据报必须经过指定的路由）、网际时间戳（经过每个路由器时的时间戳记录）和安全限制。
- 填充：由于可选字段中的长度不是固定的，使用若干个 0 填充该字段，可以保证整个报头的长度是 32 位的整数倍。
- 数据部分：表示传输层的数据，如保存 TCP、UDP、ICMP 或 IGMP 的数据。数据部分的长度不固定。

3.3　构造 IP 数据包

为了更好地掌握 IP 协议，下面使用 netwox 工具提供的模块来构建各种 IP 数据包。

3.3.1　构建 IP 数据包

netwox 工具提供编号为 38 的模块，用来构造 IP 数据包。用户不仅可以设置源 IP 地址和目标 IP 地址，还可以设置 TTL、数据分片等字段。

【实例 3-3】构造 IP 数据包。

（1）不指定选项，直接运行该模块。执行命令如下：

```
root@daxueba:~# netwox 38
```

输出信息如下：

```
IP_____.
|version|  ihl  |      tos      |              totlen                    |
|___4___|___5___|____0x00=0_____|_____0x0014=20_____|
```

```
|            id            |r|D|M|      offsetfrag          |
|_____0x87D6=34774_____|0|0|0|_____0x0000=0_____|
|     ttl      |   protocol    |         checksum          |
|___0x00=0_____|____0x00=0_____|_____0x2ADB_____|
|                    source                                |
|_____192.168.59.131_____|
|                  destination                             |
|_____5.6.7.8_____|
```

在输出信息中，第一行 IP 表示当前数据包是基于 IP 协议的。包中的字段值均为默认值。例如，源 IP 地址为 192.168.59.131，目的 IP 地址为 5.6.7.8。

（2）指定源 IP 地址为 192.168.59.132，目标 IP 地址为 192.168.12.101。执行命令如下：

```
root@daxueba:~# netwox 38 -l 192.168.59.132 -m 192.168.12.101
```

输出信息如下：

```
IP_____.
|version|  ihl  |     tos       |         totlen           |
|___4___|___5___|____0x00=0_____|_____0x0014=20_____|
|            id            |r|D|M|      offsetfrag          |
|_____0x1B26=6950_____|0|0|0|_____0x0000=0_____|
|     ttl      |   protocol    |         checksum          |
|___0x00=0_____|____0x00=0_____|_____0xD68A_____|
|                    source                                |
|_____192.168.59.132_____|
|                  destination                             |
|_____192.168.12.101_____|
```

从上述输出信息中可看出，源 IP 地址由原来的 192.168.59.131 变为了 192.168.59.132，目的 IP 地址由原来的 5.6.7.8 变为了 192.168.12.101。

（3）通过抓包，验证构造的 IP 数据包。捕获到的数据包如图 3.3 所示。其中，第 2 个数据包为构造的数据包。源 IP 地址为 192.168.59.132，目标 IP 地址为 192.168.12.101，协议为 IPv4。

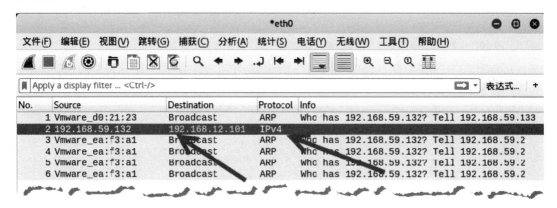

图 3.3　捕获 IPv4 数据包

3.3.2　基于 Ethernet 层构造 IP 数据包

netwox 工具提供编号为 34 的模块，用于指定 IP 数据报的以太层字段信息。

【实例 3-4】指定 IP 数据报的以太层字段信息。

（1）不指定选项，直接运行该模块，查看默认设置。执行命令如下：

```
root@daxueba:~# netwox 34
```

输出信息如下：

```
Ethernet_____.
| 00:0C:29:CA:E4:66->00:08:09:0A:0B:0C type:0x0800              |
|_____|
IP_____.
|version|  ihl  |     tos       |          totlen               |
|__4__|___5___|_____0x00=0_____|_____0x0014=20_____|
|             id              |r|D|M|        offsetfrag          |
|_____0xE1C2=57794_____|0|0|0|_____0x0000=0_____|
|     ttl      |   protocol    |           checksum             |
|___0x00=0_____|____0x00=0_____|_____0xD0EE_____|
|                          source                             |
|_____192.168.59.131_____|
|                       destination                           |
|_____5.6.7.8_____|
```

在输出信息中，第一行 Ethernet 表示当前数据包的以太网层字段信息。这些字段值均为默认值。例如，当前以太网的源 MAC 地址为 00:0C:29:CA:E4:66，目标 MAC 地址为00:08:09:0A:0B:0C。

（2）指定以太网的源 MAC 地址和目标 MAC 地址。设置源 MAC 地址为00:0C:29:C4:8A:DE，目标 MAC 地址为 00:0C:29:D0:21:23，目标 IP 地址为 192.168.59.156。执行命令如下：

```
root@daxueba:~# netwox 34 -a 00:0C:29:C4:8A:DE -b 00:0C:29:D0:21:23
```

输出信息如下：

```
Ethernet_____.
| 00:0C:29:C4:8A:DE->00:0C:29:D0:21:23 type:0x0800              |
|_____|
IP_____.
|version|  ihl  |     tos       |          totlen               |
|__4__|___5___|_____0x00=0_____|_____0x0014=20_____|
|             id              |r|D|M|        offsetfrag          |
|_____0x6983=27011_____|0|0|0|_____0x0000=0_____|
|     ttl      |   protocol    |           checksum             |
|___0x00=0_____|____0x00=0_____|_____0x492E_____|
|                          source                             |
|_____192.168.59.131_____|
|                       destination                           |
|_____192.168.59.156_____|
```

从输出信息可以看到，以太网的 MAC 地址由原来的 00:0C:29:CA:E4:66 变为了 00:0C:29:C4:8A:DE，目标 MAC 地址由原来的 00:08:09:0A:0B:0C 变为了 00:0C:29:D0:21:23。

（3）验证构造的数据包，使用 Wireshark 工具捕获数据包，如图 3.4 所示。其中，第 2 个数据包为构造的 IPv4 数据包。在 Ethernet II 部分中，源 MAC 地址为指定的 00:0C:29:c4:8a:de，目标 MAC 地址为指定的 00:0c:29:d0:21:23。

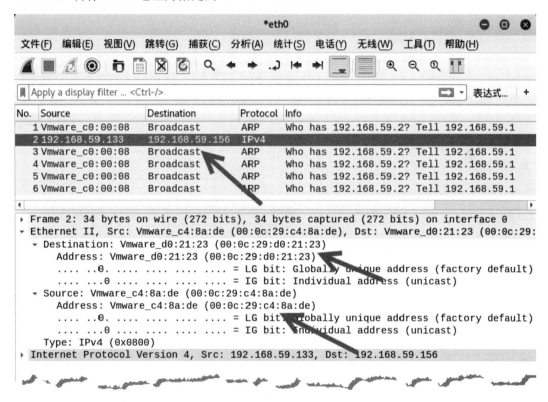

图 3.4　捕获伪造的数据包

3.3.3　利用分片实施洪水攻击

IP 协议在传输数据包时，经常会进行分片传输。例如，当一个设备准备传输一个 IP 数据包时，它将首先获取这个数据包的大小，然后获取发送数据包所使用的网络接口的最大传输单元值（MTU）。如果数据包的大小大于 MTU，则该数据包将被分片。将一个数据包分片包括下面几步：

（1）设备将数据包分为若干个可成功进行传输的数据包。

（2）每个 IP 数据包的首部的总长度域会被设置为每个分片的片段长度。

（3）更多分片标志将会在数据流的所有数据包中设置为 1，除了最后一个数据包。

（4）IP 数据包头中分片部分的分片偏移将会被设置。

（5）数据包被发送出去。

目标主机收到分片包后，会根据分片信息重组报文。如果发送大量的无效 IP 分片包，会造成洪水攻击。用户可以使用 netwox 工具中编号为 74 的模块实施洪水攻击。

【实例 3-5】已知目标主机 IP 地址为 192.168.59.135，使用 netwox 工具向目标主机发送大量的 IP 分片实施洪水攻击，执行命令如下：

```
root@daxueba:~# netwox 74 -i 192.168.59.135
```

执行命令后没有任何输出信息，但是会向目标主机发送大量的 IP 分片数据包。如果使用 Wireshark 工具抓包，可以捕获到大量的 IP 分片数据包，如图 3.5 所示。图中显示了大量的 IPv4 数据包，Info 列中的 Fragmented IP protocol 信息表示数据包为 IP 分片数据包。

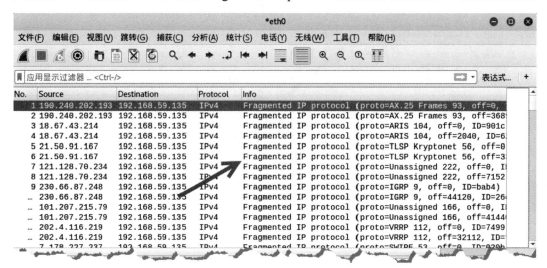

图 3.5　捕获 IP 分片数据包

第 4 章　ARP 协议

地址解析协议（Address Resolution Protocol，ARP）是根据 IP 地址获取物理地址的一个 TCP/IP 协议。它通过 IP 地址向 MAC 地址的转换，解决网际层和网络访问层的衔接问题。本章将详细讲解 ARP 协议的规范以及相关应用。

4.1　ARP 协议概述

由于 IP 地址和 MAC 地址定位方式不同，ARP 协议成为数据传输的必备协议。主机发送信息前，必须通过 ARP 协议获取目标 IP 地址对应的 MAC 地址，才能正确地发送数据包。本节将介绍 ARP 协议的工作机制和结构。

4.1.1　为什么需要 ARP 协议

在网络访问层中，同一局域网中的一台主机要和另一台主机进行通信，需要通过 MAC 地址进行定位，然后才能进行数据包的发送。而在网络层和传输层中，计算机之间是通过 IP 地址定位目标主机，对应的数据报文只包含目标主机的 IP 地址，而没有 MAC 地址。因此，在发送之前需要根据 IP 地址获取 MAC 地址，然后才能将数据包发送到正确的目标主机，而这个获取过程是通过 ARP 协议完成的。

4.1.2　基本流程

ARP 工作流程分为两个阶段，一个是 ARP 请求过程，另一个是 ARP 响应过程。工作流程如图 4.1 和图 4.2 所示。

图 4.1 和图 4.2 中，主机 A 的 IP 地址为 192.168.1.1，主机 B 的 IP 地址为 192.168.1.2。主机 A 与主机 B 进行通信，需要获取其 MAC 地址，基本流程如下：

（1）主机 A 以广播形式向网络中所有主机发送 ARP 请求，请求包中包含了目标 IP 地址 192.168.1.2。

（2）主机 B 接收到请求，发现自己就是主机 A 要找的主机，返回响应。响应包中包含自己的 MAC 地址。

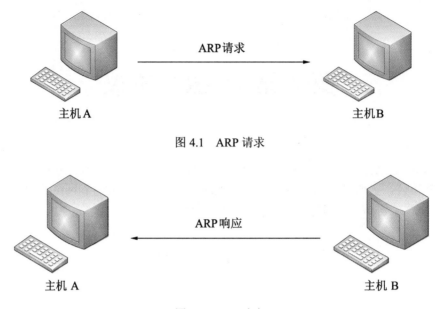

图 4.1　ARP 请求

图 4.2　ARP 响应

4.1.3　ARP 缓存

在请求目标主机的 MAC 地址时，每次获取目标主机 MAC 地址都需要发送一次 ARP 请求，然后根据响应获取到 MAC 地址。为了避免重复发送 ARP 请求，每台主机都有一个 ARP 高速缓存。当主机得到 ARP 响应后，将目标主机的 IP 地址和物理地址存入本机 ARP 缓存中，并保留一定时间。只要在这个时间范围内，下次请求 MAC 地址时，直接查询 ARP 缓存，而无须再发送 ARP 请求，从而节约了网络资源。

当有了 ARP 缓存以后，ARP 的工作流程如下：

（1）主机 A 在本机 ARP 缓存中检查主机 B 的匹配 MAC 地址。

（2）如果在 ARP 缓存中没有找到主机 B 的 IP 地址及对应的 MAC 地址，它将询问主机 B 的 MAC 地址，从而将 ARP 请求帧广播到本地网络上的所有主机。源主机 A 的 IP 地址和 MAC 地址都包括在 ARP 请求中。

（3）本地网络上的每台主机都接收到 ARP 请求，并且检查是否与自己的 IP 地址匹配。如果主机发现请求的 IP 地址与自己的 IP 地址不匹配，它将丢弃 ARP 请求。主机 B 确定 ARP 请求中的 IP 地址与自己的 IP 地址匹配，则将主机 A 的 IP 地址和 MAC 地址映射添加到本地 ARP 缓存中。

（4）主机 B 将包含自身 MAC 地址的 ARP 回复消息直接发送给主机 A。

（5）当主机 A 收到从主机 B 发来的 ARP 回复消息时，会用主机 B 的 IP 地址和 MAC 地址更新 ARP 缓存。

（6）主机 B 的 MAC 地址一旦确定，主机 A 就能向主机 B 发送 IP 数据包。本机缓存是有生存期的，生存期结束后，将再次重复上面的过程。

4.1.4　查看 ARP 缓存

每次成功得到 ARP 响应以后，就会将 IP 地址对应的 MAC 地址添加到 ARP 缓存中。用户可以通过 arp 命令查看 ARP 缓存中的信息，并验证是否会将目标 IP 地址和 MAC 地址添加到 ARP 缓存中。

【实例 4-1】查看 ARP 缓存表并验证添加的 IP 地址和 MAC 地址。

（1）使用 arp 命令查看当前主机缓存信息，执行命令如下：

```
root@daxueba:~# arp -a
```

输出信息如下：

```
localhost (192.168.59.254) at 00:50:56:f7:9b:0d [ether] on eth0
localhost (192.168.59.2) at 00:50:56:ea:f3:a1 [ether] on eth0
```

上述输出信息表示当前 ARP 缓存中有两组信息，192.168.59.254 对应的 MAC 地址为 00:50:56:f7:9b:0d，192.168.59.2 对应的 MAC 地址为 00:50:56:ea:f3:a1。

（2）在当前主机上与主机 192.168.59.135 进行通信。例如，可以使用 ping 命令探测该主机。执行命令如下：

```
root@daxueba:~# ping 192.168.59.135
```

输出信息如下：

```
PING 192.168.59.135 (192.168.59.135) 56(84) bytes of data.
64 bytes from 192.168.59.135: icmp_seq=1 ttl=64 time=1.64 ms
64 bytes from 192.168.59.135: icmp_seq=2 ttl=64 time=0.420 ms
64 bytes from 192.168.59.135: icmp_seq=3 ttl=64 time=0.405 ms
64 bytes from 192.168.59.135: icmp_seq=4 ttl=64 time=0.343 ms
```

上述输出信息表示成功向目标主机 192.168.59.135 发送了 ping 请求并得到了响应。

（3）当前主机的 ARP 缓存将会添加目标主机的 IP 地址及 MAC 地址。再次查看当前主机缓存信息，执行命令如下：

```
oot@daxueba:~# arp -a
localhost (192.168.59.135) at 00:0c:29:ca:e4:66 [ether] on eth0
localhost (192.168.59.254) at 00:50:56:f7:9b:0d [ether] on eth0
localhost (192.168.59.2) at 00:50:56:ea:f3:a1 [ether] on eth0
```

上述输出信息中加粗部分为添加到 ARP 缓存中的目标主机的 IP 地址和 MAC 地址信息。

4.2　ARP 协议包结构

ARP 协议包主要分为 ARP 请求包和 ARP 响应包。本节将介绍 ARP 协议包的结构。

4.2.1 协议包的结构

ARP 协议是通过报文进行工作的，ARP 报文格式如图 4.3 所示。

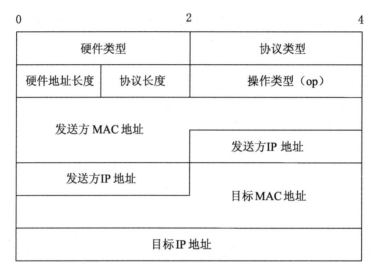

图 4.3　ARP 报文格式

🔔提示：ARP 报文总长度为 28 字节，MAC 地址长度为 6 字节，IP 地址长度为 4 字节。

其中，每个字段的含义如下。

- 硬件类型：指明了发送方想知道的硬件接口类型，以太网的值为 1。
- 协议类型：表示要映射的协议地址类型。它的值为 0x0800，表示 IP 地址。
- 硬件地址长度和协议长度：分别指出硬件地址和协议的长度，以字节为单位。对于以太网上 IP 地址的 ARP 请求或应答来说，它们的值分别为 6 和 4。
- 操作类型：用来表示这个报文的类型，ARP 请求为 1，ARP 响应为 2，RARP 请求为 3，RARP 响应为 4。
- 发送方 MAC 地址：发送方设备的硬件地址。
- 发送方 IP 地址：发送方设备的 IP 地址。
- 目标 MAC 地址：接收方设备的硬件地址。
- 目标 IP 地址：接收方设备的 IP 地址。

ARP 数据包分为请求包和响应包，对应报文中的某些字段值也有所不同。

（1）ARP 请求包报文的操作类型（op）字段的值为 request (1)，目标 MAC 地址字段的值为 Target 00:00:00_00:00:00 (00:00:00:00:00:00)（广播地址）。

（2）ARP 响应包报文中操作类型（op）字段的值为 reply (2)，目标 MAC 地址字段的值为目标主机的硬件地址。

4.2.2　构造 ARP 包

ARP 数据包默认由操作系统自动发送。用户可以自己构造 ARP 包，向目标主机发送请求，从而获取目标主机的 MAC 地址。这时，可以使用 netwox 工具提供的编号为 33 的模块。

【实例 4-2】使用 netwox 工具构造 ARP 包。

（1）查看 netwox 所在主机默认的 ARP 包的相关信息，执行命令如下：

```
root@daxueba:~# netwox 33
```

输出信息如下：

```
Ethernet_____.
| 50:E5:49:EB:46:8D->00:08:09:0A:0B:0C type:0x0806                    |
|_____|
ARP Request_____.
| this address : 50:E5:49:EB:46:8D 0.0.0.0                           |
| asks         : 00:00:00:00:00:00 0.0.0.0                           |
|_____|
```

上述输出信息中，Ethernet 部分为以太网信息。ARP Request 部分为 ARP 请求。this address 表示源地址信息。其中，50:E5:49:EB:46:8D 为源主机 MAC 地址；asks 为目标地址信息，这里为 ARP 请求包。由于还没有构造请求，因此地址为 0。

（2）构造 ARP 请求包，请求目标主机 192.168.12.102，执行命令如下：

```
root@kali:~# netwox 33 -i 192.168.12.102
```

输出信息如下：

```
Ethernet_____.
| 50:E5:49:EB:46:8D->00:08:09:0A:0B:0C type:0x0806                    |
|_____|
ARP Request_____.
| this address : 50:E5:49:EB:46:8D 0.0.0.0                           |
| asks         : 00:00:00:00:00:00 192.168.12.102                    |
|_____|
```

此时，ARP Request 部分 asks 中的 00:00:00:00:00:00 为目标 MAC 地址，因为正在请求目标主机的 MAC 地址，所以为 00:00:00:00:00:00。192.168.12.102 为目标主机的 IP 地址，表示向该主机进行 ARP 请求。

（3）为了验证构造的 ARP 请求包，使用 Wireshark 进行抓包，如图 4.4 所示。其中，第一个数据包为构造的 ARP 请求包。在 Address Resolution Protocol (request)部分中，Opcode 的值为 request (1)，表示该数据包为 ARP 请求包；Target MAC address 的值为 00:00:00_00:00:00 (00:00:00:00:00:00)，表示此时没有获取目标 MAC 地址；Target IP address 的值 192.168.12.102，表示请求主机的 IP 地址。

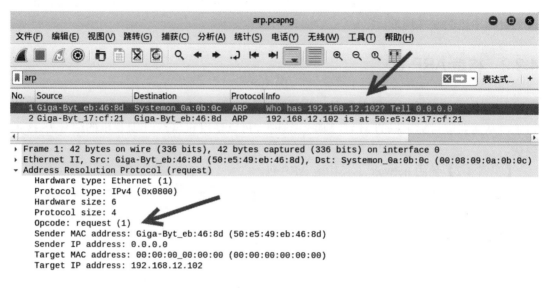

图 4.4　ARP 请求包

（4）如果请求的目标主机存在，将成功返回 ARP 响应数据包，如图 4.5 所示。其中，第 2 个数据包为 ARP 响应数据包。在 Address Resolution Protocol (reply)部分中，Opcode 的值为 reply (2)，表示该数据包为 ARP 响应包；Sender IP address 的值为 192.168.12.102，表示此时源主机为目标主机；Sender MAC address 的值为 Giga-Byt_17:cf:21 (50:e5:49:17:cf:21)，表示 50:e5:49:17:cf:21 为目标主机 192.168.12.102 的 MAC 地址。

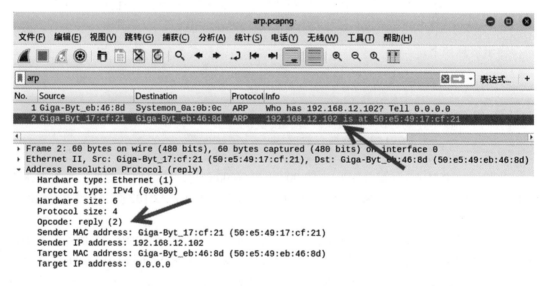

图 4.5　ARP 响应

4.2.3　免费 ARP 包

免费 ARP（Gratuitous ARP）包是一种特殊的 ARP 请求，它并非期待得到 IP 对应的 MAC 地址，而是当主机启动的时候，发送一个 Gratuitous ARP 请求，即请求自己的 IP 地址的 MAC 地址。本节将介绍免费 ARP 包的结构、作用，以及如何发送免费 ARP 包。

1．免费ARP包的结构

免费 ARP 报文与普通 ARP 请求报文的区别在于报文中的目标 IP 地址。普通 ARP 报文中的目标 IP 地址是其他主机的 IP 地址；而免费 ARP 的请求报文中，目标 IP 地址是自己的 IP 地址。

2．作用

免费 ARP 数据包有以下 3 个作用。

- 该类型报文起到一个宣告作用。它以广播的形式将数据包发送出去，不需要得到回应，只为了告诉其他计算机自己的 IP 地址和 MAC 地址。
- 可用于检测 IP 地址冲突。当一台主机发送了免费 ARP 请求报文后，如果收到了 ARP 响应报文，则说明网络内已经存在使用该 IP 地址的主机。
- 可用于更新其他主机的 ARP 缓存表。如果该主机更换了网卡，而其他主机的 ARP 缓存表仍然保留着原来的 MAC 地址。这时，可以发送免费的 ARP 数据包。其他主机收到该数据包后，将更新 ARP 缓存表，将原来的 MAC 地址替换为新的 MAC 地址。

3．构造免费ARP包

用户可以使用 netwox 工具中编号为 33 的模块构造免费的 ARP 数据包。

【实例 4-3】构造免费的 ARP 数据包。

（1）构造免费的 ARP 数据包，设置源 IP 地址和目标 IP 地址为 192.168.59.132，执行命令如下：

```
root@daxueba:~# netwox 33 -g 192.168.59.132 -i 192.168.59.132
```

输出信息如下：

```
Ethernet_____.
| 00:0C:29:AA:E0:27->00:08:09:0A:0B:0C type:0x0806            |
|_____|
ARP Request_____.
| this address : 00:0C:29:AA:E0:27 192.168.59.132            |
| asks         : 00:00:00:00:00:00 192.168.59.132            |
|                                                            |
```

（2）使用 Wireshark 进行抓包，验证构造的免费 ARP 数据包，如图 4.6 所示。其中，第一个数据包的 Info 列显示 Gratuitous ARP for 192.168.59.132 (Request)，表示该数据包为构造的免费 ARP 数据包。在 Address Resolution Protocol (request/gratuitous ARP)部分中，Sender IP address 和 Target IP address 的值为同一个 IP 地址 192.168.59.132。

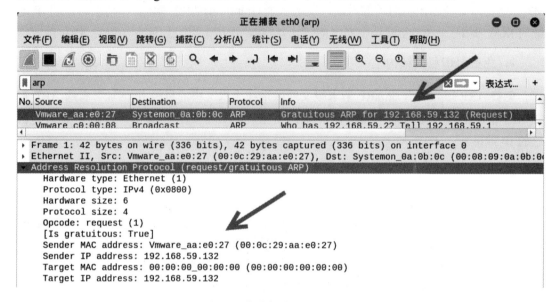

图 4.6　构造免费 ARP 数据包

4.3　基于 ARP 协议扫描

ARP 协议是根据目标主机的 IP 地址获取对应的 MAC 地址。如果目标主机存在，将返回 MAC 地址。利用这一点，用户可以基于 ARP 协议对目标主机进行扫描，来判断目标主机是否启用。

4.3.1　扫描单一主机

如果用户想判断一个主机是否启用，可以使用 netwox 工具中编号为 55 的模块对目标主机进行 ARP 协议扫描。

【实例 4-4】判断主机 192.168.59.135 是否启用。

（1）查看 netwox 所在主机的 IP 地址，执行命令如下：

```
root@daxueba:~# ifconfig
```

输出信息如下：

```
eth0: flags=4163<UP,BROADCAST,RUNNING,MULTICAST>  mtu 1500
      inet 192.168.59.132  netmask 255.255.255.0  broadcast 192.168.59.255
      inet6 fd15:4ba5:5a2b:1008:20c:29ff:feaa:e027  prefixlen 64   scopeid
      0x0<global>
      inet6 fd15:4ba5:5a2b:1008:b95e:f970:dff4:789  prefixlen 64   scopeid
      0x0<global>
      inet6 fe80::20c:29ff:feaa:e027  prefixlen 64  scopeid 0x20<link>
      ether 00:0c:29:aa:e0:27  txqueuelen 1000  (Ethernet)
      RX packets 28796  bytes 21695251 (20.6 MiB)
      RX errors 0  dropped 0  overruns 0  frame 0
      TX packets 7210  bytes 552808 (539.8 KiB)
      TX errors 0  dropped 0  overruns 0  carrier 0  collisions 0
```

从输出信息可以了解到，netwox 所在主机的 IP 地址为 192.168.59.132，MAC 地址为
00:0c:29:aa:e0:27。

（2）验证目标主机是否启用，执行命令如下：

```
root@daxueba:~# netwox 55 -i 192.168.59.135
```

输出信息如下：

```
Ok
Ok
Ok
Ok
Ok
Ok
...                                                        #省略其他信息
```

输出信息在持续地显示 OK，表示持续不断地向目标主机进行了扫描。其中，OK 代
表目标主机已启用。如果目标主机未启用将不会有任何输出信息。

（3）为了验证 ARP 协议扫描，可以通过 Wireshark 进行抓包，如图 4.7 所示。其中，
第 1~6 个数据包是对目标主机进行扫描时产生的 ARP 数据包。第 1、3、5 个数据包为 ARP
请求数据包，第 2、4、6 个数据包为 ARP 响应数据包。选择任意一个请求数据包，Address
Resolution Protocol (request)部分的源 IP 地址和 MAC 地址正好为 netwox 主机的地址，目
标 IP 地址为扫描的目标主机地址。此时，目标 MAC 地址为 0，表示在向目标主机发送了
ARP 请求数据包。

（4）选择任意一个 ARP 响应包，查看信息，如图 4.8 所示。这里，选择的是第 2 个数
据包。在 Address Resolution Protocol (reply)部分中，源 IP 地址和 MAC 地址为目标主机的
地址；目标 IP 地址和 MAC 地址为 netwox 主机的地址，表示目标主机成功向 netwox 主机
返回了响应。

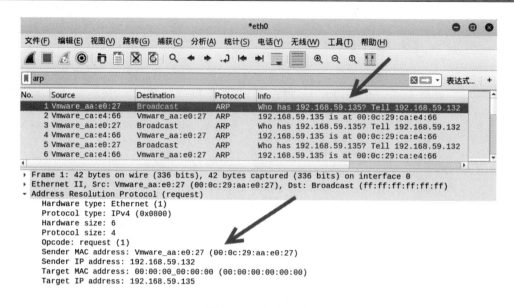

图 4.7　ARP 协议包

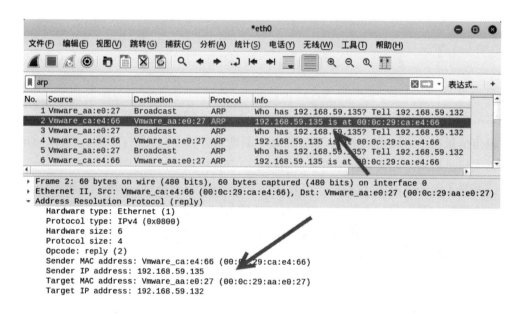

图 4.8　ARP 响应包

4.3.2　扫描多个主机

有时用户需要判断多个主机的启用情况，使用上述的扫描方式需要分别对每个主机进行扫描，这样比较费时。这时，可以使用 netwox 工具中编号为 71 的模块进行扫描。如果主机启用，则返回对应的 MAC 地址。

【实例 4-5】判断主机 192.168.59.133-192.168.59.140 的启用情况。

（1）扫描多个主机，执行命令如下：

```
root@daxueba:~# netwox 71 -i 192.168.59.133,192.168.59.134,192.168.59.135,
192.168.59.136,192.168.59.137,192.168.59.138,192.168.59.139,192.168.59.140
```

输出信息如下：

```
192.168.59.134 : 00:0C:29:BD:C4:3C
192.168.59.135 : 00:0C:29:CA:E4:66
192.168.59.133 : unreached
192.168.59.136 : unreached
192.168.59.137 : unreached
192.168.59.138 : unreached
192.168.59.139 : unreached
192.168.59.140 : unreached
```

以上输出信息显示了对主机 192.168.59.133～192.168.59.140 进行了扫描。如果主机已启用，将给出对应的 MAC 地址，如主机 192.168.59.135 的 MAC 地址 00:0C:29:CA:E4:66；如果主机是未启用的，将给出 unreached，如主机 192.168.59.133 是未启用的。

（2）为了验证扫描过程，使用 Wireshark 工具进行抓包，如图 4.9 所示。其中，第 4～11 个数据包分别为对每个主机进行了 ARP 请求。其中，第 5 个数据包和第 6 个数据包为对主机 192.168.59.134 和 192.168.59.135 发送的 ARP 请求，并得到了 ARP 响应包。第 12 个和第 13 个数据包说明这两个主机是启用状态。

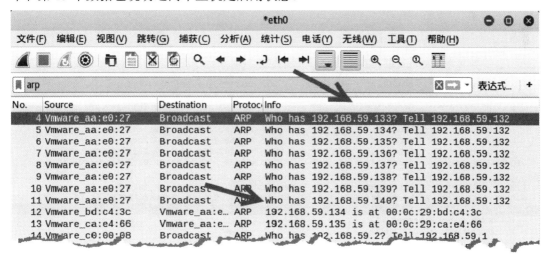

图 4.9 扫描多个主机

4.3.3 隐蔽扫描

在判断目标主机是否存在时，为了避免被发现，用户可以使用 netwox 工具中编号为

56 和 72 的模块来伪造地址信息。这样，即使被发现，对方获取的也是一个假的地址信息。

【实例 4-6】已知 netwox 所在主机的 IP 地址为 192.168.59.132，对单一主机扫描，并伪造地址信息。例如，判断目标主机 192.168.59.135 是否启用。具体步骤如下：

（1）伪造虚假地址，设置 IP 地址为 192.168.59.160，MAC 地址为 A1:B2:C3:D4:E5:F6，验证目标主机 192.168.59.135 是否启用，执行命令如下：

```
root@daxueba:~# netwox 56 -i 192.168.59.135 -I 192.168.59.160 -E A1:B2:C3:
D4:E5:F6
```

扫描结果如下：

```
Ok
Ok
Ok
Ok
Ok
Ok
...                                          #省略其他信息
```

（2）通过捕获数据包验证是否伪造了地址，捕获的数据包如图 4.10 所示。其中，第一个数据包为 ARP 请求数据包。其中，源 IP 地址为伪造的 192.168.59.160，MAC 地址也是伪造的 a1:b2:c3:d4:e5:f6。

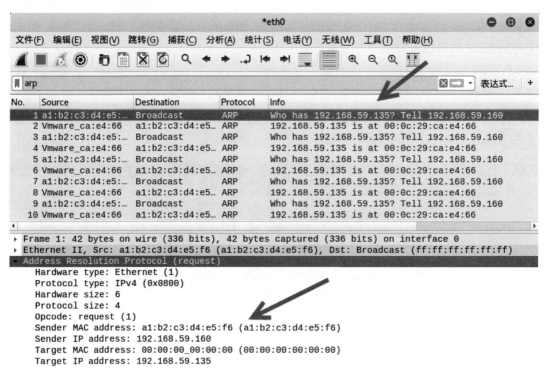

图 4.10　捕获的数据包

（3）选择任意一个响应包，查看地址信息，如图 4.11 所示。其中，第 2 个数据包为对应的 ARP 响应包，可以看到成功返回了目标主机的 MAC 地址。但是，响应包中的目标地址为伪造的地址信息，而不是 netwox 主机真实的地址。

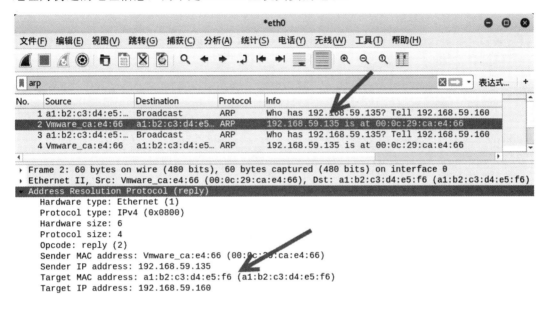

图 4.11 捕获的数据包

【实例 4-7】已知 netwox 所在主机的 IP 地址为 192.168.59.132，对多台主机扫描伪造地址信息。例如，判断目标主机 192.168.59.133-192.168.59.135 的启用情况。具体步骤如下：

（1）设置扫描主机的假 IP 地址为 192.168.59.125，MAC 地址为 00:0c:29:ca:e4:99，验证多个目标主机是否启用，执行命令如下：

```
root@daxueba:~# netwox 72 -i 192.168.59.133,192.168.59.134,192.168.59.135
-E 00:0c:29:ca:e4:99 -I 192.168.59.125
```

输出信息如下：

```
Warning : Eth address needed to reach 192.168.59.133 is unknown
Warning : Eth address needed to reach 192.168.59.134 is unknown
192.168.59.135 : 00:0C:29:CA:E4:66
```

以上输出信息表示主机 192.168.59.135 是启用的，主机 192.168.59.133 和 192.168.59.134 未启用。

（2）如果主机是启用的，捕获的数据包的地址信息将是伪造的地址信息，如图 4.12 所示。其中，第 5 个数据包为 ARP 请求包，可以看到请求的目标 IP 地址为 192.168.59.135（目标主机），源 IP 地址为 192.168.59.125，而不是真正的 192.168.59.132；MAC 地址为 00:0c:29:ca:e4:99，也是伪造的。

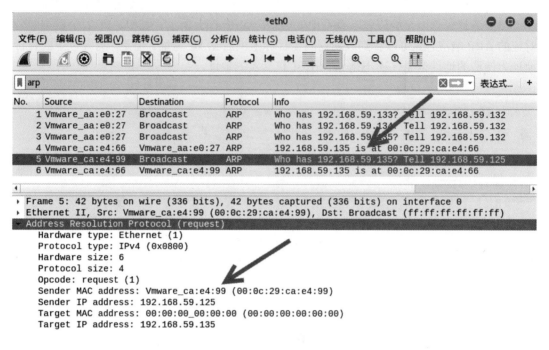

图 4.12 ARP 伪造请求包

（3）查看响应包，如图 4.13 所示。其中，第 6 个数据包为对应的 ARP 响应包，可以看到目标 IP 地址和 MAC 地址为伪造的地址，而不是真实的 netwox 主机的地址。

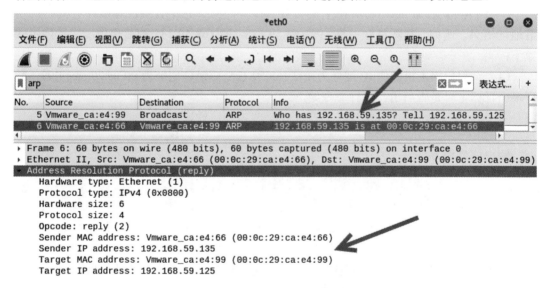

图 4.13 伪造的 ARP 响应包

4.3.4 伪造 ARP 响应

正常情况下，向目标主机发送 ARP 请求，如果主机存在，将会得到一个 ARP 响应；如果主机不存在，将不会得到 ARP 响应。伪造 ARP 响应是指伪造一个不存在的主机的 ARP 响应。例如，黑客在攻击局域网中的主机时，会扫描局域网中的所有主机，然后对发现的主机实施攻击。如果伪造了 ARP 响应包，会误导黑客以为扫描到的主机是存在的，从而起到了迷惑作用。伪造 ARP 响应需要使用 netwox 工具中编号为 73 的模块。

【实例 4-8】以主机 A 为基础实施伪造 ARP 响应，伪造模拟主机 192.168.59.136，其 MAC 地址为 A1:B2:C3:D4:E5:F6。已知局域网中另一主机为主机 B，其 IP 地址为 192.168.59.135。具体步骤如下：

（1）在模拟之前，验证局域网中是否存在主机 192.168.59.136。在主机 B 上使用 arping 命令 ping 该主机。执行命令如下：

```
root@daxueba:~# arping 192.168.59.136
```

输出信息如下：

```
ARPING 192.168.59.136 from 192.168.59.135 eth0
```

没有任何输出信息，表示主机 192.168.59.136 不存在。

（2）在主机 A 上伪造 ARP 响应，创建虚拟主机 192.168.59.136，设置其 MAC 地址为 A1:B2:C3:D4:E5:F6。执行命令如下：

```
root@daxueba:~# netwox 73 -i 192.168.59.136 -e A1:B2:C3:D4:E5:F6
```

执行命令后没有任何输出信息，但是成功创建模拟的主机 192.168.59.136。

（3）再次在主机 B 上使用 arping 命令 ping 该主机。执行命令如下：

```
root@daxueba:~# arping 192.168.59.136
```

输出信息如下：

```
ARPING 192.168.59.136 from 192.168.59.135 eth0
Unicast reply from 192.168.59.136 [A1:B2:C3:D4:E5:F6]  56.346ms
Unicast reply from 192.168.59.136 [A1:B2:C3:D4:E5:F6]  35.184ms
Unicast reply from 192.168.59.136 [A1:B2:C3:D4:E5:F6]  50.823ms
Unicast reply from 192.168.59.136 [A1:B2:C3:D4:E5:F6]  46.639ms
```

以上输出信息表示已经成功向主机 192.168.59.136 发出 arping 命令，并得到了对应的 MAC 地址 A1:B2:C3:D4:E5:F6，表示该主机是存在的。

（4）为了验证整个过程，捕获数据包进行查看，如图 4.14 所示。其中，第 1 个数据包为 ARP 请求包，可以看到源 IP 地址为 192.168.59.135（主机 B），目标 IP 地址为 192.168.59.136（虚拟主机）。这说明的确向虚拟主机发送了 ARP 请求。

（5）查看对应的响应包，如图 4.15 所示。其中，第 2 个数据包为 ARP 响应包，可以看到源 IP 地址为 192.168.59.136（虚拟主机的），目标主机的 IP 地址为 192.168.59.135（主机 B），源 MAC 地址为 a1:b2:c3:d4:e5:f6（假的），目标 MAC 地址为 00:0c:29:ca:e4:66（主机 B）。这说明虚拟主机成功给主机 B 返回了响应。

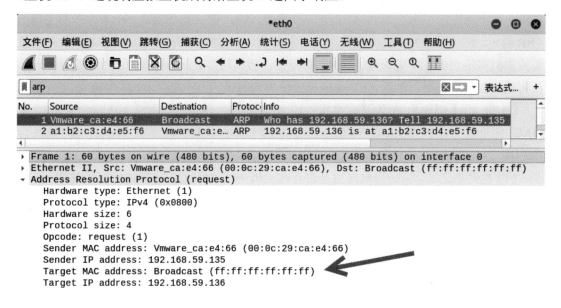

图 4.14　捕获的数据包

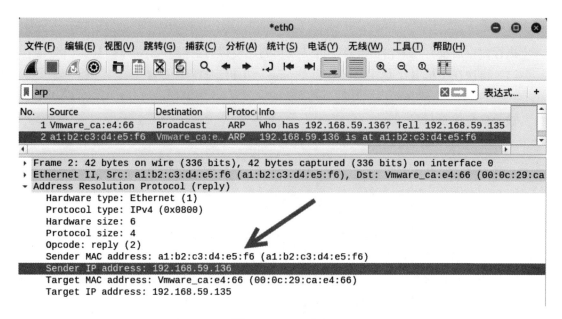

图 4.15　ARP 响应

4.3.5　周期性发送 ARP 响应包

正常情况下，ARP 响应是基于 ARP 请求的。只有发送了 ARP 请求才会得到 ARP 响应，并且发送一次 ARP 请求只会得到一个响应。周期性发送 ARP 响应包，是指在没有 ARP 请求的情况下，以广播的形式多次发送 ARP 响应。 netwox 工具提供编号为 80 的模块，可以模拟计算机定期发送 ARP 数据包，从而更新其他主机的 ARP 缓存表。在 ARP 攻击中，该功能可以达到欺骗的目的，使受害者将数据包发送到错误的 MAC 地址主机（攻击主机），从而导致数据包被监听。

【实例 4-9】已知 netwox 所在主机为主机 A，主机 B 的 IP 地址为 192.168.59.135。使用 netwox 工具发送 ARP 响应包，以更换 ARP 缓存表中主机的 MAC 地址信息。

（1）在发送 ARP 响应之前，在主机 B 上查看主机 ARP 缓存表信息，执行命令如下：

```
root@daxueba:~# arp -a
```

输出信息如下：

```
localhost (192.168.59.136) at 00:0c:29:bc:a4:89 [ether] on eth0
localhost (192.168.59.132) at 00:0c:29:aa:e0:27 [ether] on eth0
localhost (192.168.59.125) at 00:0c:29:ca:e4:99 [ether] on eth0
localhost (192.168.59.160) at a1:b2:c3:d4:e5:f6 [ether] on eth0
localhost (192.168.59.254) at 00:50:56:f8:bb:0f [ether] on eth0
localhost (192.168.59.2) at 00:50:56:ea:f3:a1 [ether] on eth0
```

上述输出信息中，主机 192.168.59.136 的 MAC 地址为 00:0c:29:bc:a4:89。

（2）创建虚拟主机 192.168.59.136，并向该主机发送 ARP 响应包，设置 MAC 地址为 00:01:01:21:22:23，执行命令如下：

```
root@daxueba:~# netwox 80 -i 192.168.59.136 -e 00:01:01:21:22:23
```

执行命令后没有任何输出信息。

（3）此时再次在主机 B 上查看主机 ARP 缓存表信息，执行命令如下：

```
root@daxueba:~# arp -a
```

输出信息如下：

```
localhost (192.168.59.136) at 00:01:01:21:22:23 [ether] on eth0
localhost (192.168.59.132) at 00:0c:29:aa:e0:27 [ether] on eth0
localhost (192.168.59.125) at 00:0c:29:ca:e4:99 [ether] on eth0
localhost (192.168.59.160) at a1:b2:c3:d4:e5:f6 [ether] on eth0
localhost (192.168.59.254) at 00:50:56:f8:bb:0f [ether] on eth0
localhost (192.168.59.2) at 00:50:56:ea:f3:a1 [ether] on eth0
```

上述输出信息中，主机 192.168.59.136 的 MAC 地址由原来的 00:0c:29:bc:a4:89 变为了 00:01:01:21:22:23。

（4）为了验证发送的 ARP 响应包，捕获数据包进行查看，如图 4.16 所示。其中，第 27~33 个数据包为重复发送的 ARP 响应包。

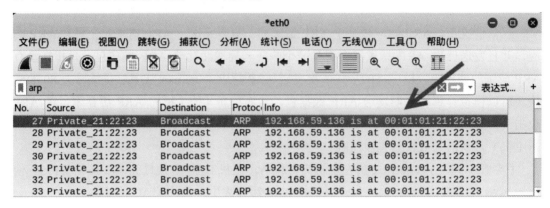

图 4.16　ARP 响应包

第 5 章　ICMP 协议

控制报文协议（Internet Control Message Protocol，ICMP）是 TCP/IP 协议族的一个子协议。ICMP 协议用于在 IP 主机和路由器之间传递控制消息，描述网络是否通畅、主机是否可达、路由器是否可用等网络状态。本章将详细讲解 ICMP 协议的规范和应用方式。

5.1　ICMP 协议概述

由于 IP 协议简单，数据传输天然存在不可靠、无连接等特点，为了解决数据传输出现的问题，人们引入了 ICMP 协议。虽然 ICMP 协议的数据包并不传输用户数据，但是对于用户数据的传递起着重要的作用。本节将详细讲解 ICMP 协议的使用。

5.1.1　ICMP 协议作用

数据包在发送到目标主机的过程中，通常会经过一个或多个路由器。而数据包在通过这些路由进行传输时，可能会遇到各种问题，导致数据包无法发送到目标主机上。为了了解数据包在传输的过程中在哪个环节出现了问题，就需要用到 ICMP 协议。它可以跟踪消息，把问题反馈给源主机。

5.1.2　ICMP 报文结构

ICMP 报文一般为 8 个字节，包括类型、代码、校验和扩展内容字段。ICMP 报文基本结构如图 5.1 所示。

类型（1字节共8位）	代码（1字节共8位）	校验和（2字节共16位）
不同类型和代码有不同的内容（4字节共32位）		

图 5.1　ICMP 报文结构

其中，类型表示 ICMP 的消息类型；代码表示对类型的进一步说明；校验和表示对整个报文的报文信息的校验。在 ICMP 报文中，如果类型和代码不同，ICMP 数据包报告的消息含义也会不同。常见的类型和代码的 ICMP 含义如表 5.1 所示。

表 5.1 ICMP类型、代码及含义

类　　型	代　　码	含　　义
0	0	回显应答（ping应答）
3	0	网络不可达
3	1	主机不可达
3	2	协议不可达
3	3	端口不可达
3	4	需要进行分片，但设置不分片位
3	5	源站选路失败
3	6	目的网络未知
3	7	目的主机未知
3	9	目的网络被强制禁止
3	10	目的主机被强制禁止
3	11	由于服务类型TOS，网络不可达
3	12	由于服务类型TOS，主机不可达
3	13	由于过滤，通信被强制禁止
3	14	主机越权
3	15	优先中止生效
4	0	源端被关闭（基本流控制）
5	0	对网络重定向
5	1	对主机重定向
5	2	对服务类型和网络重定向
5	3	对服务类型和主机重定向
8	0	回显请求（ping请求）
9	0	路由器通告
10	0	路由器请求
11	0	传输期间生存时间为0
11	1	在数据报组装期间生存时间为0
12	0	坏的IP首部
12	1	缺少必需的选项
13	0	时间戳请求
14	0	时间戳应答
17	0	地址掩码请求
18	0	地址掩码应答

下面详细讲解每种 ICMP 类型报文的作用和格式。

5.2　IMCP 协议应用——探测主机

如要向目标主机发送数据包，首先需要确保目标主机是启用的。ICMP 协议可以用来探测主机，以判断主机是否启用。下面将介绍如何进行探测主机。

5.2.1　使用 ping 命令

ping 命令就是借助 ICMP 传输协议，发出要求回应的 Echo (ping) request 消息。若远端主机的网络功能没有问题，就会回应 Echo (ping) reply 信息，因而得知该主机运作正常。因此用户可以通过 ping 命令来判断目标主机是否启用。

【实例 5-1】判断目标主机 192.168.59.135 是否启用。

（1）使用 ping 命令探测目标主机，执行命令如下：

```
root@daxueba:~# ping 192.168.59.135
```

输出信息如下：

```
PING 192.168.59.135 (192.168.59.135) 56(84) bytes of data.
64 bytes from 192.168.59.135: icmp_seq=1 ttl=64 time=0.683 ms
64 bytes from 192.168.59.135: icmp_seq=2 ttl=64 time=2.10 ms
64 bytes from 192.168.59.135: icmp_seq=3 ttl=64 time=0.291 ms
64 bytes from 192.168.59.135: icmp_seq=4 ttl=64 time=0.283 ms
64 bytes from 192.168.59.135: icmp_seq=5 ttl=64 time=0.339 ms
```

上述输出信息表示，成功向目标主机发送了 ping 请求并得到了响应时间，这表示目标主机已启用。如果目标主机未启用将显示以下信息：

```
PING 192.168.59.135 (192.168.59.135) 56(84) bytes of data.
From 192.168.59.132 icmp_seq=1 Destination Host Unreachable
From 192.168.59.132 icmp_seq=2 Destination Host Unreachable
From 192.168.59.132 icmp_seq=3 Destination Host Unreachable
From 192.168.59.132 icmp_seq=4 Destination Host Unreachable
From 192.168.59.132 icmp_seq=5 Destination Host Unreachable
```

（2）通过 Wireshark 捕获数据包，验证 ping 命令所产生的 ICMP 数据包，如图 5.2 所示。图中第 10～25 个数据包都为 ICMP 数据包。从图中还可以看到 ping 命令发出的 ICMP 请求 Echo (ping) request 与 ICMP 响应 Echo (ping) reply。

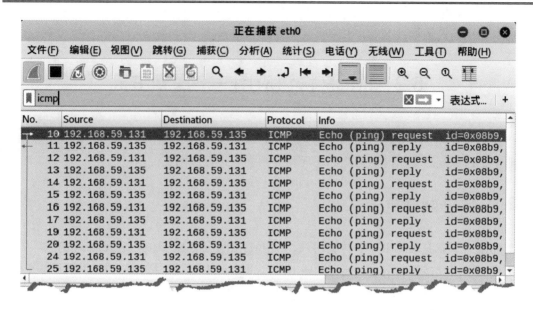

图 5.2　ICMP 数据包

5.2.2　构造 ICMP 数据包

ICMP 协议可以用来对目标主机发送 ICMP 数据包，判断目标主机是否启用。正常情况下，ICMP 请求包报文中的类型值为 8，代码值为 0；ICMP 响应包报文中的类型值为 0，代码值为 0。用户可以使用 netwox 工具的编号 65 的模块构造 ICMP 数据包，并对目标主机进行扫描。

【实例 5-2】在主机 192.168.59.132 上，构造 ICMP 数据包，判断目标主机 192.168.59.135是否启用。

（1）构造 ICMP 扫描，执行命令如下：

```
root@daxueba:~# netwox 65 -i 192.168.59.135
```

输出信息如下：

```
192.168.59.135 : reached
```

在输出信息中，reached 表示目标主机可达。这说明目标主机是启用状态。如果目标主机没有启用，则显示如下信息，其中，unreached 表示不可达。

```
192.168.59.139 : unreached
```

（2）为了验证以上构造的 ICMP 数据包，使用 Wireshark 工具进行捕获数据包，如图 5.3所示。其中，第 1 个数据包的源 IP 地址为 192.168.59.132，目标 IP 地址为 192.168.59.135，Info 显示这是一个 ICMP 请求包。在 Internet Control Message Protocol 部分中，Type 的值为 8，Code 的值为 0，表示该数据包为正常的 ICMP 请求包。

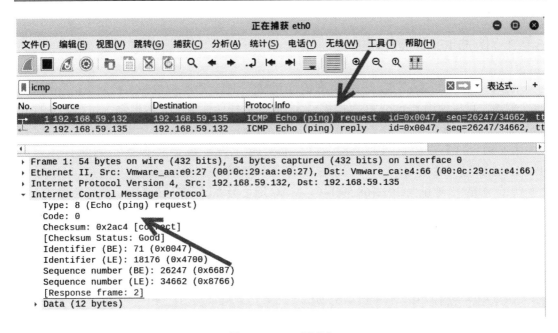

图 5.3　ICMP 请求包

（3）查看第 2 个数据包，如图 5.4 所示。该数据包的源 IP 地址为 192.168.59.135，目标 IP 地址为 192.168.59.132，这是第 1 个数据包的响应包。在 Internet Control Message Protocol 部分中，Type 的值为 0，Code 的值为 0，表示该数据包为正常的 ICMP 响应包。

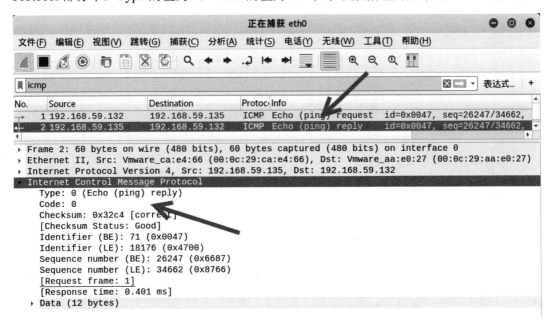

图 5.4　ICMP 响应包

5.2.3 伪造 ICMP 数据包

使用 5.2.1 节和 5.2.2 节介绍的方式进行 ICMP 扫描，容易被目标主机发现。为了解决这个问题，可以使用 netwox 工具中编号为 66 的模块伪造 ICMP 数据包，如设置假的 IP 地址和 MAC 地址。

【实例 5-3】在主机 192.168.59.132 上实施 ICMP 数据包扫描，判断目标主机 192.168.59.135 是否启用。

（1）伪造 IP 地址为 192.168.59.140，MAC 地址为 00:0c:29:ca:e4:99，执行命令如下：

```
root@daxueba:~# netwox 66 -i 192.168.59.135 -E 00:0c:29:ca:e4:99 -I 192.
168.59.140
```

输出信息如下：

```
192.168.59.135 : reached
```

（2）验证伪造的 ICMP 数据包扫描，捕获数据包进行查看，如图 5.5 所示。其中，第 4 个数据包的源 IP 地址为 192.168.59.140（伪造的），目标地址为 192.168.59.135（目标主机），该数据包为伪造的 ICMP 请求包。在 Ethernet II 部分的 Source 中可以看到 MAC 地址为 00:0c:29:ca:e4:99，也是伪造的。

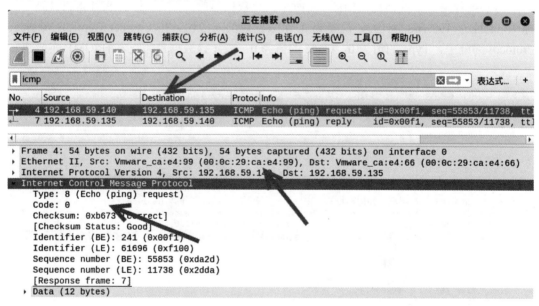

图 5.5　伪造的 ICMP 数据包

（3）选择第 7 个数据包，查看信息，如图 5.6 所示。从该数据包可以看到源 IP 地址为 192.168.59.135，目标 IP 地址为 192.168.59.140（伪造的），目标 MAC 地址为 00:0c:29:ca:e4:99（伪造的）。这说明目标主机给伪造的主机返回了 ICMP 响应。

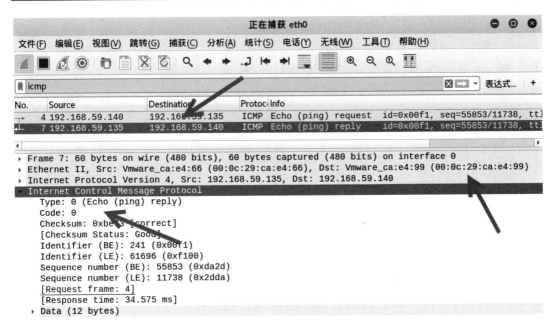

图 5.6　伪造的 ICMP 响应包

5.2.4　构造连续的 ICMP 数据包

在向目标主机发送 ICMP 请求时，如果主机启用，将返回响应信息。为了持续判断目标主机的状态，需要连续发送 ICMP 数据包。netwox 工具提供了编号为 49 的模块，用于持续构造 ICMP 数据包，实时监听目标主机的启用情况。

【实例 5-4】构造连续的 ICMP 数据包，对目标主机 192.168.59.135 进行扫描。

（1）持续向目标主机发送 ICMP 请求，执行命令如下：

```
root@daxueba:~# netwox 49 -i 192.168.59.135
```

输出信息如下：

```
Ok
Ok
Ok
Ok
...                          #省略其他信息
```

输出信息在持续地显示 Ok，表示目标主机已启用。如果目标主机未启用，将不会有任何输出信息。

（2）通过捕获数据包，验证该模块发送的 ICMP 请求。捕获到的数据包如图 5.7 所示。图中捕获到了大量的 ICMP 数据包，其中，第 10、12、14、16、18 个数据包为构造的 ICMP 请求包，第 11、13、15、17、19 个数据包为得到的 ICMP 响应包。

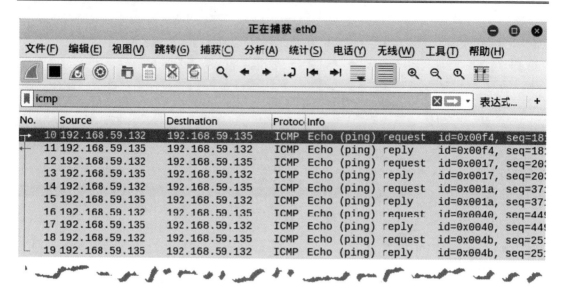

图 5.7　捕获持续的 ICMP 数据包

5.2.5　伪造连续的 ICMP 数据请求包

为了避免被发现，可以使用 netwox 工具中编号为 50 的模块伪造连续的 ICMP 数据请求包。

【实例 5-5】伪造连续的 ICMP 数据包，实时判断目标主机 192.168.59.135 的启用情况。

（1）伪造实施主机的 IP 地址为 192.168.59.150，MAC 地址为 aa:bb:cc:11:22:33，指定目标主机的 MAC 地址为 00:0c:29:ca:e4:66，目标主机 IP 地址为 192.168.59.135，进行持续扫描。执行命令如下：

```
root@daxueba:~# netwox 50 -i 192.168.59.135 -E aa:bb:cc:11:22:33 -I 192.168.
59.150 -e 00:0c:29:ca:e4:66
```

输出信息如下：

```
Ok
Ok
Ok
Ok
Ok
...                        #省略其他信息
```

（2）通过捕获数据包，验证发送的 ICMP 伪造包，捕获的数据包如图 5.8 所示。图中捕获到了大量的 ICMP 请求包，并且都得到了响应。在这些数据包中可以看到成功伪造的 IP 地址和 MAC 地址，而不是真正实施主机的地址。

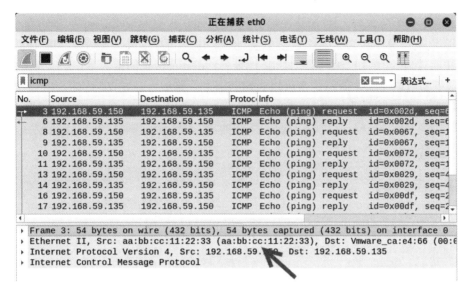

图 5.8　大量的伪造 ICMP 数据包

5.2.6　伪造 ICMP 数据包的 IP 层

ICMP 是位于 IP 层上的协议。用户可以使用 netwox 工具中编号为 42 的模块，对 ICMP 数据包的 IP 层信息进行伪造。

【实例 5-6】伪造基于 IPv4 的 ICMP 数据包。

（1）查看基于 IPv4 的 ICMP 数据包的默认值，执行命令如下：

```
root@daxueba:~# netwox 41
```

输出信息如下：

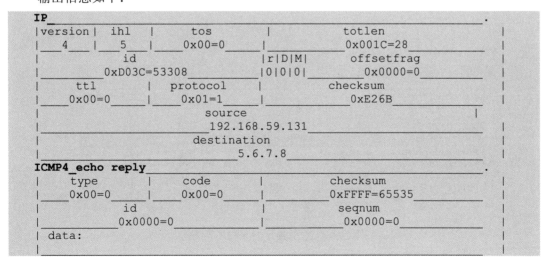

输出信息分为两部分，IP 部分表示 IPv4 层信息，ICMP4_echo reply 部分为 ICMP 响应包部分。这两部分中包含了多个字段信息。例如，IP 部分中 source 的值为 192.168.59.131，表示该 IPv4 数据包源 IP 地址（本地 IP 地址），destination 的值为 5.6.7.8，表示目标 IP 地址。这里的值均为默认值。用户可以对这些值进行修改，自定义特定的 ICMP 数据包。

（2）伪造源 IP 地址为 192.168.59.160，执行命令如下：

```
root@daxueba:~# netwox 41 -l 192.168.59.160 -m 192.168.59.135
```

输出信息如下：

```
IP_____.
|version|  ihl  |     tos     |          |         totlen          |
|___4___|___5___|____0x00=0____|_____|_____0x001C=28_____|
|            id            |r|D|M|       offsetfrag        |
|_____0xDD2B=56619_____|0|0|0|_____0x0000=0_____|
|    ttl    |   protocol   |          |        checksum         |
|___0x00=0__|____0x01=1____|_____|_____0xE55A_____|
|                        source                               |
|_____192.168.59.160_____|
|                      destination                            |
|_____192.168.59.135_____|
ICMP4_echo reply_____.
|   type    |    code     |          |        checksum         |
|___0x00=0__|____0x00=0___|_____|_____0xFFFF=65535_____|
|             id           |         seqnum                    |
|_____0x0000=0_____|_____0x0000=0_____|
| data:                                                        |
|                                                              |
```

其中，IP 部分的 source 的值由原来的本地地址 192.168.59.131 变为了 192.168.59.160；destination 的值由默认的 5.6.7.8 变为了 192.168.59.135。

（3）通过捕获数据包，验证伪造的 ICMP 响应包是否被发送，如图 5.9 所示。图中第 4 个数据包为伪造的数据包，源 IP 地址为伪造的地址 192.168.59.160，而不是本地 IP 地址。Ech0(ping) reply 表示该数据包为 ICMP 响应数据包。

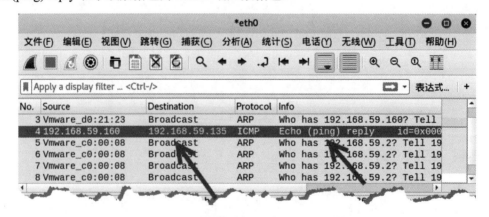

图 5.9　伪造 IP 地址的 ICMP 数据包

5.2.7 伪造 ICMP 数据包的 Ethernet 层

用户不仅可以对 ICMP 数据包的 IPv4 层进行伪造，还可以对 ICMP 数据包的 Ehternet 层进行伪造。这时，需要使用 netwox 工具中编号为 37 的模块。该模块可以伪造 ICMP 数据包的 MAC 地址信息。

【实例 5-7】基于主机 192.168.59.131，伪造 ICMP 数据包的 Ethernet 层信息。

（1）查看 ICMP 包的 Ehternet 默认值，执行命令如下：

```
root@daxueba:~# netwox 37
```

输出信息如下：

```
Ethernet_____.
| 00:0C:29:AA:E0:27->00:08:09:0A:0B:0C type:0x0800             |
|                                                              |
IP_____.
|version|  ihl  |     tos      |            totlen            |
|___4___|___5___|____0x00=0_____|_____0x001C=28_____|
|           id             |r|D|M|         offsetfrag          |
|_____0x18A0=6304_____|0|0|0|_____0x0000=0_____|
|     ttl      |   protocol   |           checksum            |
|____0x00=0____|____0x01=1____|_____0x9A08_____|
|                         source                               |
|_____192.168.59.131_____|
|                       destination                            |
|_____5.6.7.8_____|
ICMP4_echo reply_____.
|     type     |     code     |           checksum            |
|____0x00=0____|____0x00=0____|_____0xFFFF=65535_____|
|           id             |            seqnum                 |
|_____0x0000=0_____|_____0x0000=0_____|
| data:                                                        |
|                                                              |
```

在以上输出信息中，第一行 Ethernet 表示 ICMP 数据包是基于以太网的数据包。默认源 MAC 地址为 00:0C:29:AA:E0:27，目标 MAC 地址为 00:08:09:0A:0B:0C。

（2）伪造源 MAC 地址为 11:22:33:AA:BB:CC，指定目标 IP 地址为 192.168.59.135，MAC 地址为 00:0C:29:CA:E4:66。执行命令如下：

```
root@daxueba:~# netwox 37 -a 11:22:33:aa:bb:cc -m 192.168.59.135 -b 00:0c:
29:ca:e4:66 -o 8
```

输出信息如下：

```
Ethernet_____.
| 11:22:33:AA:BB:CC->00:0C:29:CA:E4:66 type:0x0800             |
|                                                              |
IP_____.
|version|  ihl  |     tos      |            totlen            |
|___4___|___5___|____0x00=0_____|_____0x001C=28_____|
|           id             |r|D|M|         offsetfrag          |
```

```
|_____0x246B=9323_____|0|0|0|_____0x0000=0_____|
|     ttl      |    protocol     |            checksum             |
|___0x00=0_____|____0x01=1_____|_____0x9E08_____|
|                           source                                |
|_____192.168.59.131_____|
|                         destination                             |
|_____192.168.59.135_____|
ICMP4_echo reply_____.
|      type      |      code      |            checksum            |
|____0x00=0_____|____0x00=0_____|_____0xFFFF=65535_____|
|            id                   |            seqnum              |
|_____0x0000=0_____|_____0x0000=0_____|
| data:                                                           |
|_____|
```

从 Ethernet 部分可以看到，源 MAC 地址由原来的 00:0C:29:AA:E0:27 变为了 11:22:33:aa:bb:cc；目标 MAC 地址由原来的 00:08:09:0A:0B:0C 变为了 00:0C:29:CA:E4:66；而 IP 部分 Source 的值保留原来的值。

（3）为了验证构建的 ICMP 数据包，可以捕获数据包查看，如图 5.10 所示。从第 6 个数据包的 Ethernet II 部分可以看到，Source 的值为 11:22:33:aa:bb:cc，是伪造的 MAC 地址。在 Internet Control Message Protocol 部分中，Type 值为 8，Code 值为 0，表示该数据包为 ICMP 请求包。

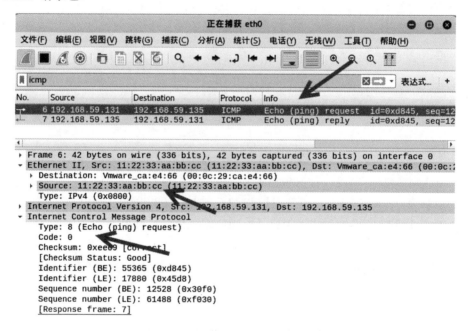

图 5.10　查看伪造 MAC 地址的 ICMP 请求包

（4）选择第 7 个数据包进行查看，如图 5.11 所示。从该数据包的 Ethernet II 部分可以看到，源 MAC 地址为目标主机的 MAC 地址 00:0c:29:ca:e4:66，目标 MAC 地址为实施主机的 MAC 地址 00:0c:29:aa:e0:27。这表示目标主机成功给伪造 MAC 地址的主机进行了回复。在 Internet Control Message Protocol 部分中，Type 值为 0，Code 值为 0，表示该数据包为 ICMP 响应包。

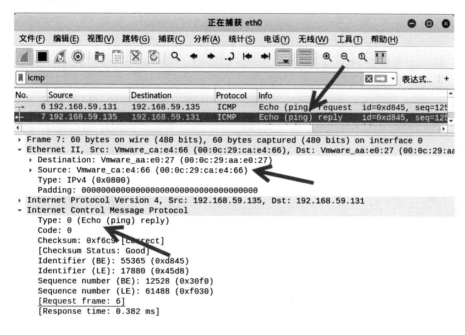

图 5.11   ICMP 响应包

5.3   IMCP 协议应用——路由跟踪

路由跟踪功能是用来识别一个设备到另一个设备的网络路径。在一个简单的网络上，这个网络路径可能只经过一个路由器，甚至一个都不经过。但是在复杂的网络中，数据包可能要经过数十个路由器才会到达最终目的地。在通信过程中，可以通过路由跟踪功能判断数据包传输的路径。

5.3.1   使用 traceroute 命令

traceroute 命令用来检测发出数据包的主机到目标主机之间所经过的网关。它通过设置探测包的 TTL（存活时间）值，跟踪数据包到达目标主机所经过的网关，并监听来自网关 ICMP 的应答。

【实例 5-8】在主机 192.168.12.106 中，使用 traceroute 命令探测数据包到达目标 www.qq.com 所经过的路由信息。

（1）进行路由跟踪，执行命令如下：

```
root@kali:~# traceroute www.qq.com
```

输出信息如下：

```
traceroute to www.qq.com (125.39.52.26), 30 hops max, 60 byte packets
 1  localhost (192.168.12.1)     0.297 ms  0.297 ms  0.336 ms
 2  localhost (192.168.0.1)  0.971 ms  0.969 ms  0.964 ms
 3  1.164.185.183.adsl-pool.sx.cn (183.185.164.1) 4.941 ms 5.173 ms 5.511 ms
 4  157.28.26.218.internet.sx.cn (218.26.28.157) 4.554 ms 4.898 ms 5.463 ms
 5  237.151.26.218.internet.sx.cn (218.26.151.237)  37.650 ms 85.135.26.
218.router-switch.sx.cn (218.26.135.85)  15.346 ms 205.151.26.218.internet.
sx.cn (218.26.151.205)  18.777 ms
 6  219.158.15.214 (219.158.15.214)  36.378 ms  38.361 ms  38.319 ms
 7  * * *
 8  no-data (125.39.79.162)  16.932 ms no-data (125.39.79.234)  16.165 ms
 no-data (125.39.79.166)  16.766 ms
 9  * * *
10  * * *
11  * * *
...                                                    #省略其他信息
```

上述输出信息显示了跟踪到的路由地址信息。记录从序号 1 开始，每个记录就是一跳，而每一跳表示经过的一个网关。记录给出了每个网关对应的 IP 地址。例如，经过的第 2 个网关的 IP 地址为 192.168.0.1。其中，为***的记录表示可能被防火墙拦截的 ICMP 的返回信息。

（2）为了验证 traceroute 命令探测数据包，使用 Wireshark 捕获数据包进行查看，如图 5.12 所示。图中捕获的数据包的目标地址都为 192.168.12.106，数据包协议都为 ICMP，数据包的源 IP 地址为进行路由跟踪时所经过的网关地址。因此这些数据包都为路由返回主机 192.168.12.106 的 ICMP 包。

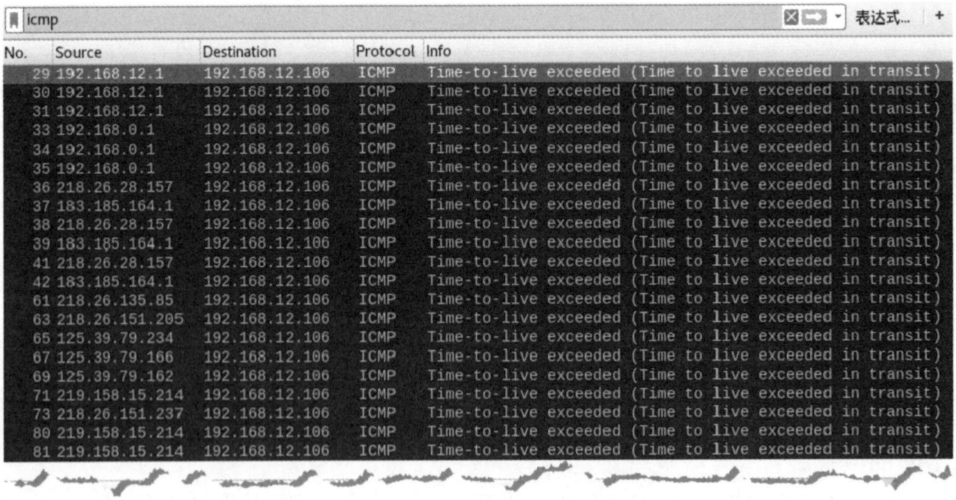

No.	Source	Destination	Protocol	Info
29	192.168.12.1	192.168.12.106	ICMP	Time-to-live exceeded (Time to live exceeded in transit)
30	192.168.12.1	192.168.12.106	ICMP	Time-to-live exceeded (Time to live exceeded in transit)
31	192.168.12.1	192.168.12.106	ICMP	Time-to-live exceeded (Time to live exceeded in transit)
33	192.168.0.1	192.168.12.106	ICMP	Time-to-live exceeded (Time to live exceeded in transit)
34	192.168.0.1	192.168.12.106	ICMP	Time-to-live exceeded (Time to live exceeded in transit)
35	192.168.0.1	192.168.12.106	ICMP	Time-to-live exceeded (Time to live exceeded in transit)
36	218.26.28.157	192.168.12.106	ICMP	Time-to-live exceeded (Time to live exceeded in transit)
37	183.185.164.1	192.168.12.106	ICMP	Time-to-live exceeded (Time to live exceeded in transit)
38	218.26.28.157	192.168.12.106	ICMP	Time-to-live exceeded (Time to live exceeded in transit)
39	183.185.164.1	192.168.12.106	ICMP	Time-to-live exceeded (Time to live exceeded in transit)
41	218.26.28.157	192.168.12.106	ICMP	Time-to-live exceeded (Time to live exceeded in transit)
42	183.185.164.1	192.168.12.106	ICMP	Time-to-live exceeded (Time to live exceeded in transit)
61	218.26.135.85	192.168.12.106	ICMP	Time-to-live exceeded (Time to live exceeded in transit)
63	218.26.151.205	192.168.12.106	ICMP	Time-to-live exceeded (Time to live exceeded in transit)
65	125.39.79.234	192.168.12.106	ICMP	Time-to-live exceeded (Time to live exceeded in transit)
67	125.39.79.166	192.168.12.106	ICMP	Time-to-live exceeded (Time to live exceeded in transit)
69	125.39.79.162	192.168.12.106	ICMP	Time-to-live exceeded (Time to live exceeded in transit)
71	219.158.15.214	192.168.12.106	ICMP	Time-to-live exceeded (Time to live exceeded in transit)
73	218.26.151.237	192.168.12.106	ICMP	Time-to-live exceeded (Time to live exceeded in transit)
80	219.158.15.214	192.168.12.106	ICMP	Time-to-live exceeded (Time to live exceeded in transit)
81	219.158.15.214	192.168.12.106	ICMP	Time-to-live exceeded (Time to live exceeded in transit)

图 5.12　返回的 ICMP 数据包

5.3.2　构造 ICMP 请求包进行路由跟踪

为了实施路由跟踪，也可以使用 netwox 工具提供的编号为 57 的模块，构造 ICMP 请求包进行路由跟踪，查询经过的路由地址。该工具也是通过设定 TTL 值的方式向目标发送 ICMP 请求，每经过一个路由都会得到相应的 ICMP 响应包，直到目标返回 ICMP 响应。其中，超时消息的 ICMP 数据包的报文中类型值为 11，代码值为 0。

【实例 5-9】在主机 192.168.12.106 上，构造 ICMP 请求包对目标 125.39.52.26 进行路由跟踪。

（1）进行路由跟踪，执行命令如下：

```
root@kali:~# netwox 57 -i 125.39.52.26
```

输出信息如下：

```
1 : 192.168.12.1
2 : 192.168.0.1
3 : 183.185.164.1
4 : 218.26.28.157
5 : 218.26.151.161
6 : 219.158.15.214
8 : 125.39.79.158
14 : 125.39.52.26
```

输出信息显示了经过的路由 IP 地址。

（2）通过 Wireshark 抓包，验证构造的 ICMP 请求包和对应的响应包，如图 5.13 所示。其中，第 1 个数据包是向目标主机发送的 ICMP 请求包，第 2 个数据包为经过的第一个路由返回的 ICMP 响应包，是一个超时消息数据包；第 3 个数据包是再次向目标主机发送的 ICMP 请求数据包；第 4 个数据包为经过的第二个路由返回的 ICMP 响应包，同样也是一个超时消息数据包。以此类推，直到成功得到目标 125.39.52.26 返回的 ICMP 响应信息。

（3）选择任意一个路由返回的 ICMP 数据包，如图 5.14 所示。例如，第 15 个数据包是路由 125.39.79.158 返回的响应包。在 Internet Control Message Protocol 部分中，Type 值为 11，Code 值为 0，表示该数据包为 ICMP 超时消息数据包。

（4）选择最后一个数据包进行查看，如图 5.15 所示。该数据包源 IP 地址为 125.39.52.26（目标的），目标 IP 地址为 192.168.12.106（实施主机的），表示该数据包是目标主机返回构造 ICMP 请求的主机的数据包。在 Internet Control Message Protocol 部分中，Type 值为 0，Code 值为 0，表示该数据包是一个正常的 ICMP 响应数据包。

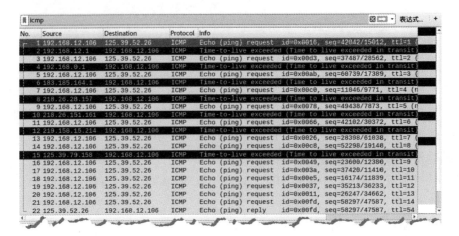

图 5.13　路由跟踪的 ICMP 数据包

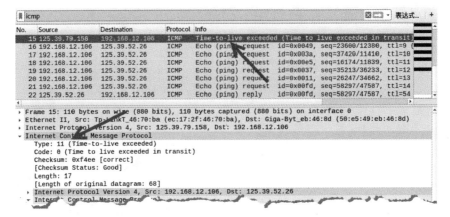

图 5.14　超时消息 ICMP 包

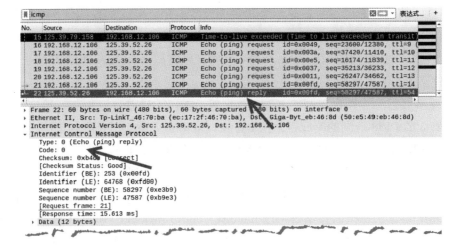

图 5.15　ICMP 响应包

5.3.3　伪造 ICMP 请求包进行路由跟踪

使用上述方式进行路由跟踪时，容易被目标主机发现。为了避免这种情况，用户可以使用 netwox 工具提供的编号为 58 的模块伪造 ICMP 请求包。它可以伪造主机 IP 地址和 MAC 地址。

【实例 5-10】在主机 192.168.12.106 上，伪造 ICMP 请求包对目标 125.39.52.26 进行路由跟踪。

（1）伪造源 IP 地址为 192.168.12.130，MAC 地址为 00:01:02:12:13:14，指定目标 IP 地址为 125.39.52.26，MAC 地址为 ec:17:2f:46:70:ba，执行命令如下：

```
root@kali:~# netwox 58 -I 192.168.12.130 -E 00:01:02:12:13:14 -i 125.39.
52.26 -e ec:17:2f:46:70:ba
```

输出信息如下：

```
1 : 192.168.12.1
2 : 192.168.0.1
3 : 183.185.164.1
4 : 218.26.28.157
5 : 218.26.151.161
6 : 219.158.15.214
8 : 125.39.79.158
14 : 125.39.52.26
```

（2）通过 Wireshark 抓包，验证伪造的 ICMP 请求包，如图 5.16 所示。其中，第 3～33 个数据包为进行路由跟踪所产生的 ICMP 数据包，并且可以看到经过的路由返回了超时消息 ICMP 数据包。

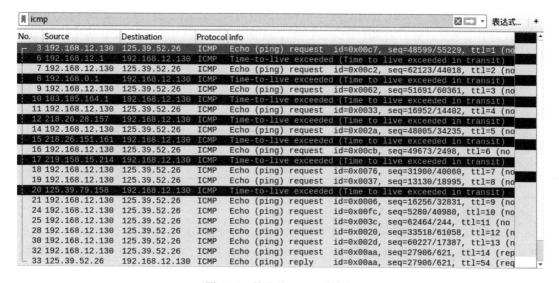

图 5.16　伪造的 ICMP 请求包

（3）选择第 3 个数据包，查看地址信息，如图 5.17 所示。其中，源 IP 地址为伪造的 192.168.12.130，目标地址为 125.39.52.26。在 Ethernet II 部分中，源 MAC 地址为伪造的 00:01:02:12:13:14。

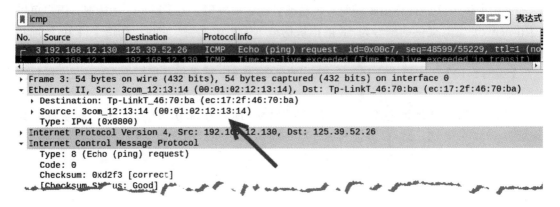

图 5.17　查看伪造的地址

5.4　IMCP 协议其他应用

5.4.1　发送 ICMP 时间戳请求

ICMP 时间戳请求允许系统向另一个系统查询当前的时间，但不包含日期。返回的建议值是自午夜零点开始计算的时间（UTC）。ICMP 时间戳请求与应答报文格式如图 5.18 所示。

类型	代码	校验和
标识符		序列号
发起时间戳		
接受时间戳		
发送时间戳		

图 5.18　时间戳数据包报文格式

在发送 ICMP 时间戳请求时，请求端填写发起时间戳，然后发送报文。应答系统收到请求报文时填写接收时间戳，在发送应答时填写发送时间戳。在请求和响应的交互过程中，当 ICMP 报文中的类型值为 13、代码值为 0 时，数据包为 ICMP 时间戳请求数据包；当 ICMP 报文中的类型值为 14，代码值为 0 时，数据包为 ICMP 时间戳应答数据包。netwox 工具提供编号为 81 的模块，用于构建时间戳请求。

【实例 5-11】向目标主机 192.168.59.135 发送 ICMP 时间戳请求，探测数据包传输的时间。

（1）发送 ICMP 时间戳请求，执行命令如下：

```
root@daxueba:~# netwox 81 -i 192.168.59.135
```

输出信息如下：

```
0 0
```

输出信息表示目标主机可达，如果目标主机不可达，将显示信息如下：

```
No answer.
```

（2）可以通过 Wireshark 进行抓包，验证成功发送了时间戳请求，如图 5.19 所示。其中，第 6 个数据包为 ICMP 时间戳请求。在 Internet Control Message Protocol 部分中，Type 值为 13，Code 值为 0，表示该数据包为 ICMP 时间戳请求。Originate timestamp 的值表示数据包发起的起始时间，这里为 0 秒（午夜 0 点 0 秒）；Receive timestamp 的值表示接收数据包的时间，这里为 0 秒；Transmit timestamp 的值表示数据包的发送时间，这里为 0 秒。时间为 0 秒，是因为从午夜零点开始计算。

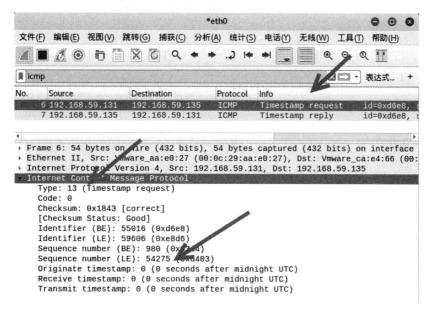

图 5.19　ICMP 时间戳请求

（3）选择对应的响应包查看信息，如图 5.20 所示。其中，第 7 个数据包为 ICMP 时间戳应答。在 Internet Control Message Protocol 部分中，Type 值为 14，Code 值为 0，表示该数据包为 ICMP 时间戳应答。Originate timestamp 的值表示数据包发起的起始时间，这里为 0 秒（午夜零点后开始计算）；Receive timestamp 的值表示接收数据包的时间，这里为午夜零点后 8 小时 44 分 24.379 秒；Transmit timestamp 的值表示数据包的发送时间，这里为 31464379 秒，时间为午夜零点后 8 小时 44 分 24.379 秒。

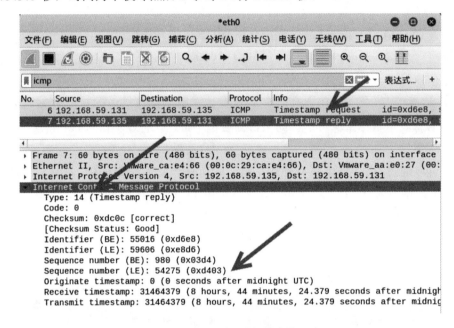

图 5.20　ICMP 时间戳应答

5.4.2　伪造请求超时 ICMP 数据包

在网络传输 IP 数据报的过程中，如果 IP 数据包的 TTL 值逐渐递减为 0 时，需要丢弃数据报。这时，路由器需要向源发送方发送 ICMP 超时报文，表示传输过程中超时了。在超时 ICMP 数据包报文中，类型值为 11，代码值为 0。用户可以通过 networx 工具中编号为 83 的模块伪造请求超时 ICMP 数据包。

【实例 5-12】已知主机 A 的 IP 地址为 192.168.59.134，主机 B 的 IP 地址为 192.168.59.135，在主机 C 上伪造请求超时 ICMP 数据包。

（1）在主机 A 上 ping 主机 B，执行命令如下：

```
root@daxueba:~# ping 192.168.59.135
```

输出信息如下：

```
PING 192.168.59.135 (192.168.59.135) 56(84) bytes of data.
64 bytes from 192.168.59.135: icmp_seq=1 ttl=64 time=0.447 ms
64 bytes from 192.168.59.135: icmp_seq=2 ttl=64 time=0.468 ms
64 bytes from 192.168.59.135: icmp_seq=3 ttl=64 time=0.773 ms
64 bytes from 192.168.59.135: icmp_seq=4 ttl=64 time=0.307 ms
```

上述输出信息表示主机 B 是可达的，并且给出了传输的时间。例如，time=0.447ms，表示时间需要 0.447 毫秒。

（2）在主机 C 上伪造请求超时 ICMP 数据包，设置源 IP 地址为 192.168.59.135，执行命令如下：

```
root@daxueba:~# netwox 83 -i 192.168.59.135
```

执行命令后没有任何输出信息，但是成功伪造了请求超时 ICMP 数据包。

（3）再次在主机 A 上 ping 主机 B，执行命令如下：

```
root@daxueba:~# ping 192.168.59.135
```

输出信息如下：

```
PING 192.168.59.135 (192.168.59.135) 56(84) bytes of data.
64 bytes from 192.168.59.135: icmp_seq=6 ttl=64 time=0.336 ms
From 192.168.59.135 icmp_seq=6 Time to live exceeded
64 bytes from 192.168.59.135: icmp_seq=7 ttl=64 time=0.532 ms
From 192.168.59.135 icmp_seq=7 Time to live exceeded
64 bytes from 192.168.59.135: icmp_seq=8 ttl=64 time=0.495 ms
From 192.168.59.135 icmp_seq=8 Time to live exceeded
```

从上述输出信息可以看到，主机 A 向主机 192.168.59.135 发送了 ping 请求。部分请求没有收到响应信息，而显示了 Time to live exceeded 信息，表示时间超时。

（4）为了验证伪造的请求超时 ICMP 数据包，可以通过捕获数据包查看，如图 5.21 所示，捕获到了若干个 ICMP 超时数据包。其中，第 3 个数据包的源 IP 地址为 192.168.59.134，目标 IP 地址为 192.168.59.135，是主机 A 向主机 B 发送的 ICMP 请求包；第 5 个数据包源 IP 地址为 192.168.59.135，目标 IP 地址为 192.168.59.134，Info 列显示的 Time-to-live exceeded 表示时间超时，说明该数据包为伪造的请求超时 ICMP 包。

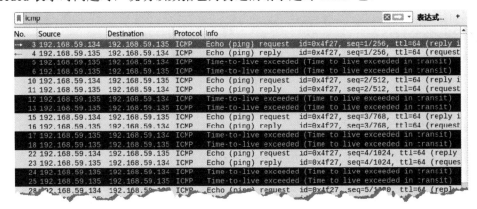

图 5.21　捕获的 ICMP 包

（5）选择第 5 个数据包，查看包信息，如图 5.22 所示。在该数据包的 Internet Control Message Protocol 部分中，Type 值为 11，Code 值为 0，说明该数据包是请求超时 ICMP 数据包。

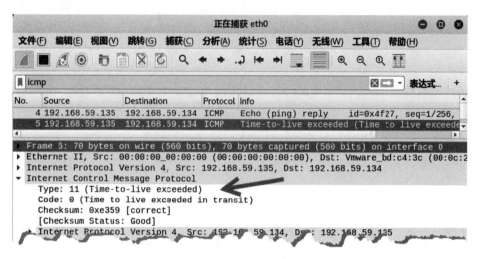

图 5.22　请求超时 ICMP 数据包

5.4.3　伪造目标不可达

目标不可达包是指路由器无法将 IP 数据包发送给目标地址时，会给发送端主机返回一个目标不可达的 ICMP 消息。在目标不可达报文中，类型值为 3，代码值为 1。伪造这类数据包需要使用 netwox 工具中编号为 82 的模块。

【实例 5-13】已知主机 A 的 IP 地址为 192.168.59.134，主机 B 的 IP 地址为 192.168.59.135，在主机 C 上伪造目标不可达 ICMP 数据包。

（1）在主机 C 上伪造目标不可达 ICMP 数据包，设置源 IP 地址为 192.168.59.135，执行命令如下：

```
root@daxueba:~# netwox 82 -i 192.168.59.135
```

执行命令后没有任何输出信息，说明成功伪造了目标主机不可达 ICMP 数据包。

（2）在主机 A 上 ping 主机 B，执行命令如下：

```
root@daxueba:~# ping 192.168.59.135
```

输出信息如下：

```
PING 192.168.59.135 (192.168.59.135) 56(84) bytes of data.
64 bytes from 192.168.59.135: icmp_seq=1 ttl=64 time=3.95 ms
From 192.168.59.135 icmp_seq=1 Destination Host Unreachable
64 bytes from 192.168.59.135: icmp_seq=2 ttl=64 time=0.608 ms
From 192.168.59.135 icmp_seq=2 Destination Host Unreachable
64 bytes from 192.168.59.135: icmp_seq=3 ttl=64 time=0.341 ms
From 192.168.59.135 icmp_seq=3 Destination Host Unreachable
64 bytes from 192.168.59.135: icmp_seq=4 ttl=64 time=0.499 ms
From 192.168.59.135 icmp_seq=4 Destination Host Unreachable
```

从上述输出信息可以看到，主机 A 向主机 192.168.59.135 发送了 ping 请求，但是部分请求没有得到响应信息，而显示了 Destination Host Unreachable 信息，表示目标主机不可达。

（3）为了验证伪造的目标不可达 ICMP 数据包，可以使用 Wireshark 抓包查看，如图 5.23 所示，捕获到了若干个 ICMP 数据包。其中，第 3 个数据包的源 IP 地址为 192.168.59. 134，目标 IP 地址为 192.168.59.135，是主机 A 向主机 B 发送的 ICMP 请求包；第 5 个数据包的源 IP 地址为 192.168.59.135，目标 IP 地址为 192.168.59.134，Info 列显示的 Destination unreachable（Host unreachable）表示目标主机不可达，说明该数据包为伪造的目标不可达 ICMP 数据包。

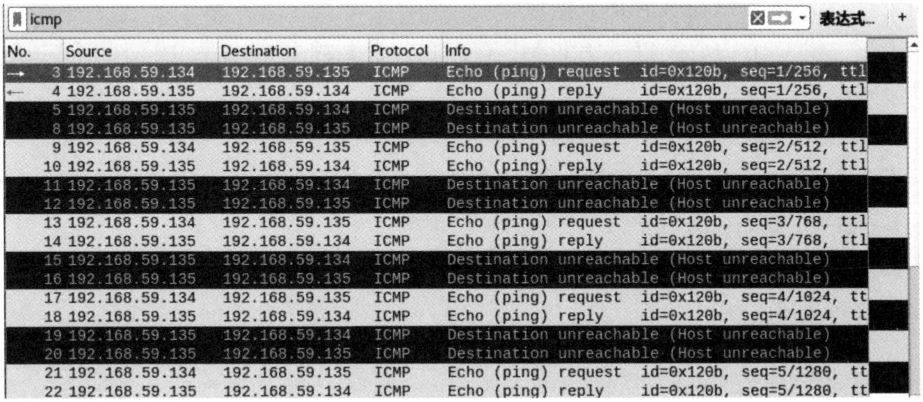

图 5.23　捕获的 ICMP 数据包

（4）选择第 5 个数据包，查看包信息，如图 5.24 所示。在该数据包的 Internet Control Message Protocol 部分中，Type 值为 3，Code 值为 1，说明该数据包是目标不可达 ICMP 数据包。

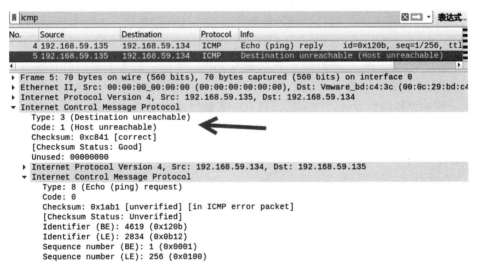

图 5.24　伪造目标不可达 ICMP 数据包

5.4.4 伪造参数错误 ICMP 数据包

当路由器或主机处理数据报时，发现因为报文头的参数错误而不得不丢弃报文时，需要向源发送方发送参数错误报文。该报文中，类型值为 12，代码值为 0。伪造这类数据包需要使用 netwox 工具中编号为 84 的模块。

【实例 5-14】已知主机 A 的 IP 地址为 192.168.59.134，主机 B 的 IP 地址为 192.168.59.135，在主机 C 上伪造参数错误 ICMP 数据包。

（1）在主机 C 上伪造参数错误 ICMP 数据包，设置源 IP 地址为 192.168.59.135，执行命令如下：

```
root@daxueba:~# netwox 84 -i 192.168.59.135
```

执行命令后没有任何输出信息，但是会伪造参数错误 ICMP 数据包。

（2）在主机 A 上 ping 主机 B，执行命令如下：

```
root@daxueba:~# ping 192.168.59.135
```

输出信息如下：

```
PING 192.168.59.135 (192.168.59.135) 56(84) bytes of data.
64 bytes from 192.168.59.135: icmp_seq=1 ttl=64 time=11.1 ms
From 192.168.59.135 icmp_seq=1 Parameter problem: pointer = 0
64 bytes from 192.168.59.135: icmp_seq=2 ttl=64 time=0.546 ms
From 192.168.59.135 icmp_seq=2 Parameter problem: pointer = 0
64 bytes from 192.168.59.135: icmp_seq=3 ttl=64 time=0.453 ms
From 192.168.59.135 icmp_seq=3 Parameter problem: pointer = 0
```

从输出信息可以看到，主机 A 向主机 192.168.59.135 发送了 ping 请求，但部分请求没有得到响应信息，而显示了 Parameter problem 信息，表示参数错误。

（3）通过捕获数据包，验证伪造的参数错误的 ICMP 数据包，如图 5.25 所示，捕获到了若干个 ICMP 数据包。第 1 个数据包的源 IP 地址为 192.168.59.134，目标 IP 地址为 192.168.59.135，是主机 A 向主机 B 发送的 ICMP 请求包；第 3 个数据包的源 IP 地址为 192.168.59.135，目标 IP 地址为 192.168.59.134， Info 列显示的 Parameter problem 表示参数错误，说明该数据包为伪造的参数错误 ICMP 数据包。

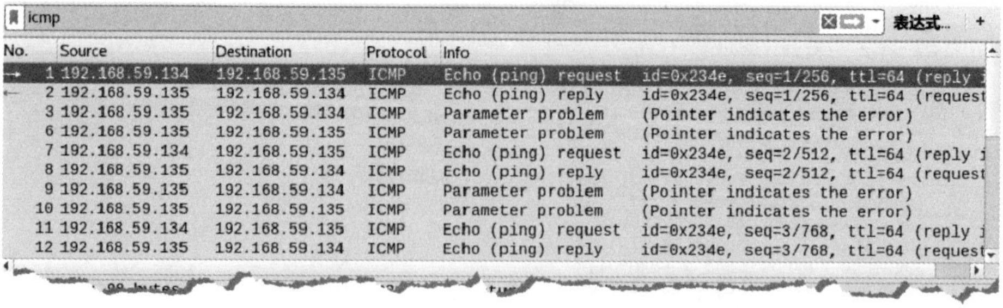

图 5.25　捕获的 ICMP 数据包

（4）选择第 3 个数据包，查看包信息，如图 5.26 所示。在 Internet Control Message Protocol 部分中，Type 值为 12，Code 值为 0，说明该数据包是参数错误 ICMP 数据包。

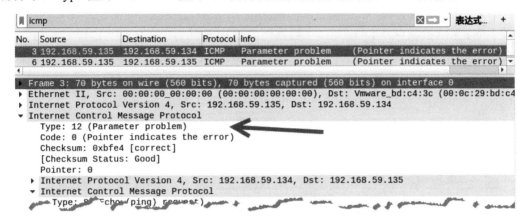

图 5.26　参数错误 ICMP 数据包

5.4.5　伪造源站抑制 ICMP 数据包

主机在处理报文时会有一个缓存队列。当主机接收数据包的速度比处理速度快时，一旦超过最大缓存队列，主机将无法处理，从而选择丢弃报文。这时，主机会向源发送方发送一个 ICMP 源站抑制报文，告诉对方缓存队列已满，稍后再进行请求。在这种类型的报文中，类型值为 4，代码值为 0。伪造这类数据包需要使用 netwox 工具中编号为 85 的模块。

【实例 5-15】已知主机 A 的 IP 地址为 192.168.59.134，主机 B 的 IP 地址为 192.168.59.135。在主机 C 上伪造源站抑制 ICMP 数据包。

（1）在主机 C 上伪造源站抑制 ICMP 数据包，设置源 IP 地址为 192.168.59.135，执行命令如下：

```
root@daxueba:~# netwox 85 -i 192.168.59.135
```

执行命令后没有任何输出信息，但是成功伪造了源站抑制 ICMP 数据包。

（2）在主机 A 上 ping 主机 B，执行命令如下：

```
root@daxueba:~# ping 192.168.59.135
```

输出信息如下：

```
PING 192.168.59.135 (192.168.59.135) 56(84) bytes of data.
64 bytes from 192.168.59.135: icmp_seq=1 ttl=64 time=1.77 ms
From 192.168.59.135: icmp_seq=1 Source Quench
64 bytes from 192.168.59.135: icmp_seq=2 ttl=64 time=0.429 ms
From 192.168.59.135: icmp_seq=2 Source Quench
64 bytes from 192.168.59.135: icmp_seq=3 ttl=64 time=18.8 ms
From 192.168.59.135: icmp_seq=3 Source Quench
```

从输出信息可以看到，主机 A 向主机 192.168.59.135 发送了 ping 请求，但是部分请求没有得到响应信息，而显示了 Source Quench 信息，表示源站抑制。

（3）通过捕获数据包，验证伪造的源站抑制的 ICMP 数据包，如图 5.27 所示。捕获到了若干个 ICMP 数据包，其中，第 4 个数据包的源 IP 地址为 192.168.59.134，目标 IP 地址为 192.168.59.135，是主机 A 向主机 B 发送的 ICMP 请求包；第 6 个数据包的源 IP 地址为 192.168.59.135，目标 IP 地址为 192.168.59.134，Info 列显示的 Source Quench 表示源站抑制，说明该数据包为伪造的源站抑制 ICMP 数据包。

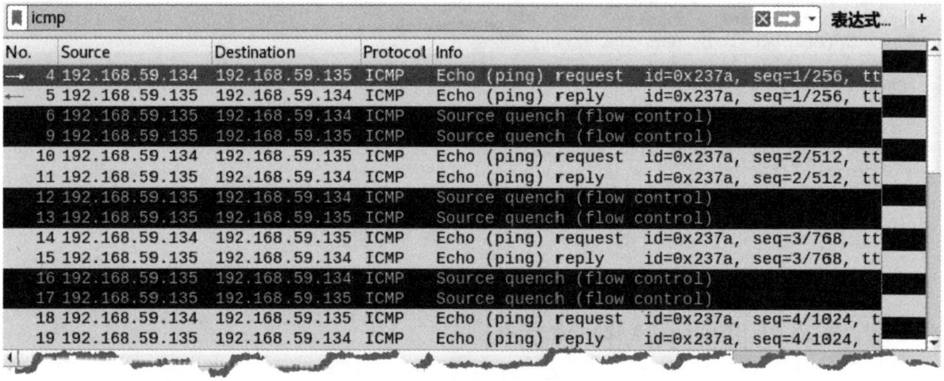

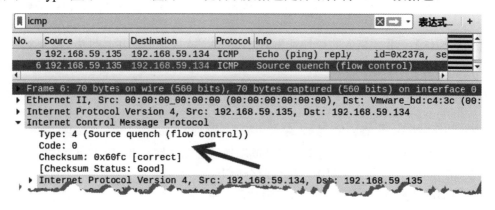

图 5.27　捕获的 ICMP 数据包

（4）选择第 6 个数据包，查看包信息，如图 5.28 所示。在 Internet Control Message Protocol 部分中，Type 值为 4，Code 值为 0，说明该数据包是源站抑制 ICMP 数据包。

图 5.28　源站抑制 ICMP 数据包

5.4.6　伪造重定向 ICMP 数据包

当路由收到 IP 数据报，发现数据报的目的地址在路由表上却不存在时，它发送 ICMP

重定向报文给源发送方，提醒它接收的地址不存在，需要重新发送给其他地址进行查找。
在该类型报文中，类型值为 5，代码值为 0。伪造这种类型的数据包需要使用 netwox 工具
中编号为 86 的模块。

【实例 5-16】已知主机 A 的 IP 地址为 192.168.59.132，netwox 工具所在主机 IP 地址
为 192.168.59.135。基于 netwox 所在主机向主机 A 实施攻击。为了不让目标主机发现攻击
的来源，伪造数据包的源 IP 地址 192.168.59.136，将目标主机的网关修改为网段中的其
他主机，使目标主机发送的数据包重定向到该主机上。具体步骤如下：

（1）查看目标主机 A 的网关。在目标主机 A 上，向 www.qq.com 发送 ping 请求。通
过捕获数据包，查看网关信息，如图 5.29 所示。图中第 2 帧和第 3 帧为 DNS 协议查询数
据包，是通过网关查询 www.qq.com 主机的 IP 地址信息。从中可以判断，目标主机的网
关为 192.168.59.2。

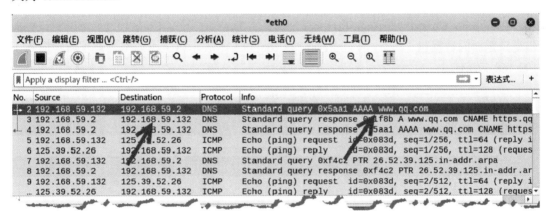

图 5.29　查看网关

（2）向目标主机发送重定向数据包，设置源 IP 地址为 192.168.59.136，将目标主机发
送的数据包重定向到主机 192.168.59.131 上，执行命令如下：

```
root@daxueba:~# netwox 86 -g 192.168.59.131 -c 1 -i 192.168.59.136
```

执行命令没有任何输出信息。

（3）在目标主机上向 www.qq.com 发送 ping 请求，执行命令如下：

```
root@daxueba:~# ping www.qq.com
```

输出信息如下：

```
PING https.qq.com (125.39.52.26) 56(84) bytes of data.
64 bytes from no-data (125.39.52.26): icmp_seq=1 ttl=128 time=25.6 ms
From localhost (192.168.59.136): icmp_seq=1 Redirect Host(New nexthop:
localhost (192.168.59.131))
From localhost (192.168.59.136): icmp_seq=2 Redirect Host(New nexthop:
localhost (192.168.59.131))
64 bytes from no-data (125.39.52.26): icmp_seq=2 ttl=128 time=25.2 ms
From localhost (192.168.59.136): icmp_seq=3 Redirect Host(New nexthop:
```

```
localhost (192.168.59.131))
64 bytes from no-data (125.39.52.26): icmp_seq=3 ttl=128 time=27.1 ms
64 bytes from no-data (125.39.52.26): icmp_seq=4 ttl=128 time=25.5 ms
From localhost (192.168.59.136): icmp_seq=4 Redirect Host(New nexthop:
localhost (192.168.59.131))
```

上述输出信息中，64 bytes from no-data (125.39.52.26): icmp_seq=1 ttl=128 time=25.6 ms 表示成功向目标 www.qq.com 发送 ping 请求；From localhost (192.168.59.136): icmp_seq=1 Redirect Host(New nexthop: localhost (192.168.59.131))表示伪造的重定向 ICMP 数据包，源 IP 地址为 192.168.59.136，Redirect Host 表示目标主机已经重定向，重定向到了主机 192.168.59.131 上。

（4）在目标主机上捕获数据包，验证重定向的数据包，如图 5.30 所示。其中，第 11 帧的源 IP 地址为 192.168.59.136（设置的源 IP 地址），目标 IP 地址为 192.168.59.132（设置的目标 IP 地址），Info 列的 Redirect (Redirect for host)表示该数据包是一个重定向数据包。在 Internet Control Message Protocol 部分中，Type 值为 5，Code 值为 1，说明该数据包是重定向的数据包；Gateway address: 192.168.59.131 表示该主机的网关被重新定向到了 192.168.59.131。

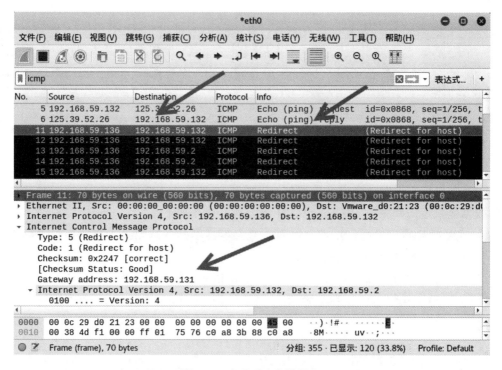

图 5.30　查看重定向数据包

（5）选择第 13 帧，查看网关的重定向信息，如图 5.31 所示。第 13 帧的源 IP 地址为 192.168.59.136（设置的源 IP 地址），目标 IP 地址为 192.168.59.2（目标主机 A 的网关）。

该数据包也是一个重定向的数据包。在 Internet Control Message Protocol 部分中，Gateway address: 192.168.59.131 表示目标主机 A 的网关被修改为了 192.168.59.131。

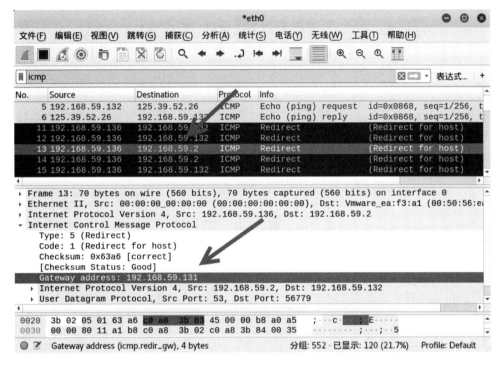

图 5.31　查看网关重定向

第 6 章 传输层和 TCP 协议

传输层（Transport Layer）是 OSI 协议的第四层协议，是唯一负责总体的数据传输和数据控制传输层的一层协议。传输层提供端到端的交换数据机制，它不仅对会话层、表示层和应用层这高三层提供可靠的传输服务，还对网络层提供可靠的目的地站点信息。本章将详细讲解传输层及常见协议的相关知识。

6.1 基 础 知 识

为了更好地学习和了解传输层，本节将介绍其基本知识。通过学习这些基本知识，可以更好地掌握传输层中涉及的相关概念，并理解传输层的作用。

6.1.1 传输层的作用

网际层提供了主机之间的逻辑通道，即通过寻址的方式，把数据包从一个主机发到另一个主机上。如果一个主机有多个进程同时在使用网络连接，那么数据包到达主机之后，如何区分它属于哪个进程呢？为了区分数据包所属的进程，就需要使用到传输层。传输层提供了应用进程之间的端到端连接，其作用如下：

- 为网络应用程序提供接口。
- 为端到端连接提供流量控制、差错控制、服务质量等管理服务。
- 提供多路复用、多路分解机制。

6.1.2 面向连接和无连接

针对不同情况下的数据质量保证，传输层提供了两种数据传输协议类型，分别为面向连接与无连接。下面介绍这两种类型的概念和工作原理。

1. 面向连接

面向连接就是通信双方在通信时，要事先建立一条通信线路，然后进行通信。其过程分为三个阶段。第一阶段是建立连接。第二阶段是连接成功建立之后，进行数据传输。第三阶段是在数据传输完毕后，释放连接。

　　下面以李四与张三的对话来说明面向连接的工作原理，如图 6.1 所示。其中，李四向张三说的每一句话都要得到张三的回应，然后才会说下一句话，直到李四说完最后一句话。

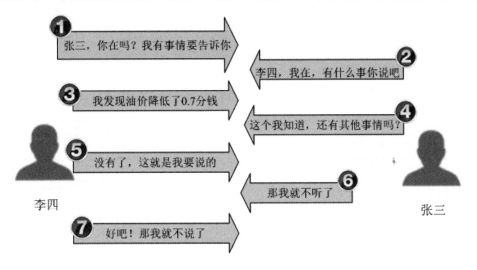

图 6.1　面向连接

2．无连接

　　无连接是指通信双方不需要事先建立通信线路，而是把每个带有目的地址的包（报文分组）发送到线路上，由系统选定路线进行传输，不需要目标方进行回复。

　　下面以李四与张三的对话来说明无连接的工作原理，如图 6.2 所示。从图中可以看到，李四向张三说出了要说的话，而不需要得到张三的回复。

图 6.2　无连接

6.1.3　端口和套接字

　　为了区分同一个主机上不同应用程序的数据包，传输层提供了端口和套接字概念。下面介绍端口和套接字的作用。

1. 端口的作用

在数据链路层中，通过 MAC 地址来寻找局域网中的主机；在网际层中，通过 IP 地址来寻找网络中互连的主机或路由器。在传输层中，需要通过端口进行寻址，来识别同一计算机中同时通信的不同应用程序。

2. 常用端口

端口号用来识别应用程序。常用 TCP 端口号和对应的应用程序如表 6.1 所示；常见的 UDP 端口号及对应的应用程序如表 6.2 所示。

表 6.1　常见的 TCP 端口及对应的应用程序

应 用 程 序	端 口 号	简 要 说 明
tcpmux	1	TCP 端口服务多路复用器
Echo	7	回显
discard	9	抛弃或空
systat	11	用户
daytime	13	时间
netstat	15	网络状态
qotd	17	每日引用
chargen	19	字符发生器
ftp-data	20	文件传输协议数据
FTP	21	文件传输协议控制
ssh	22	安全 Shell
Telnet	23	终端网络连接
SMTP	25	简单邮件传输协议
new-fe	27	NSW 用户系统
time	37	时间服务程序
name	42	主机名称服务程序
domain	53	域名服务程序（DNS）
gopher	70	Gopher 服务
finger	79	Finger
http	80	WWW 服务
link	87	TTY 链接
supdup	95	SUPDUP 协议
pop2	109	邮局协议 2
pop3	110	邮局协议 3
auth	113	身份验证服务

（续）

应 用 程 序	端 口 号	简 要 说 明
uucp-path	117	UUCP路径服务
nntp	119	USENET网络新闻传输协议
nbsession	139	NetBIOS会话服务
IMAP4	143	因特网消息访问协议4
BGP	179	边界网关协议
IRC	194	互联网中继聊天
SLP	427	服务位置协议
HTTPS	443	加密传输协议TLS/SSL
dantz	497	备份服务
rsync	873	文件同步

表 6.2　常见的UDP端口及对应的应用程序

应 用 程 序	端 口 号	简 要 说 明
Echo	7	回显
discard	9	抛弃或空
systat	11	用户
daytime	13	时间
qotd	17	每日引用
chargen	19	字符发生器
time	37	时间服务程序
domain	53	域名服务程序（DNS）
bootps	67	引导程序协议服务/DHCP
bootpc	68	引导程序协议客户端/DHCP
tftp	69	简单文件传输协议
ntp	123	网络时间服务，用于时间同步
nbname	137	NetBIOS名称
snmp	161	简单网络管理协议
snmp-trap	162	简单网络管理协议trap
syslog	514	系统日志服务

3．套接字

应用层通过传输层进行数据通信时，TCP 和 UDP 会遇到需要同时为多个应用程序进程提供并发服务的问题。多个 TCP 连接或多个应用程序进程可能需要通过同一个 TCP 协议端口传输数据。为了区别不同的应用程序进程和连接，许多计算机操作系统为应用程序与 TCP / IP 协议交互提供了称为套接字（Socket）的接口，区分不同应用程序进程间的网络通信和连接。

套接字是由主机的 IP 地址加上主机上的端口号组成的地址。例如，套接字地址 101.102.103.104:21，表示指向 IP 地址为 101.102.103.104 的计算机的 21 端口。

6.1.4　多路复用和多路分解

在网络上主机与主机之间的通信实质上是主机上运行的应用进程之间的通信。在进行通信时，往往同时运行多个应用程序。为了能够让一个计算机同时支持多个网络程序，并且同时保持与多台计算机进行连接，就需要使用多路复用和多路分解，其含义如下：

- 多路复用：从源主机的不同套接字中收集数据块，并为每个数据块封装首部信息，从而生成报文段，然后将报文段传递到网络层中。
- 多路分解：将传输层报文段中的数据交付到正确的套接字。

6.2　TCP 协议

传输控制协议（Transmission Control Protocol，TCP）是一种面向连接的、可靠的、基于字节流的传输层通信协议。在 TCP 协议中，通过三次握手建立连接。通信结束后，还需要断开连接。如果在发送数据包时，没有正确被发送到目的地时，将会重新发送数据包。本节将详细讲解 TCP 协议的工作机制。

6.2.1　TCP 协议作用

TCP 协议使用的是面向连接的方法进行通信的，其作用如下：

- 面向流的处理：TCP 以流的方式处理数据。换句话说，TCP 可以一个字节一个字节地接收数据，而不是一次接收一个预订格式的数据块。TCP 把接收到的数据组成长度不等的段，再传递到网际层。
- 重新排序：如果数据以错误的顺序到达目的地，TCP 模块能够对数据重新排序，来恢复原始数据。
- 流量控制：TCP 能够确保数据传输不会超过目的计算机接收数据的能力。
- 优先级与安全：为 TCP 连接设置可选的优先级和安全级别。
- 适当的关闭：以确保所有的数据被发送或接收以后，再进行关闭连接。

6.2.2　TCP 工作模式

TCP 协议的数据包进行传输采用的是服务器端和客户端模式。发送 TCP 数据请求方为客户端，另一方则为服务器端。客户端要与服务器端进行通信，服务器端必须开启监听的端口，客户端才能通过端口连接到服务器，然后进行通信。

netwox 工具提供了相关模块，用于建立 TCP 服务器端和 TCP 客户端。客户端连接服务器端后，可以进行数据通信。为了能够对服务器端进行远程操控，用户也可以建立远程 TCP 服务器端和远程 TCP 客户端，连接以后，可以在服务器端执行命令，进行上传和下载。

1. 建立TCP服务器端和TCP客户端

为了能够完成客户端与服务器端之间的通信，可以使用 netwox 工具编号为 89 的模块建立 TCP 服务器端，然后使用编号为 87 的模块建立 TCP 客户端。

【实例 6-1】已知主机 A 的 IP 地址为 192.168.59.131，主机 B 的 IP 地址为 192.168.59.135。分别在这两个主机上建立 TCP 服务器端和客户端，并进行连接，监听指定端口上的通信信息。具体步骤如下：

（1）在主机 A 上建立 TCP 服务器端，监听端口为 80，执行命令如下：

```
root@daxueba:~# netwox 89 -P 80
```

运行后没有任何输出信息，可以输入要传输的数据。

（2）在主机 B 上建立 TCP 客户端，连接 TCP 服务器端，执行命令如下：

```
root@daxueba:~# netwox 87 -i 192.168.59.131 -p 80
```

运行后没有任何输出信息，可以输入要传输的数据。

（3）当在客户端输入信息后，将被发送到服务器端。例如，在客户端输入 hi，如下：

```
root@daxueba:~# netwox 87 -i 192.168.59.131 -p 80
hi
```

（4）在服务器端将会收到到客户端的信息，如下：

```
root@daxueba:~# netwox 89 -P 80
hi
```

可以看出，输出信息为客户端输入的内容。

（5）在服务器端输入 Hello，客户端也会监听到服务器端输入的内容，如下：

```
root@daxueba:~# netwox 87 -i 192.168.59.131 -p 80
hi
Hello
```

（6）通过捕获数据包，验证客户端和服务器端的通信过程。捕获到的数据包如图 6.3 所示。其中，第 10 个数据包是 TCP 客户端向服务器端进行通信的数据包，其中[PSH, ACK]，表示该包为数据通信数据包；第 11 个数据包为对应的响应包，表示允许通信；第 20 个数据包是 TCP 服务器端向客户端进行通信的数据包，第 21 个数据包为对应的响应包。

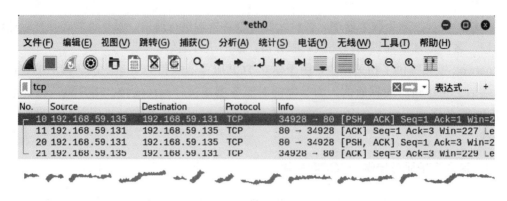

图 6.3　通信数据包

2．建立远程操作的TCP服务器端和TCP客户端

通过前面的讲解，用户可以建立 TCP 客户端，并连接到 TCP 服务器端，然后进行简单的通信。下面讲解如何通过 TCP 协议，远程在服务器端执行命令。

【实例 6-2】已知主机 A 的 IP 地址为 192.168.59.131，主机 B 的 IP 地址为 192.168.59.135，使用 netwox 编号为 93 和 94 的模块，分别在主机 A 和主机 B 建立 TCP 服务器端和客户端，然后通过客户端远程在服务器上执行命令。具体步骤如下：

（1）在主机 A 上建立 TCP 远程管理服务器，并设置监听的端口为 7615，执行命令如下：

```
root@daxueba:~# netwox 93 -P 7615
```

执行命令后没有任何输出信息。

（2）查看远程管理服务器的配置信息，如下：

```
root@daxueba:~# ifconfig
```

输出信息如下：

```
eth0: flags=4163<UP,BROADCAST,RUNNING,MULTICAST>  mtu 1500
        inet  192.168.59.131       netmask   255.255.255.0       broadcast
192.168.59.255
        inet6 fd15:4ba5:5a2b:1008:20c:29ff:fe64:a54f  prefixlen 64  scopeid
0x0<global>
        inet6 fe80::20c:29ff:fe64:a54f  prefixlen 64  scopeid 0x20<link>
        inet6 fd15:4ba5:5a2b:1008:2c92:52e9:dd2:37a7  prefixlen 64  scopeid
0x0<global>
        ether 00:0c:29:64:a5:4f  txqueuelen 1000  (Ethernet)
        RX packets 215123  bytes 259364632 (247.3 MiB)
        RX errors 0  dropped 0  overruns 0  frame 0
        TX packets 83482  bytes 5073376 (4.8 MiB)
        TX errors 0  dropped 0 overruns 0  carrier 0  collisions 0
```

上述输出信息显示了服务器的配置信息。例如，IP 地址为 192.168.59.131，MAC 地址为 00:0c:29:64:a5:4f。

（3）在主机 B 上建立 TCP 客户端，并连接服务器端，然后执行命令 ifconfig，如下：

```
root@daxueba:~# netwox 94 -i 192.168.59.131 -p 7615 -c "/bin/sh -c ifconfig"
```

输出信息如下；

```
eth0: flags=4163<UP,BROADCAST,RUNNING,MULTICAST>  mtu 1500
      inet 192.168.59.131  netmask 255.255.255.0  broadcast 192.168.59.255
      inet6 fd15:4ba5:5a2b:1008:20c:29ff:fe64:a54f  prefixlen 64  scopeid
      0x0<global>
      inet6 fe80::20c:29ff:fe64:a54f  prefixlen 64  scopeid 0x20<link>
      inet6 fd15:4ba5:5a2b:1008:2c92:52e9:dd2:37a7  prefixlen 64  scopeid
      0x0<global>
      ether 00:0c:29:64:a5:4f  txqueuelen 1000  (Ethernet)
      RX packets 215293  bytes 259375823 (247.3 MiB)
      RX errors 0  dropped 0  overruns 0  frame 0
      TX packets 83491  bytes 5074036 (4.8 MiB)
      TX errors 0  dropped 0 overruns 0  carrier 0  collisions 0
```

上述输出信息与步骤（2）的输出信息一样，说明成功执行了 ifconfig 命令。

3. 建立TCP远程客户端（下载文件）

有时候客户端需要从服务器上下载文件。用户可以使用 netwox 工具编号为 95 的模块建立 TCP 客户端，下载服务器上的文件。

【实例 6-3】已知主机 A 的 IP 地址为 192.168.59.131，主机 B 的 IP 地址为 192.168.59.135；主机 A 上有一个文件 user.txt。使用 netwox 工具编号为 93 和 95 的模块分别在主机 A 和主机 B 建立服务器端和客户端，然后通过客户端从服务器上下载 user.txt 文件。具体步骤如下：

（1）在主机 A 上建立 TCP 远程管理服务器，并设置监听的端口为 7615，执行命令如下：

```
root@daxueba:~# netwox 93 -P 7615
```

执行命令后没有任何输出信息。

（2）在服务器上，查看 user.txt 文件的信息，执行命令如下：

```
root@daxueba:~# cat user.txt
```

输出信息如下：

```
smz
admin
root
abc133
bob
tom123
administrator
wang001
```

（3）在主机 B 上建立 TCP 客户端，并连接 TCP 服务器，获取 user.txt 文件的信息，如下：

```
root@daxueba:~# netwox 95 -i 192.168.59.131 -p 7615 -f "user.txt"
```

输出信息如下：

```
smz
admin
root
abc133
bob
tom123
administrator
wang001
```

上述输出信息为服务器上 file.txt 文件的信息。

（4）如果用户想要保存文件内容，可以指定保存的位置。例如，将信息保存到文件 fileuser.txt 中，执行命令如下：

```
root@daxueba:~# netwox 95 -i 192.168.59.131 -p 7615 -f "user.txt" -F
fileuser.txt
```

4．建立TCP远程客户端（上传文件）

有时候，客户端需要将文件上传到服务器上。这时，可以使用 netwox 工具编号为 96 的模块来实现。

【实例 6-4】已知主机 A 的 IP 地址为 192.168.59.131，主机 B 的 IP 地址为 192.168.59.135；主机 B 上有一个文件 password.txt。使用 netwox 工具编号为 93 和 96 的模块分别在主机 A 和主机 B 建立服务器和客户端，并将客户端的 password.txt 文件上传到服务器上，命名为 pass.txt。具体步骤如下：

（1）在主机 A 上建立 TCP 远程管理服务器，并设置监听的端口为 7615，执行命令如下：

```
root@daxueba:~# netwox 93 -P 7615
```

执行命令后没有任何输出信息。

（2）在主机 B 上，查看 password.txt 文件的信息，如下：

```
root@daxueba:~# cat password.txt
```

输出信息如下：

```
www
mail
remote
blog
webmail
server
ns1
```

（3）在主机 B 上建立 TCP 远程管理客户端，并连接服务器，将 password.txt 文件上传到服务器上，文件名称为 pass.txt，执行命令如下：

```
root@daxueba:~# netwox 96 -i 192.168.59.131 -p 7615 -f password.txt -F
pass.txt
```

执行命令后没有任何输出信息，但是会成功将文件 password.txt 上传到服务器上，上传后的文件名称为 pass.txt。

（4）在服务器上，查看文件 pass.txt 的信息，执行命令如下：

```
root@daxueba:~# cat pass.txt
```

输出信息如下：

```
www
mail
remote
blog
webmail
server
ns1
```

6.2.3　TCP 数据格式

TCP 报文是 TCP 层传输的数据单元，也称为报文段。TCP 报文中每个字段如图 6.4 所示。

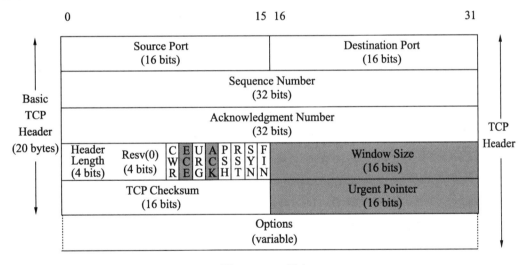

图 6.4　TCP 报文

图 6.4 中 TCP 报文中每个字段的含义如下：

1. 源端口和目的端口字段

- TCP 源端口（Source Port）：源计算机上的应用程序的端口号，占 16 位。
- TCP 目的端口（Destination Port）：目标计算机的应用程序端口号，占 16 位。

2. 序列号字段

- TCP 序列号（Sequence Number）：占 32 位。它表示本报文段所发送数据的第一个字节的编号。在 TCP 连接中，所传送的字节流的每一个字节都会按顺序编号。当

SYN 标记不为 1 时，这是当前数据分段第一个字母的序列号；如果 SYN 的值是 1 时，这个字段的值就是初始序列值（ISN），用于对序列号进行同步。这时，第一个字节的序列号比这个字段的值大 1，也就是 ISN 加 1。

3. 确认号字段

- TCP 确认号（Acknowledgment Number，ACK Number）：占 32 位。它表示接收方期望收到发送方下一个报文段的第一个字节数据的编号。其值是接收计算机即将接收到的下一个序列号，也就是下一个接收到的字节的序列号加 1。

4. 数据偏移字段

- TCP 首部长度（Header Length）：数据偏移是指数据段中的"数据"部分起始处距离 TCP 数据段起始处的字节偏移量，占 4 位。其实这里的"数据偏移"也是在确定 TCP 数据段头部的长度，告诉接收端的应用程序，数据从何处开始。

5. 保留字段

- 保留（Reserved）：占 4 位。为 TCP 将来的发展预留空间，目前必须全部为 0。

6. 标志位字段

- CWR（Congestion Window Reduce）：拥塞窗口减少标志，用来表明它接收到了设置 ECE 标志的 TCP 包。并且，发送方收到消息之后，通过减小发送窗口的大小来降低发送速率。
- ECE（ECN Echo）：用来在 TCP 三次握手时表明一个 TCP 端是具备 ECN 功能的。在数据传输过程中，它也用来表明接收到的 TCP 包的 IP 头部的 ECN 被设置为 11，即网络线路拥堵。
- URG（Urgent）：表示本报文段中发送的数据是否包含紧急数据。URG=1 时表示有紧急数据。当 URG=1 时，后面的紧急指针字段才有效。
- ACK：表示前面的确认号字段是否有效。ACK=1 时表示有效。只有当 ACK=1 时，前面的确认号字段才有效。TCP 规定，连接建立后，ACK 必须为 1。
- PSH（Push）：告诉对方收到该报文段后是否立即把数据推送给上层。如果值为 1，表示应当立即把数据提交给上层，而不是缓存起来。
- RST：表示是否重置连接。如果 RST=1，说明 TCP 连接出现了严重错误（如主机崩溃），必须释放连接，然后再重新建立连接。
- SYN：在建立连接时使用，用来同步序号。当 SYN=1，ACK=0 时，表示这是一个请求建立连接的报文段；当 SYN=1，ACK=1 时，表示对方同意建立连接。SYN=1

时，说明这是一个请求建立连接或同意建立连接的报文。只有在前两次握手中 SYN 才为 1。

- FIN：标记数据是否发送完毕。如果 FIN=1，表示数据已经发送完成，可以释放连接。

7. 窗口大小字段

- 窗口大小（Window Size）：占 16 位。它表示从 Ack Number 开始还可以接收多少字节的数据量，也表示当前接收端的接收窗口还有多少剩余空间。该字段可以用于 TCP 的流量控制。

8. TCP校验和字段

- 校验位（TCP Checksum）：占 16 位。它用于确认传输的数据是否有损坏。发送端基于数据内容校验生成一个数值，接收端根据接收的数据校验生成一个值。两个值必须相同，才能证明数据是有效的。如果两个值不同，则丢掉这个数据包。Checksum 是根据伪头+TCP 头+TCP 数据三部分进行计算的。

9. 紧急指针字段

- 紧急指针（Urgent Pointer）：仅当前面的 URG 控制位为 1 时才有意义。它指出本数据段中为紧急数据的字节数，占 16 位。当所有紧急数据处理完后，TCP 就会告诉应用程序恢复到正常操作。即使当前窗口大小为 0，也是可以发送紧急数据的，因为紧急数据无须缓存。

10. 可选项字段

- 选项（Option）：长度不定，但长度必须是 32bits 的整数倍。

6.3 TCP 建立连接

TCP 是面向连接的协议，所以每次发出的请求都需要对方进行确认。TCP 客户端与 TCP 服务器在通信之前需要完成三次握手才能建立连接。下面详细讲解三次握手的过程。

6.3.1 第 1 次握手

第 1 次握手建立连接时，客户端向服务器发送 SYN 报文（SEQ=x，SYN=1），并进入 SYN_SENT 状态，等待服务器确认，如图 6.5 所示。

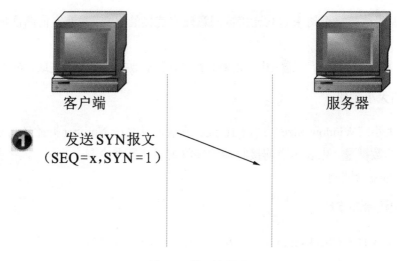

图 6.5   第 1 次握手

6.3.2   第 2 次握手

第 2 次握手实际上是分两部分来完成的，即 SYN+ACK（请求和确认）报文。

- 服务器收到了客户端的请求，向客户端回复一个确认信息（ACK=x+1）。
- 服务器再向客户端发送一个 SYN 包（SEQ=y）建立连接的请求，此时服务器进入 SYN_RECV 状态，如图 6.6 所示。

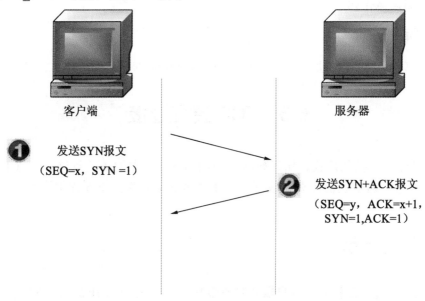

图 6.6   第 2 次握手

6.3.3　第 3 次握手

第 3 次握手，是客户端收到服务器的回复（SYN+ACK 报文）。此时，客户端也要向服务器发送确认包（ACK）。此包发送完毕客户端和服务器进入 ESTABLISHED 状态，完成 3 次握手，如图 6.7 所示。

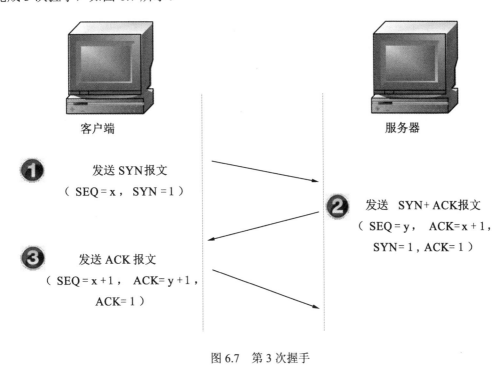

图 6.7　第 3 次握手

🔔提示：SEQ 表示请求序列号，ACK 表示确认序列号，SYN 和 ACK 为标志位。

6.3.4　分析握手过程中字段的变化

我们知道每一次握手时，TCP 报文中标志位的值是不同的。为了更好地分析 3 次握手时每个标志位的变化，下面以抓包方式分析每个数据包的信息。

【实例 6-5】使用 Wireshark 捕获 TCP 连接数据包并进行分析。

（1）捕获到 3 次握手包，如图 6.8 所示。图中，第 22 个数据包的源 IP 地址为 192.168.59.135，目标 IP 地址为 192.168.59.131。在 Transmission Control Protocol 中可以看到，Flags 为 SYN，并且值设置为 1，表示该数据包是主机 192.168.59.135 向主机

192.168.59.131 发起的请求，希望建立 TCP 连接。Sequence number 表示请求序列号 EQ，值为 0，是由主机 192.168.59.135 随机生成的。

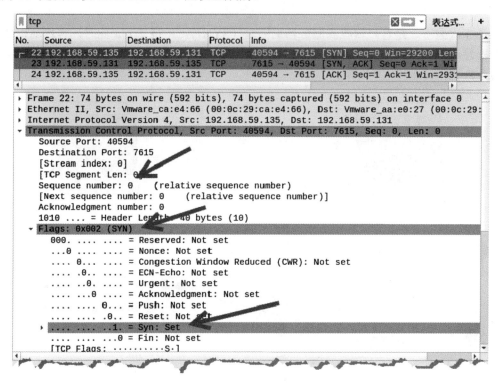

图 6.8 第 1 次握手

（2）选择第 23 个数据包进行查看，如图 6.9 所示。该数据包源 IP 地址为 192.168.59.131，目标 IP 地址为 192.168.59.135。在 Transmission Control Protocol 中可以看到，Flags 为（SYN，ACK），并且将 SYN 置为 1，表示该数据包是主机 192.168.59.131 用来回复主机 192.168.59.135 发送的 TCP 连接请求。Acknowledgment number 表示 ACK，值为 1。该值是回复主机 192.168.59.135 发来的连接请求 SEQ，因此在 SEQ 的基础上加 1，以代表确认。Sequence number 值为 0，该值是由主机 192.168.59.131 生成的，是向主机 192.168.59.135 发送的 SYN，表示同意该主机发来的连接请求。

（3）选择第 24 个数据包进行查看，如图 6.10 所示。源 IP 地址为 192.168.59.135，目标 IP 地址为 192.168.59.131。在 Transmission Control Protocol 中可以看到，Flags 为 ACK。表示该数据包是主机 192.168.59.135 对主机 192.168.59.131 发来的同意连接数据包后做出的确认回复。Acknowledgment number 的值为 1，该值是在主机 192.168.59.131 发来的 SEQ 的基础上加 1 得到的。Sequence number 的值为 1，表示收到主机 192.168.59.131 发来的同意连接数据包后，再次向该主机发送连接请求，表示要连接了。

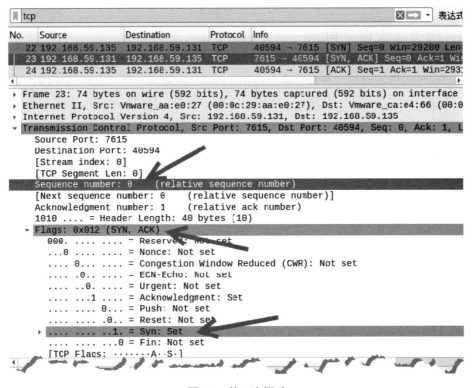

图 6.9　第 2 次握手

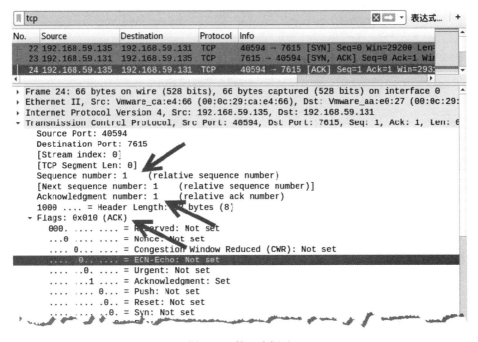

图 6.10　第 3 次握手

6.3.5　构造 3 次握手包

客户端与服务器通过 3 次握手建立连接，实际上是端口与端口之间的连接。用户可以伪造 3 次握手包，连接指定的端口，或者使用未启用的端口回复连接，以误导连接者，使其认为已经正确连接了端口。构造 3 次握手包需要使用 netwox 工具中编号为 42 的模块。

【实例 6-6】已知主机 A 的 IP 地址为 192.168.59.131，端口 443 处于开放状态。主机 B 的 IP 地址为 192.168.59.135，端口 8080 处于开放状态。通过主机 A 连接主机 B，构造 3 次握手。

（1）在主机 A 上构造第 1 次握手包，连接主机 B 的 8080 端口，执行命令如下：

```
root@daxueba:~# netwox 42 -x -s 192.168.59.131 -d 192.168.59.135 -S 443 -D
8080 -n 2
```

输出信息如下：

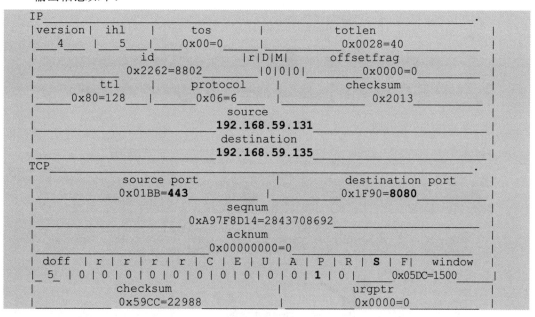

上述输出信息的 IP 部分为 IP 数据报字段。其中，源 IP 地址为 192.168.59.131，目标 IP 地址为 192.168.59.135。TCP 部分为 TCP 数据报字段。其中，源端口为 443，目标端口为 8080，并且 S 的值为 1，表示 SYN 值为 1。

（2）通过抓包验证的确构造了第 1 次握手包。捕获的数据包如图 6.11 所示。图中，第 13 个数据包源 IP 地址为 192.168.59.131，目标 IP 地址为 192.168.59.135。在 Transmission Control Protocol 中可以看到 Flags 为（SYN），并且 SYN 的值被设置为 1，说明该数据包为成功构造的第 1 次握手包。第 14 个数据包为主机 B 返回的[SYN,ACK]响应包。

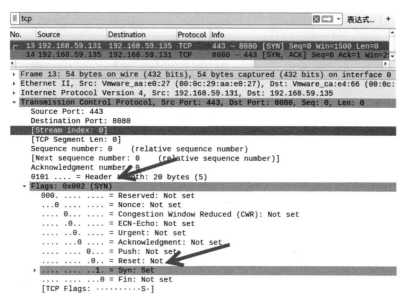

图 6.11　构造第 1 次握手包

（3）如果构造的握手包连接主机 B 未开放的端口，将不会收到对应的[SYN,ACK]响应包。例如，连接端口 8081，捕获数据包如图 6.12 所示。其中，第 9 个数据包为构造的第 1 次握手包。由于目标主机 8081 端口未开放，没有收到第 2 次握手包。

图 6.12　端口未开放

（4）为了干扰判断，这时就可以在主机 B 上构造第 2 次握手包了。执行命令如下：

```
root@daxueba:~# netwox 42 -x -s 192.168.59.135 -d 192.168.59.131 -S 8081
-D 443 -n 3
```

输出信息如下：

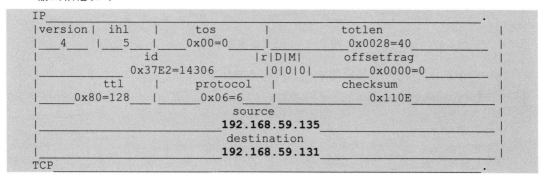

```
|            source port             |        destination port        |
|_____0x1F91=8081_____|_____0x01BB=443_____|
|                              seqnum                              |
|_____0xAC34C455=2889139285_____|
|                              acknum                              |
|_____0x0000C166=49510_____|
| doff | r | r | r | r | C | E | U | A | P | R | S | F|   window   |
|_ 5  | 0 | 0 | 0 | 0 | 0 | 0 | 0 | 1 | 0 | 0 | 1 | 0|             |
0x05DC=1500_____|
|            checksum                |           urgptr              |
|_____0x5E5E=24158_____|_____0x0000=0_____|
```

从 IP 部分可以看到，源 IP 地址为主机 B 的地址 192.168.59.135，目标 IP 地址为主机 A 的地址 192.168.59.131。从 TCP 部分可以看到，源端口为 8081，目标端口为 443，并且 A 和 S 的值为 1，也就是 SYN 和 ACK 的值为 1。

（5）通过抓包验证成功构造的第 2 次握手包，如图 6.13 所示。其中，数据包源 IP 地址为 192.168.59.135，目标 IP 地址为 192.168.59.131。在 Transmission Control Protocol 中可以看到，Flags 为（SYN,ACK），并且 SYN 和 Acknowledgment 的值被设置为 1，说明该数据包为成功构造的第 2 次握手包。这样，就可以干扰主机 A 的判断，使其认为主机 B 上的 8081 端口是开放的。

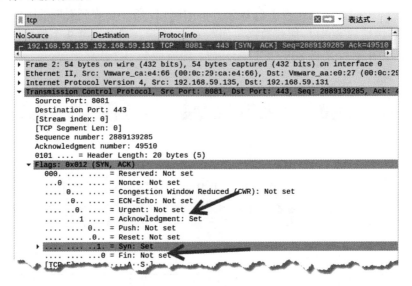

图 6.13　构造第 2 次握手包

（6）在主机 A 上构造第 3 次握手包，执行命令如下：

```
root@daxueba:~# netwox 42 -x -s 192.168.59.131 -d 192.168.59.135 -S 443 -D
8080 -n 4
```

输出信息如下：

```
IP                                                              .
|version|  ihl  |     tos     |               totlen            |
```

```
|   4   |   5   |     0x00=0          |          0x003C=60           |
|            id              |r|D|M|       offsetfrag           |
|         0x029B=667         |0|0|0|         0x0000=0           |
|      ttl        |     protocol     |         checksum          |
|    0x80=128     |     0x06=6       |         0x3FC6            |
|                          source                               |
|_____192.168.59.131_____|
|                       destination                             |
|_____192.168.59.135_____|
TCP                                                            .
|           source port          |     destination port         |
|         0x01BB=443             |        0x1F90=8080            |
|                         seqnum                                |
|_____0x6339F336=1664742198_____|
|                         acknum                                |
|_____0x000018C9=6345_____|
| doff  | r | r | r | r | C | E | U | A | P | R | S | F|  window |
|_  5   | 0 | 0 | 0 | 0 | 0 | 0 | 0 | 1 | 0 | 0 | 0 | 0 |
0x05DC=1500          |
|         checksum               |          urgptr              |
|_____0x0A33=2611_____|_____0x0000=0_____|
68  65  6c  6c  6f  2c  20  68  6f  77  20  61  72  65  20  79  # hello,
how are y
6f  75  20  3f                                          # ou ?
```

从 TCP 部分可以看到，A 的值为 1，也就是 ACK 的值。下面的信息为 TCP 分段数据信息。

（7）抓包验证成功构造了第 3 次握手包，如图 6.14 所示。在 Transmission Control Protocol 中可以看到，Flags 为（ACK），并且 Acknowledgment 的值被设置为 1，说明该包为成功构造的第 3 次握手包。

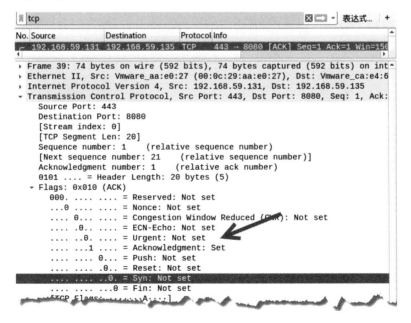

图 6.14　构造第 3 次握手包

6.4 数 据 传 输

客户端与服务器之间的通信是一个数据传输过程。通信的消息将以数据包形式进行传输。为了更有效地进行通信，TCP 协议在数据进行数据传输时，使用滑动窗口机制来同时发送多个数据包。当数据包丢失时，TCP 协议利用数据重发功能重新发送数据包。因接收端接收数据包的能力不同，TCP 流控制会根据接收端的能力发送适当数量的数据包。

6.4.1 数据分片

数据从主机传送到另一个主机往往要经过路由器、网关等设备。这些设备都要对经过的数据进行处理。由于这些设备处理数据有一定的限制，不能处理超过额定字节的数据，所以发送的时候需要确定发送数据包的最大字节数。这个最大字节数被称为最大消息长度（Maximum Segment Size，MSS）。当要发送的数据超过该值，就需要将数据分为多个包，依次发送。该操作被称为数据分片。

MSS 是 TCP 数据包每次能够传输的最大数据量。通常，最大值为 1460 字节。如果发送的数据包大小大于 MSS 值，数据包将会被分片传输。分片原理如图 6.15 所示。其中，第 1 次和第 2 次握手包的 TCP 首部包含 MSS 选项，互相通知对方网络接口能够适应的MSS 的大小，然后双方会使用较小的 MSS 值进行传输。

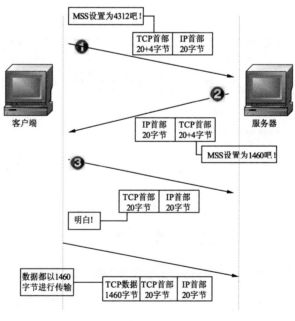

图 6.15　分片原理

6.4.2　滑动窗口机制

在进行数据传输时，如果传输的数据比较大，就需要拆分为多个数据包进行发送。TCP 协议需要对数据进行确认后，才可以发送下一个数据包，如图 6.16 所示。

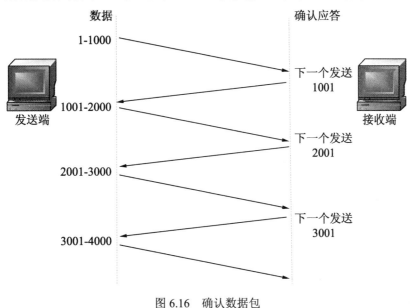

图 6.16　确认数据包

从图 6.16 中可以看到，发送端每发送一个数据包，都需要得到接收端的确认应答以后，才可以发送下一个数据包。这样一来，就会在等待确认应答包环节浪费时间。为了避免这种情况，TCP 引入了窗口概念。窗口大小指的是不需要等待确认应答包而可以继续发送数据包的最大值。例如，窗口大小为 3，数据包的传输如图 6.17 所示。

从图 6.17 中可以看到，发送端发送第一个数据包（1-1000），没有等待对应的确认应答包，就继续发送第二个数据包（1001-2000）和第三个包（2001-3000）。当收到第 3 个数据包的确认应答包时，会连续发送 3 个数据包（3001-4000，4001-5000，5001-6000）。当收到第 6 个数据包的确认应答包时，又会发送 3 个数据包（6001-7000，7001-8000，8001-9000）。以这种方式发送，就可以省去多个数据包（第 1、2、4、5、7、8 个）的确认应答包时间，从而避免了网络的吞吐量的降低。

窗口大小指的是可以发送数据包的最大数量。在实际使用中，它可以分为两部分。第一部分表示数据包已经发送，但未得到确认应答包；第二部分表示允许发送，但未发送的数据包。在进行数据包发送时，当发送了最大数量的数据包（窗口大小数据包），有时不会同时收到这些数据包的确认应答包，而是收到部分确认应答包。那么，此时窗口就通过滑动的方式，向后移动，确保下一次发送仍然可以发送窗口大小的数据包。这样的发送方式被称为滑动窗口机制。设置窗口大小为 3，滑动窗口机制原理如图 6.18 所示。

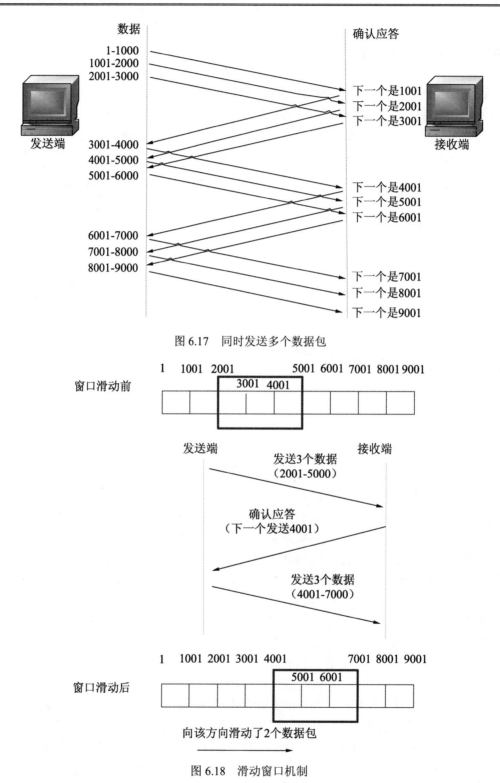

图 6.17　同时发送多个数据包

图 6.18　滑动窗口机制

图 6.18 中，每 1000 个字节表示一个数据包。发送端同时发送了 3 个数据包（2001-5000），接收端响应的确认应答包为"下一个发送 4001"，表示接收端成功响应了前两个数据包，没有响应最后一个数据包。此时，最后一个数据包要保留在窗口中。由于窗口大小为 3，发送端除了最后一个包以外，还可以继续发送下两个数据包（5001-6000 和 6001-7000）。窗口滑动到 7001 处。

6.4.3　数据重发

在进行数据包传输时，难免会出现数据丢失情况。这种情况一般分为两种。第一种，如果未使用滑动窗口机制，发送的数据包没有收到确认应答包，那么数据都会被重发；如果使用了滑动窗口机制，即使确认应答包丢失，也不会导致数据包重发。第二种，发送的数据包丢失，将导致数据包重发。下面详细介绍使用滑动窗口机制的两种情况。

1．确认应答包丢失

这种情况指的是前面发送的数据包没有收到对应的确认应答。当收到后面数据包的确认应答包，表示前面的数据包已经成功被接收端接收了，发送端不需要重新发送前面的数据包了。如图 6.19 所示。

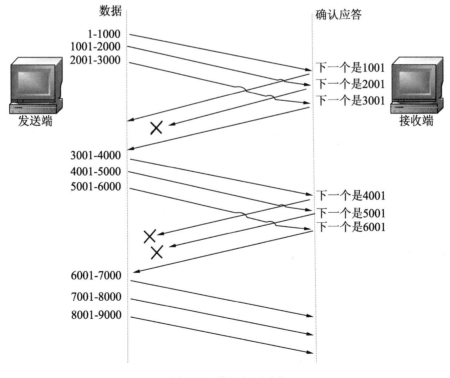

图 6.19　数据包不重发

下面分为 5 部分对图 6.19 进行讲解。

- 发送端第 1 次发送数据包：这里设置的窗口大小为 3，可以最大发送 3 个数据包。发送端同时发送 3 个数据包 1-1000、1001-2000 和 2001-3000。
- 接收端返回确认应答包：接收端接收到这些数据，并给出确认应答。数据包 1-1000 和数据包 2001-3000 的确认应答包没有丢失，但是数据包 1001-2000 的确认应答包丢失了。
- 发送端第 2 次发送数据包：发送端收到接收端发来的确认应答包，虽然没有收到数据包 1001-2000 的确认应答包，但是收到了数据包 2001-3000 的确认应答包。判断第一次发送的 3 个数据包都成功到达了接收端。再次发送 3 个数据包 3001-4000、4001-5000 和 5001-6000。
- 接收端返回确认应答包：接收端接收到这些数据，并给出确认应答。数据包 3001-4000 和数据包 4001-5000 的确认应答包丢失了，但是数据包 5001-6000 没有丢失。
- 发送端第 3 次发送数据包：发送端收到接收端发来的确认应答包，查看到数据包 5001-6000 收到了确认应答。判断第 2 次发送的 3 个数据包都成功到达了接收端。再次发送 3 个数据包 6001-7000、7001-8000 和 8001-9000。

2．发送数据包丢失

这种情况指的是发送端发送的部分数据包没有达到接收端。那么，如果在接收端收到的数据包，不是本应该要接收的数据包，那么就会给发送端返回消息，告诉发送端自己应该接收的数据包。如果发送端连续收到 3 次这样的数据包，就认为该数据包成功发送到接收端，这时就开始重发该数据包。如图 6.20 所示。

下面分为 7 部分对图 6.20 进行讲解。

- 发送端发送数据包：这里窗口大小为 4，发送端发送 4 个数据包，分别为 1-1000、1001-2000、2001-3000 和 3001-4000。
- 接收端返回确认应答包：接收端接收到这些数据，并给出确认应答。接收端收到了数据包 1-1000，返回了确认应答包；收到了数据包 1001-2000，返回了确认应答包；但是数据包 2001-3000，在发送过程中丢失了，没有成功到达接收端。数据包 3001-4000 没有丢失，成功到达了接收端，但是该数据包不是接收端应该接收的数据包，数据包 2001-3000 才是真正应该接收的数据包。因此收到数据包 3001-4000 以后，接收端第一次返回下一个应该发送 2001 的数据包的确认应答包。
- 发送端发送数据包：发送端仍然继续向接收端发送 4 个数据包，分别为 4001-5000、5001-6000、6001-7000 和 7001-8000。
- 接收端返回确认应答包：接收端接收到这些数据，并给出确认应答。当接收端收到数据包 4001-5000 时，发现不是自己应该接收的数据包 2001-3000，第二次返回下一个应该发送 2001 的数据包的确认应答包。当接收端收到数据包 5001-6000 时，

仍然发现不是自己应该接收的数据包 2001-3000，第三次返回下一个应该发送 2001
的数据包的确认应答包。以此类推直到接收完所有数据包，接收端都返回下一个应
该发送 2001 的数据包的确认应答包。

- 发送端重发数据包：发送端连续 3 次收到接收端发来的下一个应该发送 2001 的数
  据包的确认应答包，认为数据包 2001-3000 丢失了，就进行重发该数据包。
- 接收端收到重发数据包：接收端收到重发数据包以后，查看这次是自己应该接收
  的数据包 2001-3000，并返回确认应答包，告诉发送端，下一个该接收 8001 的数
  据包了。
- 发送端发送数据包：发送端收到确认应答包后，继续发送窗口大小为 4 的数据包，
  分别为 8001-9000、9001-10000、10001-11000 和 11001-12000。

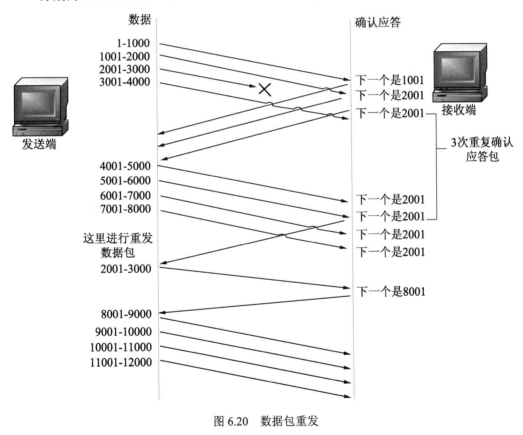

图 6.20　数据包重发

6.4.4　TCP 流控制

在使用滑动窗口机制进行数据传输时，发送方根据实际情况发送数据包，接收端接收
数据包。但是，接收端处理数据包的能力是不同的。

- 如果窗口过小，发送端发送少量的数据包，接收端很快就处理了，并且还能处理更多的数据包。这样，当传输比较大的数据时需要不停地等待发送方，造成很大的延迟。

- 如果窗口过大，发送端发送大量的数据包，而接收端处理不了这么多的数据包，这样，就会堵塞链路。如果丢弃这些本应该接收的数据包，又会触发重发机制。

- 为了避免这种现象的发生，TCP 提供了流控制。所谓的流控制就是使用不同的窗口大小发送数据包。发送端第一次以窗口大小（该窗口大小是根据链路带宽的大小来决定的）发送数据包，接收端接收这些数据包，并返回确认应答包，告诉发送端自己下次希望收到的数据包是多少（新的窗口大小），发送端收到确认应答包以后，将以该窗口大小进行发送数据包。TCP 流控制过程如图 6.21 所示。

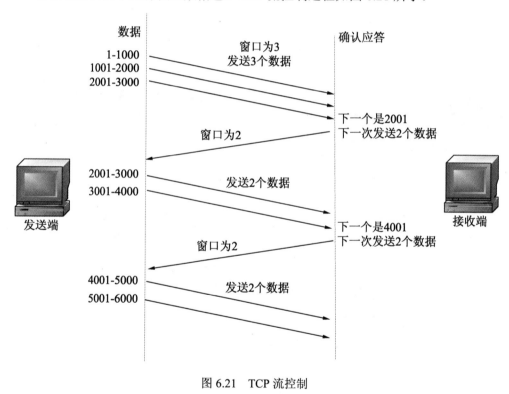

图 6.21　TCP 流控制

为了方便讲解，将图 6.21 以发送端发送数据包进行分隔，将其分为 3 部分进行讲解。

1．第一部分

发送端根据当前链路带宽大小决定发送数据包的窗口大小。这里，窗口大小为 3，表示可以发送 3 个数据包。因此发送端发送了 3 个数据包，分别为 1-1000、1001-2000 和 2001-3000。接收端接收这些数据包，但是只能处理 2 个数据包，第 3 个数据包 2001-3000

没有被处理。因此返回确认应答包，设置窗口大小为 2，告诉发送端自己现在只能处理 2 个数据包，下一次请发送 2 个数据包。

2. 第二部分

发送端接收到确认应答包，查看到接收端返回窗口大小为 2，知道接收端只处理了 2 个数据包。发过去的第 3 个数据包 2001-3000 没有被处理。这说明此时接收端只能处理 2 个数据包，第 3 个数据包还需要重新发送。因此发送端发送 2 个数据包 2001-3000 和 3001-4000。接收端收到这两个数据包并进行了处理。此时，还是只能处理 2 个窗口，继续向发送端发送确认应答包，设置窗口为 2，告诉发送端，下一个应该接收 4001 的数据包。

3. 第三部分

发送端接收到确认应答包，查看到接收端返回窗口大小为 2。说明接收端接收了上次发送的 2 个数据包。此时仍然可以处理 2 个数据包，继续发送数据包 4001-5000 和 5001-6000。

如果在接收端返回的确认应答包中，窗口设置为 0，则表示现在不能接收任何数据。这时，发送端将不会再发送数据包，只有等待接收端发送窗口更新通知才可以继续发送数据包。如果这个更新通知在传输中丢失了，那么就可能导致无法继续通信。为了避免这样的情况发生，发送端会时不时地发送窗口探测包，该包仅有 1 个字节，用来获取最新的窗口大小的信息。原理如图 6.22 所示。

下面介绍图 6.22 所示的获取窗口更新数据包的原理。

（1）发送端发送数据。发送端以窗口大小为 2，发送了 2 个数据包，分别为 4001-5000 和 5001-6000。接收端接收到这些数据以后，缓冲区满了，无法再处理数据，于是向发送端返回确认应答包，告诉它下一个接收 6001 的数据，但是现在处理不了数据，先暂停发送数据，设置窗口大小为 0。

（2）发送端暂停发送数据。发送端收到确认应答包，查看到下一次发送的是 6001 的数据，但窗口大小为 0，得知接收端此时无法处理数据。此时，不进行发送数据，进入等待状态。

（3）接收端发送窗口大小更新包。当接收端处理完发送端之前发来的数据包以后，将会给发送端发送一个窗口大小更新包，告诉它，此时可以发送的数据包的数量。这里设置窗口大小为 3，表示此时可以处理 3 个数据包，但是该数据包丢失了，没有发送到发送端。

（4）发送端发送窗口探测包。由于窗口大小更新包丢失，发送端的等待时间超过了重发超时时间。此时，发送端向接收端发送一个窗口探测包，大小为 1 字节，这里是 6001。

（5）接收端再次发送窗口大小更新包。接收端收到发送端发来的探测包，再次发送窗口大小更新包，窗口大小为 3。

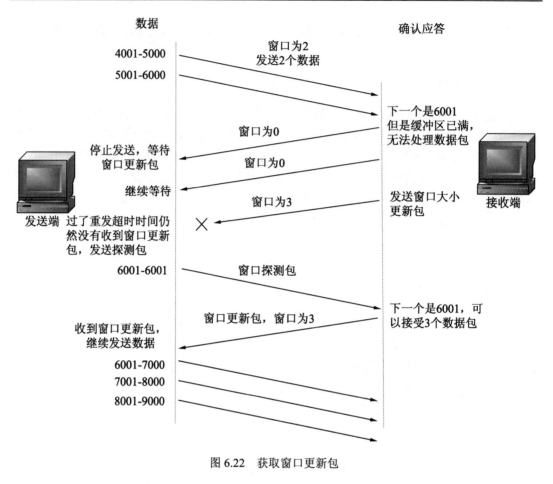

图 6.22　获取窗口更新包

（6）发送端发送数据。发送端接收到窗口大小更新包，查看到应该发的是 6001 的数据包，窗口大小为 3，可以发送 3 个数据包。因此发送了数据包，分别为 6001-7000、7001-8000 和 8001-9000。

6.5　TCP 断开连接

当客户端与服务器不再进行通信时，都会以 4 次挥手的方式结束连接。本节将介绍 4 次挥手的过程。

6.5.1　第 1 次挥手

客户端向服务器端发送断开 TCP 连接请求的[FIN,ACK]报文，在报文中随机生成一个序列号 SEQ=x，表示要断开 TCP 连接，如图 6.23 所示。

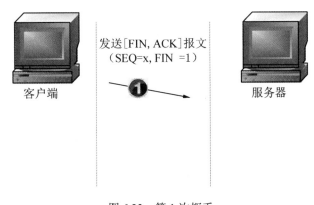

图 6.23   第 1 次挥手

6.5.2   第 2 次挥手

当服务器端收到客户端发来的断开 TCP 连接的请求后，回复发送 ACK 报文，表示已经收到断开请求。回复时，随机生成一个序列号 SEQ=y。由于回复的是客户端发来的请求，所以在客户端请求序列号 SEQ=x 的基础上加 1，得到 ACK=x+1，如图 6.24 所示。

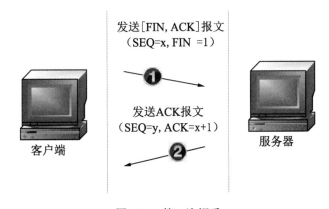

图 6.24   第 2 次挥手

6.5.3   第 3 次挥手

服务器端在回复完客户端的 TCP 断开请求后，不会马上进行 TCP 连接的断开。服务器端会先确认断开前，所有传输到客户端的数据是否已经传输完毕。确认数据传输完毕后才进行断开，向客户端发送[FIN,ACK]报文，设置字段值为 1。再次随机生成一个序列号 SEQ=z。由于还是对客户端发来的 TCP 断开请求序列号 SEQ=x 进行回复，因此 ACK 依然为 x+1，如图 6.25 所示。

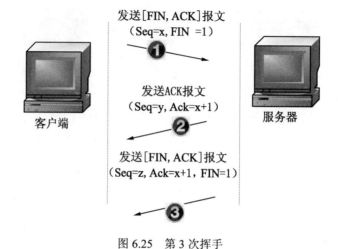

图 6.25　第 3 次挥手

6.5.4　第 4 次挥手

客户端收到服务器发来的 TCP 断开连接数据包后将进行回复，表示收到断开 TCP 连接数据包。向服务器发送 ACK 报文，生成一个序列号 SEQ=x+1。由于回复的是服务器，所以 ACK 字段的值在服务器发来断开 TCP 连接请求序列号 SEQ=z 的基础上加 1，得到 ACK=z+1，如图 6.26 所示。

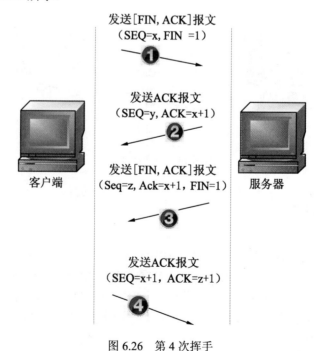

图 6.26　第 4 次挥手

6.5.5　分析挥手过程字段的变化

在进行 4 次挥手时，TCP 报文中标志位的值是不断变化的。为了更好地分析 4 次挥手标志位的变化，下面以抓包方式分析每个数据包的信息。

【实例 6-7】使用 Wireshark 捕获 TCP 断开连接数据包并进行分析。

（1）捕获到 4 次挥手包，如图 6.27 所示。图中第 1 个数据包源 IP 地址为 192.168.12.106，目标 IP 地址为 123.58.191.10。在 Transmission Control Protocol 中可以看到，Sequence number 的值为 1，该值是主机 192.168.12.106 随机生成的请求序列号 SEQ 的值；Acknowledgment number 的值为 1，也就是确认号 ACK 的值。在 Flags 部分可以看到（FIN,ACK），表示该数据包是主机 192.168.12.106 向主机 123.58.191.10 发送的请求断开 TCP 连接的数据包。在该部分中可以看到 Acknowledgment 的值被设置为 1，也就是报文字段中 ACK 的值；Fin 的值也被设置为 1，也就是报文字段中 FIN 的值。

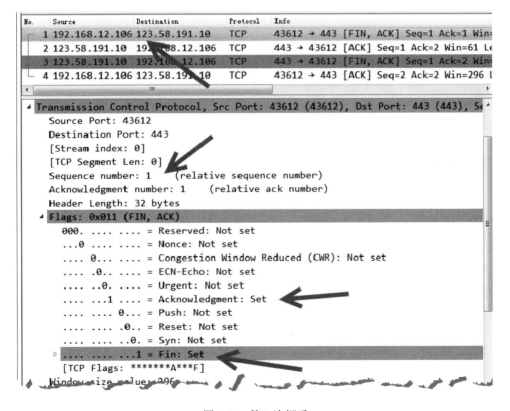

图 6.27　第 1 次挥手

（2）选择第 2 个数据包，如图 6.28 所示。其中，源 IP 地址为 123.58.191.10，目标 IP 地址为 192.168.12.106。在 Transmission Control Protocol 中可以看到，Sequence number 的

值也为 1，该值是由主机 123.58.191.10 随机生成的请求序列号 SEQ。Acknowledgment number 的值为 2，该值是在主机 192.168.12.106 发过来的 SEQ 序列号基础上加 1 得到的。在 Flags 部分可以看到（ACK），表示该数据包是主机 123.58.191.10 回复主机 192.168.12.106 发来的 TCP 断开请求的确认包。在该部分中可以看到 Acknowledgment 的值被设置为 1，也就是报文字段中 ACK 的值。

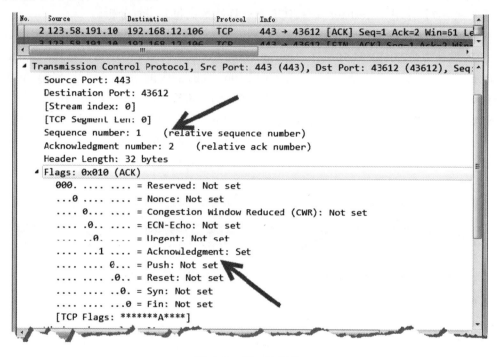

图 6.28　第 2 次挥手

（3）选择第 3 个数据包，如图 6.29 所示。其中，源 IP 地址为 123.58.191.10，目标 IP 地址为 192.168.12.106。在 Transmission Control Protocol 中可以看到，请求序列号的值为 1，确认号 ACK 的值为 2。在 Flags 部分可以看到（FIN,ACK），表示该数据包是主机 123.58.191.10 向主机 192.168.12.106 发送的断开 TCP 连接的 FIN 包。在该部分中可以看到报文中的 ACK 值被设置为 1，FIN 值被设置为 1。

（4）选择第 4 个数据包，如图 6.30 所示。其中，源 IP 地址为 192.168.12.106，目标 IP 地址为 123.58.191.10。在 Transmission Control Protocol 中可以看到，请求序列号的值为 2，该值是再次由主机 192.168.12.106 所产生的。确认号 ACK 的值为 2，该值是回复第 3 次挥手中主机 123.58.191.10 随机生成的请求序列号 SEQ 基础上加 1 所得的。在 Flags 部分可以看到（ACK），表示该数据包是主机 192.168.12.106 回复主机 123.58.191.10 的断开请求。在该部分中可以看到报文中的 ACK 值被设置为 1。

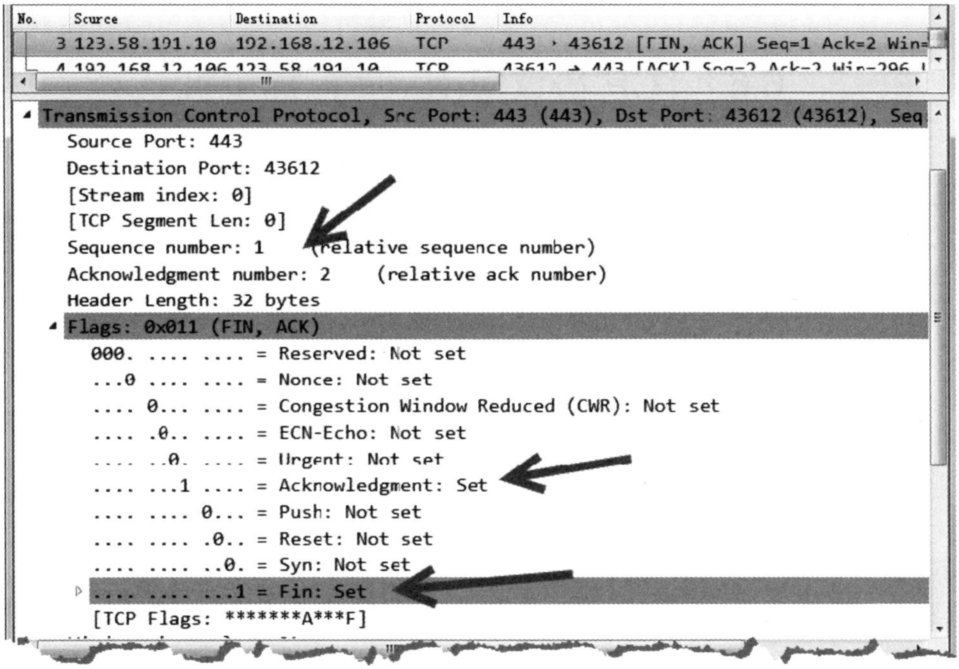

```
No.   Source          Destination        Protocol   Info
  3 123.58.191.10   192.168.12.106    TCP        443 · 43612 [FIN, ACK] Seq=1 Ack=2 Win=
  4 192.168.12.106  123.58.191.10     TCP        43612 → 443 [ACK] Seq=2 Ack=2 Win=296
```

Transmission Control Protocol, Src Port: 443 (443), Dst Port: 43612 (43612), Seq
    Source Port: 443
    Destination Port: 43612
    [Stream index: 0]
    [TCP Segment Len: 0]
    Sequence number: 1   (relative sequence number)
    Acknowledgment number: 2   (relative ack number)
    Header Length: 32 bytes
    Flags: 0x011 (FIN, ACK)
        000. .... = Reserved: Not set
        ...0 .... = Nonce: Not set
        .... 0... .... = Congestion Window Reduced (CWR): Not set
        .... .0.. .... = ECN-Echo: Not set
        .... ..0. .... = Urgent: Not set
        ....1 .... = Acknowledgment: Set
        .... 0... = Push: Not set
        .... .0.. = Reset: Not set
        ....0. = Syn: Not set
        ....1 = Fin: Set
        [TCP Flags: *******A***F]

图 6.29　第 3 次挥手

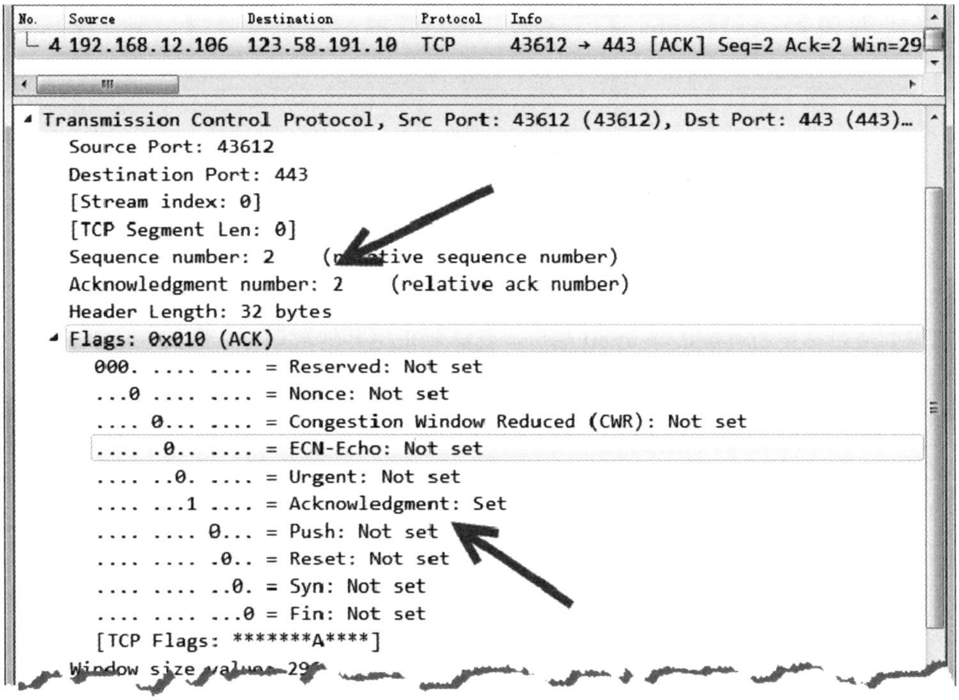

```
No.   Source          Destination        Protocol   Info
  4 192.168.12.106  123.58.191.10     TCP        43612 → 443 [ACK] Seq=2 Ack=2 Win=29
```

Transmission Control Protocol, Src Port: 43612 (43612), Dst Port: 443 (443)…
    Source Port: 43612
    Destination Port: 443
    [Stream index: 0]
    [TCP Segment Len: 0]
    Sequence number: 2   (relative sequence number)
    Acknowledgment number: 2   (relative ack number)
    Header Length: 32 bytes
    Flags: 0x010 (ACK)
        000. .... = Reserved: Not set
        ...0 .... = Nonce: Not set
        .... 0... .... = Congestion Window Reduced (CWR): Not set
        .... .0.. .... = ECN-Echo: Not set
        .... ..0. .... = Urgent: Not set
        ....1 .... = Acknowledgment: Set
        .... 0... = Push: Not set
        .... .0.. = Reset: Not set
        ....0. = Syn: Not set
        ....0 = Fin: Not set
        [TCP Flags: *******A****]
    Window size value=29

图 6.30　第 4 次挥手

6.6　TCP 协议应用——扫描主机

通常，用户通过 ping 命令判断目标主机是否开启。但是，很多主机都是禁止使用 ping 命令的。如果目标主机开放，并有程序在运行和监听特定的 TCP 端口，那么就可以通过 TCP 协议连接该端口从而判断主机是否运行。本节将讲解如何利用 TCP 协议扫描主机。

6.6.1　构造 TCP Ping 包实施扫描

构造 TCP Ping 包实质上是构建一个[SYN]包。它模拟 TCP 连接中的第 1 次握手，向目标主机的端口发出请求。如果指定的端口开放，将返回第 2 次握手包[SYN,ACK]；如果端口未开放，将返回[RST,ACK]包。可以借助 netwox 工具中编号为 51 的模块进行构建 TCP Ping 包。

【实例 6-8】在主机 192.168.59.131 上构建 TCP Ping 包，对目标主机进行扫描，判断主机是否启用。

（1）判断目标主机 192.168.59.135 是否启用，执行命令如下：

```
root@daxueba:~# netwox 51 -i 192.168.59.135
```

输出信息如下：

```
Ok
Ok
Ok
Ok
Ok
...                                              #省略其他信息
```

该模块默认向目标主机的 80 端口发送 SYN 包。上述输出信息中持续显示 OK，表示目标主机的 80 端口返回了响应，从而确定该主机已启用。

（2）如果目标主机开放的不是 80 端口，就需要指定其他端口号。例如，基于 5352 端口，判断目标主机是否开启。执行命令如下：

```
root@daxueba:~# netwox 51 -i 192.168.59.135 -p 5352
```

执行命令后，将会向目标主机的 5352 端口发送 SYN 请求包。

（3）为了验证发送的 SYN 包情况，通过抓包进行查看，如图 6.31 所示。其中，第 1 个数据包的源 IP 地址为 192.168.59.131，目标 IP 地址为 192.168.59.135，源端口为随机端口 56980，目标端口为要探测的端口 5352。在 Info 列中可以看到[SYN]，表示该数据包为向目标主机发送的第 1 次握手包。第 2 个数据包的源 IP 地址为 192.168.59.135，目标 IP 地址为 192.168.59.131，源端口为 5352，目标端口为 56980，Info 列中包含[SYN,ACK]，表示该数据包是第 1 个数据包的响应包。这说明目标主机上的 5352 端口是开放的，从而判定目标主机也是开启的。

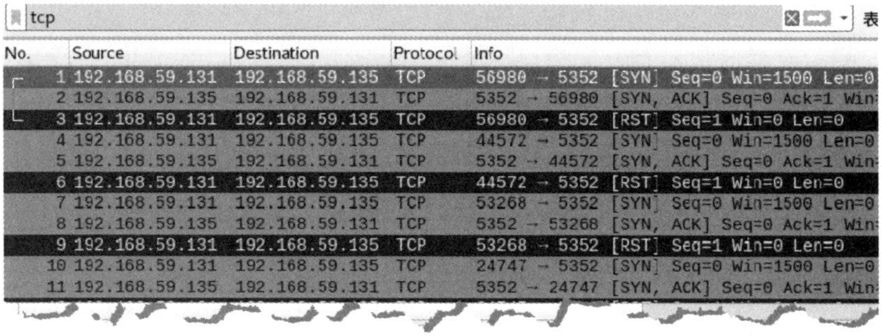

图 6.31　目标端口开放数据包

（4）如果目标主机上的端口不开放，将返回[RST,ACK]包。例如，连接不开放的端口5533，如图 6.32 所示。其中，第 1 个数据包为向目标主机 5533 端口发送的第 1 次握手包，第 2 个数据包为对应的响应包，该包不是[SYN,ACK]包，而是[RST,ACK]包。这表示目标主机端口没有进行回复，目标端口 5533 没有启用。

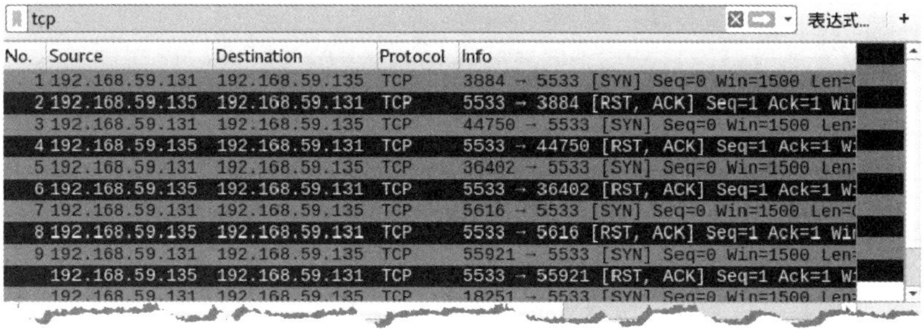

图 6.32　目标端口不开放数据包

6.6.2　伪造 TCP Ping 包实施扫描

通过构造 TCP Ping 包来判断目标主机是否开启，很容易被发现。为了避免被发现，可以伪造 TCP Ping 包实施扫描。

【实例 6-9】在主机 192.168.59.131 上伪造 TCP Ping 包，尝试访问目标主机的 81 端口。

（1）伪造 IP 地址为 192.168.59.150，MAC 地址为 ab:bc:cd:12:23:34。执行命令如下：

```
root@daxueba:~# netwox 52 -i 192.168.59.135 -p 81 -E ab:bc:cd:12:23:34 -I
192.168.59.150 -e 00:0c:29:ca:e4:66
```

输出信息如下：

```
Ok
Ok
Ok
```

```
Ok
Ok
...                    #省略其他信息
```

（2）通过抓包验证发送的 TCP Ping 包，并查看伪造的地址，如图 6.33 所示。其中，第 1 个数据包为发送的[SYN]包，可以看到源 IP 地址为 192.168.59.150（伪造的），目标 IP 地址为 192.168.59.135。在 Ethernet II 部分中可以看到源 MAC 地址为 ab:bc:cd:12:23:34（伪造的）。第 2 个数据包为对应的响应包[SYN,ACK]，表示目标端口 81 开放。

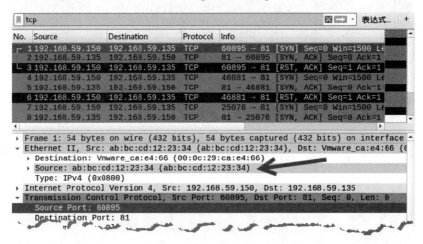

图 6.33　伪造的数据包

6.7　TCP 协议应用——扫描 TCP 端口

在 TCP 协议中，计算机与计算机之间的通信都是通过端口识别进行传输的。不同的应用程序使用的端口也不同。通过判断开放的端口，可以了解目标主机运行哪些程序。通过构造 TCP Ping 包实施扫描可以判断端口是否开放，但它一次只能判断一个端口。下面将讲解如何批量扫描端口，以判断端口的开放情况。

6.7.1　构造 TCP 端口扫描包

TCP 端口扫描也是构造的是 TCP 连接中的第 1 次握手包[SYN]包。如果端口开放，将返回第二次握手包[SYN,ACK]；如果端口未开放，将返回[RST,ACK]包。用户可以借助 netwox 工具中编号为 67 的模块构造 TCP 端口扫描包。

【实例 6-10】在主机 192.168.59.133 上进行实施 TCP 端口扫描，探测目标主机 192.168.59.156 的端口开放情况。

（1）判断端口 20～25 的开放情况，执行命令如下：

```
root@daxueba:~# netwox 67 -i 192.168.59.156 -p 20-25
```

输出信息如下：

```
192.168.59.156 - 20 : closed
192.168.59.156 - 21 : closed
192.168.59.156 - 22 : closed
192.168.59.156 - 23 : closed
192.168.59.156 - 24 : closed
192.168.59.156 - 25 : closed
```

上述输出信息显示对端口 20～25 进行了扫描，closed 表示这些端口都是关闭状态。

（2）通过抓包，可以捕获扫描发送的 TCP SYN 请求包和返回的 TCP RST-ACK 包，如图 6.34 所示。这里，捕获到 12 个数据包。其中，第 1～3 个和第 5～7 个包分别为向端口 20～25 发送的 SYN 请求包。其中，源 IP 地址为 192.168.59.133（实施主机地址）。由于这些端口关闭，每个请求都返回了 RST-ACK 响应包。其中，第 4 个和第 8～12 个包为返回的响应包，表示端口未开放。

图 6.34　捕获端口关闭数据包

（3）判断端口 81 的开放情况，执行命令如下：

```
root@daxueba:~# netwox 67 -i 192.168.59.156 -p 81
```

输出信息如下：

```
192.168.59.156 - 81 : open
```

上述输出信息表示端口 81 是开放的。

（4）此时捕获到的数据包，将返回的是 SYN-ACK 包，如图 6.35 所示。其中，第 5 个数据包为发送的 SYN 请求包；第 6 个数据包为返回的 SYN-ACK 包，表示端口 81 是开放的。

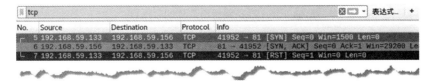

图 6.35　捕获端口开放数据包

6.7.2　伪造 TCP 扫描包

直接基于本机构造 TCP 端口扫描包，很容易被发现。为了避免被发现，可以伪造 TCP 包实施扫描，如伪造 IP 地址和 MAC 地址。

【实例 6-11】在主机 192.168.59.133 上构造 TCP 扫描包，探测目标主机 192.168.59.156 的端口开放情况。

（1）伪造 IP 地址为 192.168.59.136，MAC 地址为 11:22:33:44:55:66，判断端口 20～25 的开放情况，执行命令如下：

```
root@daxueba:~# netwox 68 -i 192.168.59.156 -p 20-25 -E 11:22:33:44:55:66
-I 192.168.59.136
```

输出信息如下：

```
192.168.59.156 - 20 : closed
192.168.59.156 - 21 : closed
192.168.59.156 - 22 : closed
192.168.59.156 - 23 : closed
192.168.59.156 - 24 : closed
192.168.59.156 - 25 : closed
```

（2）当目标主机捕获到数据包时，发现的地址是虚假的地址，如图 6.36 所示。图中请求数据包的 IP 地址都为 192.168.59.136（伪造的 IP 地址），MAC 地址为 11:22:33:44:55:66（伪造的 MAC 地址）。

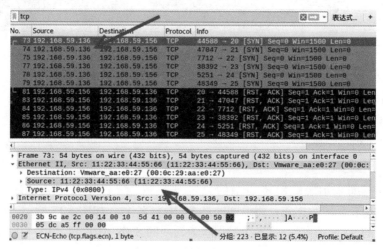

图 6.36　捕获到伪造地址的数据包

6.7.3　防御扫描

为了防御攻击者对主机端口的扫描，可以干扰攻击者的判断。例如，当扫描未开放的端口时，也返回[SYN,ACK]包，使攻击者认为该端口是开放的。防御扫描干扰需要使用 netwox 工具中编号为 79 的模块。

【实例 6-12】已知主机 A 的 IP 地址为 192.168.59.135，主机 B 的 IP 地址为 192.168.59. 131。在主机 192.168.59.135 上实施防御扫描。

（1）查看主机 A 当前监听的端口，执行命令如下：

```
root@daxueba:~# netstat -l
```

输出信息如下：

```
Active Internet connections (only servers)
Proto    Recv-Q  Send-Q  Local Address      Foreign Address      State
tcp      0       0       0.0.0.0:5227       0.0.0.0:*            LISTEN
tcp      0       0       0.0.0.0:5228       0.0.0.0:*            LISTEN
tcp      0       0       0.0.0.0:5229       0.0.0.0:*            LISTEN
udp      19584   0       0.0.0.0:bootpc     0.0.0.0:*
raw6     0       0       [::]:ipv6-icmp     [::]:*               7
Active UNIX domain sockets (only servers)
```

上述输出信息表示主机 A 当前开启了端口 5227、5228、5229 这 3 个端口。

（2）干扰主机 B，使主机 B 认为除了上述 3 个端口以外，其他端口都是开放状态，执行命令如下：

```
root@daxueba:~# netwox 79 -i 192.168.59.135 -p 1-5226,5230-65535
```

执行命令后没有任何输出信息，但是会对命令中指定的端口都进行响应，返回 [SYN,ACK]包。

（3）目标主机 B 对主机 A 进行扫描，例如，对端口 21、25、53、80、443 进行扫描，执行命令如下：

```
root@daxueba:~# netwox 67 -i 192.168.59.135 -p 21,25,53,80,443
```

输出信息如下：

```
192.168.59.135 - 21 : open
192.168.59.135 - 25 : open
192.168.59.135 - 53 : open
192.168.59.135 - 80 : open
192.168.59.135 - 443 : open
```

以上输出信息表示目标主机 A 的 21、25、53、80、443 端口都是开放状态，而实际并没有开放。

（4）通过抓包，查看捕获的数据包，如图 6.37 所示。从图中可以看到，主机 B 对主机 A 的 21、25、53、80、443 端口依次发送了 TCP [SYN]包，并且都得到了对应的[SYN,ACK]响应包，表示这些端口是开放的。

注意：通常，目标主机上都有自己的内核防火墙。当攻击主机对目标主机端口扫描时，内核防火墙也会向攻击主机回复响应包。这时，不仅 netwox 工具会发出响应包，内核防火墙也会进行回复，导致发送响应包[SYN,ACK]和[RST]。例如，上述对端口 21、25、53、80、443 进行扫描，将会得到的响应包，如图 6.38 所示。图中第 13～17 个数据包，分别是端口 21、25、53、80、443 给出的[SYN,ACK]响应包，第 18～22 个数据包，分别是端口 21、25、53、80、443 给出的[RST]响应包。

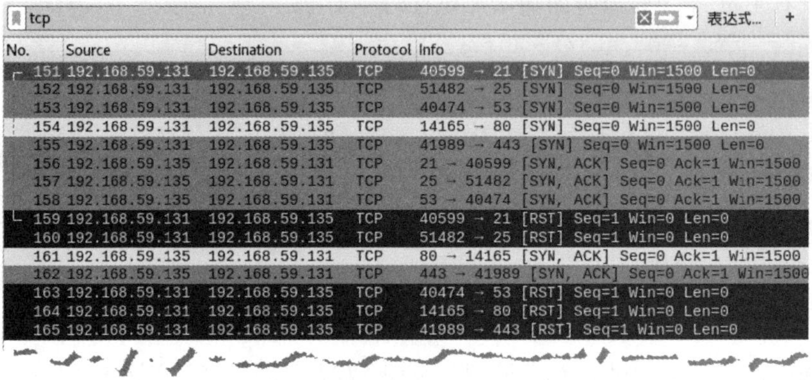

图 6.37　成功进行了干扰

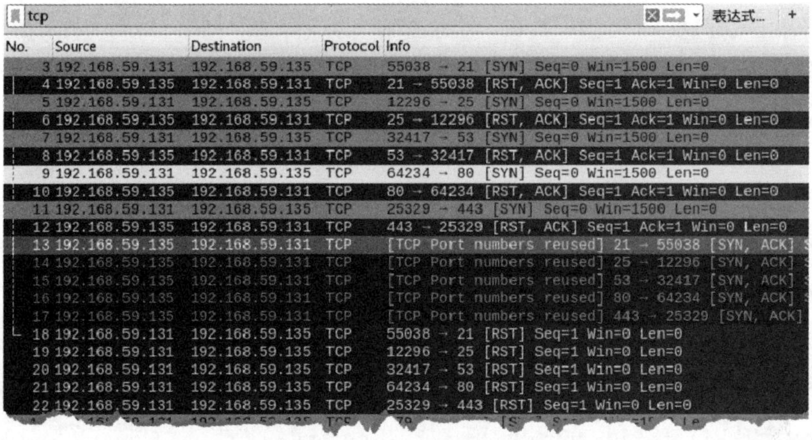

图 6.38　内核防火墙的响应包

为了能够使 netwox 工具起到干扰作用，需要在目标主机上内核防火墙中进行配置，丢弃接收的数据包，执行命令如下：

```
root@daxueba:~# iptables -P INPUT DROP
```

如果继续接收进入的数据包，执行命令如下：

```
root@daxueba:~# iptables -P INPUT ACCEPT
```

6.8 TCP 协议应用——探测防火墙

为了安全，主机通常会安装防火墙。防火墙设置的规则可以限制其他主机连接。例如，在防火墙规则中可以设置 IP 地址，允许或阻止该 IP 地址主机对本机的连接；还可以设置监听端口，允许或阻止其他主机连接到本地监听的端口。

为了清楚地了解目标主机上是否安装防火墙，以及设置了哪些限制，netwox 工具提供了编号为 76 的模块来实现。它通过发送大量的 TCP [SYN]包，对目标主机进行防火墙探测，并指定端口通过得到的响应包进行判断。

- 如果目标主机的防火墙处于关闭状态，并且指定的端口没有被监听，将返回[RST,ACK]包。
- 如果目标主机上启用了防火墙，在规则中设置了端口，阻止其他主机连接该端口，那么在探测时将不会返回响应信息。如果设置为允许其他主机连接该端口，将返回[SYN,ACK]包。
- 如果在规则中设置了 IP 地址，并允许该 IP 地址的主机进行连接，探测时返回[SYN,ACK]包；当阻止该 IP 地址的主机进行连接，探测时将不会返回数据包。

由于它可以发送大量的 TCP [SYN]包，用户还可以利用该模块实施洪水攻击，耗尽目标主机资源。

【实例 6-13】在主机 192.168.59.131 上对目标主机 192.168.59.133 进行防火墙探测。

（1）向目标主机端口 2355 发送 TCP [SYN]包，探测是否有防火墙。执行命令如下：

```
root@daxueba:~# netwox 76 -i 192.168.59.133 -p 2355
```

执行命令后没有任何输出信息，但是会不断地向目标主机发送 TCP [SYN]包。

（2）为了验证发送探测包情况，可以通过 Wireshark 抓包进行查看，如图 6.39 所示。其中，一部分数据包目标 IP 地址都为 192.168.59.133，源 IP 地址为随机的 IP 地址，源端口为随机端口，目标端口为 2355。这些数据包是探测防火墙时发送的 TCP [SYN]数据包。另一部分数据包源 IP 地址为 192.168.59.133，目标 IP 地址为随机的 IP 地址，源端口为 2355，目标端口为随机端口。这些数据包为对应的响应包。这里的响应包为[RST,ACK]包，表示目标主机的防火墙没有开启，并且目标主机没有监听 2355 端口。

（3）目标主机没有开启防火墙时，如果监听了端口（如监听了 49213 端口），将会得到[SYN,ACK]响应包，如图 6.40 所示。其中，一部分数据包的源 IP 地址为 192.168.59.133，目标 IP 地址为随机的 IP 地址，源端口为 49213，目标端口为随机端口。这些数据包为对应的响应包。这里的响应包为第 2 次握手包，表示目标主机监听了 49213 端口。

No.	Source	Destination	Protocol	Info
134	139.158.231.86	192.168.59.133	TCP	1137 → 2355 [SYN] Seq=0 Win=1500 Len=0
135	58.20.152.119	192.168.59.133	TCP	35685 → 2355 [SYN] Seq=0 Win=1500 Len=0
136	122.101.57.34	192.168.59.133	TCP	38506 → 2355 [SYN] Seq=0 Win=1500 Len=0
137	151.180.99.151	192.168.59.133	TCP	34238 → 2355 [SYN] Seq=0 Win=1500 Len=0
138	91.72.203.213	192.168.59.133	TCP	11757 → 2355 [SYN] Seq=0 Win=1500 Len=0
139	201.97.244.171	192.168.59.133	TCP	11306 → 2355 [SYN] Seq=0 Win=1500 Len=0
140	86.175.241.241	192.168.59.133	TCP	31957 → 2355 [SYN] Seq=0 Win=1500 Len=0
141	246.137.133.200	192.168.59.133	TCP	38391 → 2355 [SYN] Seq=0 Win=1500 Len=0
142	203.69.207.132	192.168.59.133	TCP	53715 → 2355 [SYN] Seq=0 Win=1500 Len=0
145	192.168.59.133	62.90.134.28	TCP	2355 → 61073 [RST, ACK] Seq=1 Ack=1 Win=0 Len=0
146	192.168.59.133	56.73.83.97	TCP	2355 → 44906 [RST, ACK] Seq=1 Ack=1 Win=0 Len=0
147	192.168.59.133	4.95.150.230	TCP	2355 → 57932 [RST, ACK] Seq=1 Ack=1 Win=0 Len=0
148	192.168.59.133	71.44.225.179	TCP	2355 → 32441 [RST, ACK] Seq=1 Ack=1 Win=0 Len=0
149	217.188.162.124	192.168.59.133	TCP	25604 → 2355 [SYN] Seq=0 Win=1500 Len=0
150	192.168.59.133	139.244.74.173	TCP	2355 → 18824 [RST, ACK] Seq=1 Ack=1 Win=0 Len=0
151	192.168.59.133	10.41.138.170	TCP	2355 → 28796 [RST, ACK] Seq=1 Ack=1 Win=0 Len=0
152	201.24.242.101	192.168.59.133	TCP	65434 → 2355 [SYN] Seq=0 Win=1500 Len=0
153	192.168.59.133	186.251.232.28	TCP	2355 → 21065 [RST, ACK] Seq=1 Ack=1 Win=0 Len=0
154	142.185.140.207	192.168.59.133	TCP	52189 → 2355 [SYN] Seq=0 Win=1500 Len=0
155	66.235.204.106	192.168.59.133	TCP	55762 → 2355 [SYN] Seq=0 Win=1500 Len=0
156	192.168.59.133	14.56.119.198	TCP	2355 → 8819 [RST, ACK] Seq=1 Ack=1 Win=0 Len=0
157	192.168.59.133	162.55.170.160	TCP	2355 → 51575 [RST, ACK] Seq=1 Ack=1 Win=0 Len=0

图 6.39　捕获的数据包

No.	Source	Destination	Protocol	Info
77	114.65.165.100	192.168.59.133	TCP	48497 → 49213 [SYN] Seq=0 Win=1500 Len=0
78	192.168.59.133	146.74.09.68	TCP	49213 → 16500 [SYN, ACK] Seq=0 Ack=1 Win=8
79	136.166.136.229	192.168.59.133	TCP	34742 → 49213 [SYN] Seq=0 Win=1500 Len=0
80	192.168.59.133	45.27.163.175	TCP	49213 → 45259 [SYN, ACK] Seq=0 Ack=1 Win=8
81	197.218.200.48	192.168.59.133	TCP	10759 → 49213 [SYN] Seq=0 Win=1500 Len=0
82	192.168.59.133	2.22.198.132	TCP	49213 → 28984 [SYN, ACK] Seq=0 Ack=1 Win=8
83	115.106.180.101	192.168.59.133	TCP	35079 → 49213 [SYN] Seq=0 Win=1500 Len=0
84	192.168.59.133	119.251.196.192	TCP	49213 → 61729 [SYN, ACK] Seq=0 Ack=1 Win=8
85	208.55.2.209	192.168.59.133	TCP	8114 → 49213 [SYN] Seq=0 Win=1500 Len=0
86	136.85.30.18	192.168.59.133	TCP	50256 → 49213 [SYN] Seq=0 Win=1500 Len=0
87	192.168.59.133	157.49.56.197	TCP	49213 → 55787 [SYN, ACK] Seq=0 Ack=1 Win=8
88	95.104.14.176	192.168.59.133	TCP	20230 → 49213 [SYN] Seq=0 Win=1500 Len=0
89	192.168.59.133	55.28.215.102	TCP	49213 → 60537 [SYN, ACK] Seq=0 Ack=1 Win=8
90	243.218.113.107	192.168.59.133	TCP	36663 → 49213 [SYN] Seq=0 Win=1500 Len=0
91	192.168.59.133	205.129.82.16	TCP	49213 → 33287 [SYN, ACK] Seq=0 Ack=1 Win=8
92	112.104.209.165	192.168.59.133	TCP	19235 → 49213 [SYN] Seq=0 Win=1500 Len=0
93	225.227.231.137	192.168.59.133	TCP	21445 → 49213 [SYN] Seq=0 Win=1500 Len=0
94	192.168.59.133	114.65.165.100	TCP	49213 → 48497 [SYN, ACK] Seq=0 Ack=1 Win=8
95	206.27.129.6	192.168.59.133	TCP	52495 → 49213 [SYN] Seq=0 Win=1500 Len=0

图 6.40　监听端口数据包

（4）当目标主机上开启了防火墙，再进行探测时，如果目标主机监听了端口，并且在防火墙规则中允许连接到该端口，那么将会收到[SYN,ACK]响应包。如果不允许连接到该端口，那么将不会返回任何响应数据包。例如，防火墙规则中不允许连接 49213 端口，那么在探测时，将只有 TCP [SYN]包，如图 6.41 所示。其中，所有的数据包目标 IP 地址都为 192.168.59.133，源 IP 地址为随机的 IP 地址，源端口为随机端口，目标端口为 49213。这些数据包就是探测时发送的 TCP [SYN]包。

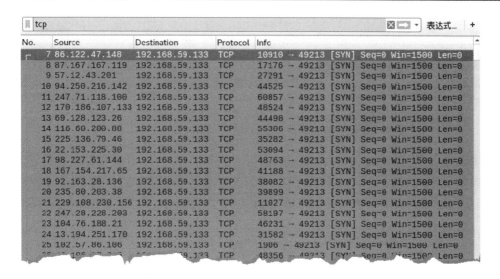

图 6.41　TCP [SYN]包

（5）目标主机的防火墙规则可能限制了特定 IP 地址的主机进行连接。那么，在进行探测时，其他 IP 地址的 TCP [SYN]包会得到对应的[SYN,ACK]响应包，被限制的 IP 地址主机将不会收到响应包。捕获到的探测数据包，如图 6.42 所示。其中，伪造了大量的 IP 地址向目标主机发送的 TCP [SYN]包。例如，第 45 个数据包为伪造主机 19.182.220.102 向目标主机 192.168.59.133 发送的探测包。第 53 个数据包为伪造主机 223.145.224.217 向目标主机 192.168.59.133 发送的探测包。

No.	Source	Destination	Protocol	Info
44	149.87.112.249	192.168.59.133	TCP	28405 → 49213 [SYN] Seq=0 Win=1500 Len=0
45	19.182.220.102	192.168.59.133	TCP	40712 → 49213 [SYN] Seq=0 Win=1500 Len=0
46	200.253.20.218	192.168.59.133	TCP	14306 → 49213 [SYN] Seq=0 Win=1500 Len=0
47	152.32.73.105	192.168.59.133	TCP	42372 → 49213 [SYN] Seq=0 Win=1500 Len=0
48	26.161.244.96	192.168.59.133	TCP	38061 → 49213 [SYN] Seq=0 Win=1500 Len=0
49	140.22.99.88	192.168.59.133	TCP	7234 → 49213 [SYN] Seq=0 Win=1500 Len=0
50	58.253.210.23	192.168.59.133	TCP	36461 → 49213 [SYN] Seq=0 Win=1500 Len=0
51	44.177.237.84	192.168.59.133	TCP	4864 → 49213 [SYN] Seq=0 Win=1500 Len=0
52	149.245.86.154	192.168.59.133	TCP	14996 → 49213 [SYN] Seq=0 Win=1500 Len=0
53	223.145.224.217	192.168.59.133	TCP	46222 → 49213 [SYN] Seq=0 Win=1500 Len=0
54	201.91.225.117	192.168.59.133	TCP	19242 → 49213 [SYN] Seq=0 Win=1500 Len=0
55	96.54.131.219	192.168.59.133	TCP	48567 → 49213 [SYN] Seq=0 Win=1500 Len=0
56	171.62.241.1	192.168.59.133	TCP	12339 → 49213 [SYN] Seq=0 Win=1500 Len=0
57	187.9.113.43	192.168.59.133	TCP	20965 → 49213 [SYN] Seq=0 Win=1500 Len=0
58	90.86.15.227	192.168.59.133	TCP	25777 → 49213 [SYN] Seq=0 Win=1500 Len=0
59	188.253.144.199	192.168.59.133	TCP	48548 → 49213 [SYN] Seq=0 Win=1500 Len=0
60	187.157.130.152	192.168.59.133	TCP	17236 → 49213 [SYN] Seq=0 Win=1500 Len=0

图 6.42　探测包

（6）通过显示过滤器，过滤主机 19.182.220.102 的数据包，如图 6.43 所示。图中第 45 个数据包为发送的探测包，第 283 个数据包为对应的响应包[SYN,ACK]。这说明目标主机防火墙规则中没有限制主机 19.182.220.102 的连接。

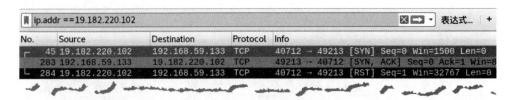

图 6.43　未被限制连接

（7）过滤主机 223.145.224.217 的数据包，如图 6.44 所示。该数据包为进行探测发送的[SYN]包，主机 IP 地址为 223.145.224.217，但是该数据包没有对应的响应包。这说明目标主机防火墙规则中限制了主机 223.145.224.217 的连接。

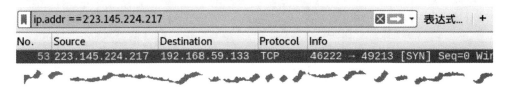

图 6.44　被限制连接

（8）对目标主机实施洪水攻击，在攻击之前，在目标主机上查看所有端口的相关状态信息，如图 6.45 所示。其中，192.168.59.133:49213 表示主机 192.168.59.133 开启了 49213 端口。状态列中的 LISTENING 表示该端口处于监听状态。

图 6.45　端口状态信息

（9）对目标主机进行洪水攻击，执行命令如下：

```
root@daxueba:~# netwox 76 -i 192.168.59.133 -p 49213
```

（10）再次在目标主机上查看所有端口的相关状态信息，如图 6.46 所示。图中显示了大量的地址 192.168.59.133:49213，表示有大量的主机连接了主机的 49213 端口。其中，1.11.56.194:49356 表示，主机 1.11.56.194 的 49356 端口连接了主机 192.168.59.133 的 49213 端口。

```
C:\Users\Administrator>netstat -a

活动连接

  协议   本地地址              外部地址          状态
  TCP    0.0.0.0:135          WIN-RKPKQFBLG6C:0    LISTENING
  TCP    0.0.0.0:445          WIN-RKPKQFBLG6C:0    LISTENING
  TCP                         WIN-RKPKQFBLG6C:0    LI

  TCP    0.0.0.0:49156        WIN-RKPKQFBLG6C:0    LISTENING
  TCP    0.0.0.0:49250        WIN-RKPKQFBLG6C:0    LISTENING
  TCP    127.0.0.1:49213      WIN-RKPKQFBLG6C:0    LISTENING
  TCP    192.168.59.133:139   WIN-RKPKQFBLG6C:0    LISTENING
  TCP    192.168.59.133:49213 WIN-RKPKQFBLG6C:0    LISTENING
  TCP    192.168.59.133:49213 1.0.15.36:11129         SYN_RECEIVED
  TCP    192.168.59.133:49213 1.5.255.206:61307       SYN_RECEIVED
  TCP    192.168.59.133:49213 1.7.205.23:19531        SYN_RECEIVED
  TCP    192.168.59.133:49213 1.11.56.194:49356       SYN_RECEIVED
  TCP    192.168.59.133:49213 1.17.229.199:32921      SYN_RECEIVED
  TCP    192.168.59.133:49213 1.19.33.128:39613       SYN_RECEIVED
  TCP    192.168.59.133:49213 1.19.96.49:6949         SYN_RECEIVED
  TCP    192.168.59.133:49213 1.29.21.143:58598       SYN_RECEIVED
  TCP    192.168.59.133:49213 1.30.138.159:39113      SYN_RECEIVED
  TCP    192.168.59.133:49213 1.59.133.189:53750      SYN_RECEIVED
  TCP    192.168.59.133:49213 1.60.220.23:5344        SYN_RECEIVED
  TCP    192.168.59.133:49213 1.62.26.140:54299       SYN_RECEIVED
  TCP    192.168.59.133:49213 mo1-73-181-100:49281    SYN_RECEIVED
  TCP    192.168.59.133:49213 1.86.181.223:20935      SYN_RECEIVED
  TCP    192.168.59.133:49213 1.103.253.206:48561     SYN_RECEIVED
  TCP    192.168.59.133:49213 1.107.94.210:15657      SYN_RECEIVED
  TCP    192.168.59.133:49213 1.108.97.91:38809       SYN_RECEIVED
  TCP    192.168.59.133:49213 1.109.80.81:64864       SYN_RECEIVED
  TCP    192.168.59.133:49213 1.110.207.25:9545       SYN_RECEIVED
  TCP    192.168.59.133:49213 em1-115-42-237:9031     SYN_RECEIVED
  TCP    192.168.59.133:49213 cpe-1-121-208-125:55307 SYN_RECEIVED
  TCP    192.168.59.133:49213 1.125.34.11:25369       SYN_RECEIVED
```

图 6.46　被攻击后的端口状态信息

（11）由于目标主机上监听了 49213 端口，捕获到对应的响应包[SYN,ACK]，如图 6.47 所示。

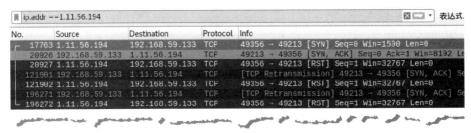

图 6.47　实施洪水攻击的数据包

6.9 TCP 协议应用——跟踪路由

当目标主机禁止 ping 时，就无法通过 ICMP 请求包进行路由跟踪。这时可以借助 TCP 协议实施跟踪。用户可以使用 netwox 工具提供的相关模块发送 TCP 包，与目标主机连接，然后通过返回的响应来判断经过的路由信息。

6.9.1 构造 TCP 包进行路由跟踪

通过 TCP 包进行路由跟踪实际上也是构造一个[SYN]包，向目标主机进行发送，通过控制 TTL 值，从而获取路由信息。例如，向目标主机发送[SYN]包后，到达经过的路由器时，TTL 值已经变为 0，但还没有到达目标主机，则该路由器将返回表示超时消息的 ICMP 数据包。如果到达目标主机，将返回 TCP [SYN,ACK]响应包。

【实例 6-14】在主机 192.168.12.106 上构造 TCP 包，对目标主机 125.39.52.26 进行路由跟踪，判断到达目标主机都经过哪些路由。

（1）构造 TCP 包进行路由跟踪，执行命令如下：

```
root@kali:~# netwox 59 -i 125.39.52.26
```

输出信息如下：

```
1 : 192.168.12.1
2 : 192.168.0.1
3 : 183.185.164.1
4 : 218.26.28.157
5 : 218.26.29.201
6 : 219.158.15.214
8 : 125.39.79.158
14 : 125.39.52.26
```

以上输出信息显示了经过的所有路由器的 IP 地址信息。例如，经过的第一个路由器地址为 192.168.12.1。

（2）为了验证成功构造了 TCP 包，并得到了每个路由器的响应信息，可以进行捕获数据包来查看，如图 6.48 所示。

从图 6.48 可知：

- 第 4 个数据包源 IP 地址为 192.168.12.106，目标 IP 地址为 125.39.52.26，是实施主机向目标主机发送的 TCP [SYN]包；
- 第 5 个数据包源 IP 地址为 192.168.12.1，目标 IP 地址为 192.168.12.106，该数据包是经过的第 1 个网关返回的超时消息的 ICMP 数据包，表示还没有达到目标主机 125.39.52.26；

- 第 6 个数据包为实施主机 192.168.12.106 继续向目标主机 125.39.52.26 发送的 TCP [SYN]包；
- 第 7 个数据包为经过的第 2 个网关返回的超时消息的 ICMP 数据包。

以此类推，第 30 个数据包为向目标主机 125.39.52.26 发送的 TCP [SYN]包，第 31 个数据包为目标主机 125.39.52.26 返回的 TCP [SYN,ACK]包。

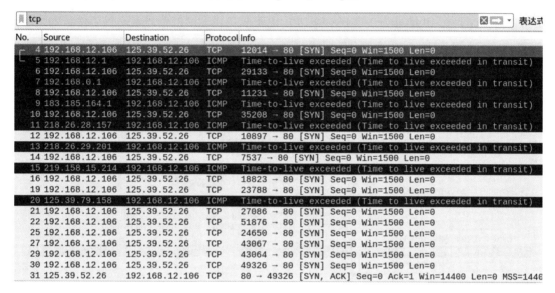

图 6.48　捕获的数据包

6.9.2　伪造 TCP 包进行路由跟踪

使用本机进行路由跟踪，很容易被发现。为了避免被发现，用户可以伪造 TCP 包进行路由跟踪，如伪造 IP 地址和 MAC 地址。

【实例 6-15】已知目标主机 IP 地址为 125.39.52.26，MAC 地址为 ec:17:2f:46:70:ba。在主机 192.168.12.106 上伪造 TCP 包进行路由跟踪。

（1）伪造源 IP 地址为 192.168.12.140，MAC 地址为 aa:bb:cc:dd:11:22，执行命令如下：

```
root@kali:~# netwox 60 -i 125.39.52.26 -E aa:bb:cc:dd:11:22 -I 192.168.
v12.140 -e ec:17:2f:46:70:ba
```

输出信息如下：

```
1 : 192.168.12.1
2 : 192.168.0.1
3 : 183.185.164.1
4 : 218.26.28.157
5 : 218.26.29.201
6 : 219.158.15.214
```

```
8 : 125.39.79.166
14 : 125.39.52.26
```

（2）通过抓包，验证成功伪造 TCP [SYN]进行路由跟踪数据包，如图 6.49 所示。其中，第 30 个数据包的源 IP 地址为 192.168.12.140（伪造的），目标 IP 地址为 125.39.52.26；在 Ethernet II 部分中，源 MAC 地址为 aa:bb:cc:dd:11:22（伪造的）。第 31 个数据包为对应的响应包，目标 IP 地址为 192.168.12.140，说明成功将返回的信息发送给了伪造的地址。

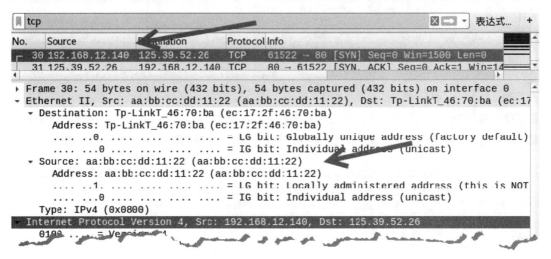

图 6.49　伪造 TCP [SYN]

6.10　TCP 协议应用——检测网络性能

TCP 协议通过滑动窗口方式，可以充分利用网络性能传输数据。所以，利用 TCP 传输机制，可以检测网络性能。netwox 工具提供了相关模块来实现该功能，可以使用编号为 155 的模块建立 TCP 服务器，使用编号为 156 的模块建立 TCP 客户端。然后，使用 TCP 客户端连接 TCP 服务器端，测试网络性能。

【实例 6-16】已知主机 A 的 IP 地址为 192.168.59.135，主机 B 的 IP 地址为 192.168.59.131。使用这两个主机进行网络性能检测。具体步骤如下：

（1）将主机 A 设置为 TCP 服务器端，监听的端口为 5228，执行命令如下：

```
root@daxueba:~# netwox 155 -P 5228
```

执行命令后没有任何输出信息。

（2）将主机 B 设置为 TCP 客户端，并连接 TCP 服务器端，执行命令如下：

```
root@daxueba:~# netwox 156 -p 5228 -i 192.168.59.135
```

输出信息如下：

```
37226820 Bytes/sec [=~=  333636 kbit/sec]    jitter=    1420 usec
21462698 Bytes/sec [=~=  192354 kbit/sec]    jitter=   12990 usec
46895528 Bytes/sec [=~=  420290 kbit/sec]    jitter=   14478 usec
33407776 Bytes/sec [=~=  299409 kbit/sec]    jitter=    2011 usec
23745772 Bytes/sec [=~=  212815 kbit/sec]    jitter=     547 usec
```

以上输出信息显示了每秒传输位数和 TCP 的抖动（jitter）。

（3）为了验证测试过程，通过抓包查看，如图 6.50 所示。其中，第 5～7 个数据包为3 次握手包。

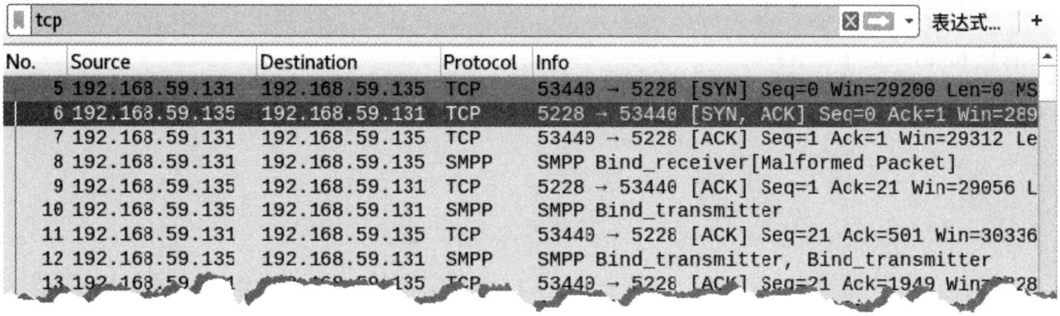

图 6.50　3 次握手

6.11　TCP 协议应用——干扰连接

TCP 协议通过 3 次握手和 4 次挥手建立和断开连接。利用握手和挥手机制，也可以干扰正常的 TCP 数据传输。本节将详细讲解如何干扰 TCP 数据传输。

6.11.1　重置会话

正常情况下，客户端与服务器端不再通信时，需要通过四次挥手断开连接。利用该机制，用户可以手动发送 TCP 重置包，断开客户端与服务器之间的连接，干扰正常的数据传输。重置会话可以使用 netwox 工具提供的编号为 78 的模块。

【实例 6-17】已知主机 A 的 IP 地址为 192.168.59.156，主机 B 的 IP 地址为 192.168.59.135，主机 C 的 IP 地址为 192.168.59.133。使用 netwox 工具重置 TCP 会话。具体步骤如下：

（1）在主机 A 上建立 TCP 服务器端，并发送消息 ni hao，如下：

```
root@daxueba:~# netwox 89 -P 80
ni hao
```

（2）在主机 B 上建立 TCP 客户端，并回复消息 hao，如下：

```
root@daxueba:~# netwox 87 -i 192.168.59.156 -p 80
ni hao
hao
```

从以上输出信息可以看到 TCP 客户端与服务器端的会话消息。

（3）在主机 C 上使用 netwox 重置 TCP 会话，指定服务器端 IP 地址，执行命令如下：

```
root@daxueba:~# netwox 78 -i 192.168.59.156
```

执行命令后没有任何输出信息。

（4）当在 TCP 服务器端再次向 TCP 客户端发送消息时，则 TCP 会话中断。例如，发送消息 hello，如下：

```
root@daxueba:~# netwox 89 -P 80
ni hao
hao
hello
root@daxueba:~#                            #中断 TCP 会话
```

（5）在服务器端进行抓包，将捕获到 TCP 会话中断的相关数据包，如图 6.51 所示。图中第 21 个数据包为 TCP 数据包，在 Info 列中可以看到[TCP ACKed unseen segment]信息，表示该数据包的 TCP 会话不存在，已经重置了。在 Transmission Control Protocol 部分中可以看到 Flags:的值为(RST, ACK)，表示该数据包为重置数据包。

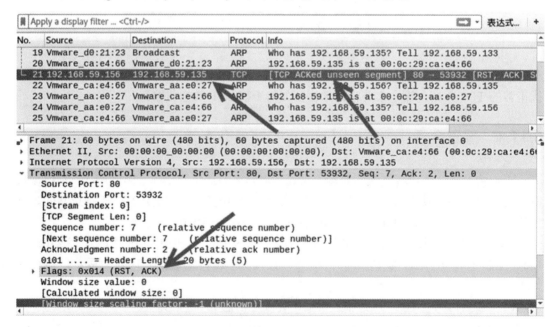

图 6.51　重置 TCP 会话数据包

6.11.2　检查盲注攻击漏洞

发送一个[SYN]请求包，会得到一个包含序列号的[SYN,ACK]响应包。连续发送[SYN]请求包时，会得到一系列的序列号。如果序列号的值是有规律的，那么当请求主机不再发送[SYN]请求包时，攻击者可以利用发现的规律预测到下一个序列号的值。该现象被称为TCP 序列号预测漏洞。

为了判断目标主机上是否存在该漏洞，netwox 工具提供了编号为 77 的模块来实现。它可以向目标主机发送大量的[SYN]请求包。如果目标主机端口处于开放状态，可以得到一系列的序列号值。通过比对这些值是否具有规律性，可以判断是否存在该漏洞。

【实例 6-18】检查目标主机是否存在 TCP 序列号预测漏洞。

（1）对目标主机进行检查，执行命令如下：

```
root@daxueba:~# netwox 77 -i 192.168.59.135 -p 5228
```

输出信息如下：

```
3602706571 [+3602706571]
3603262943 [+556372]
3604137494 [+874551]
3605012444 [+874950]
3605952250 [+939806]
3606839275 [+887025]
3607738492 [+899217]
3608577051 [+838559]
3609516111 [+939060]
3610388602 [+872491]
3611263469 [+874867]
3612140273 [+876804]
...                                    #省略其他信息
```

以上输出信息中，每一行的值表示响应包中序列号（SEQ）的值，如 3603262943 [+556372]。其中，3603262943 为第 2 个响应包[SYN,ACK]中序列号的值，+556372 表示该响应包序列号的值和上一个响应包序列号的差值。根据输出信息可以了解到，每次的差值都是随机的，说明序列号没有规律，证明目标主机不存在盲注攻击漏洞。

（2）为了验证该模块的工作机制，通过抓包进行人工判断，如图 6.52 所示。其中，第 5 个数据包为向目标主机 192.168.59.135 发送的[SYN]请求包，第 6 个数据包为对应的[SYN,ACK]响应包，序列号为 3602706571；第 8 个数据包为第 2 次向目标主机192.168.59.135 发送的[SYN]请求包，第 9 个数据包为对应的[SYN,ACK]响应包，序列号为3603262943。以此类推，可以看到[SYN,ACK]响应包中的序列号是随机的。

（3）如果目标主机上的端口没有开放，将返回如下信息：

```
No answer for this SYN (try to increase max-wait)
No answer for this SYN (try to increase max-wait)
No answer for this SYN (try to increase max-wait)
No answer for this SYN (try to increase max-wait)
No answer for this SYN (try to increase max-wait)
```

No.	Source	Destination	Protoco	Info
5	192.168.59.131	192.168.59.135	TCP	54055 → 5228 [SYN] Seq=1979139727 Win=1500 Len=0
6	192.168.59.135	192.168.59.131	TCP	5228 → 54055 [SYN, ACK] Seq=3602706571 Ack=1979139728 Win=29
7	192.168.59.131	192.168.59.135	TCP	54055 → 5228 [RST] Seq=1979139728 Win=0 Len=0
8	192.168.59.131	192.168.59.135	TCP	[TCP Port numbers reused] 54055 → 5228 [SYN] Seq=1979139728
9	192.168.59.135	192.168.59.131	TCP	5228 → 54055 [SYN, ACK] Seq=3603262943 Ack=1979139729 Win=29
10	192.168.59.131	192.168.59.135	TCP	54055 → 5228 [RST] Seq=1979139729 Win=0 Len=0
11	192.168.59.131	192.168.59.135	TCP	[TCP Port numbers reused] 54055 → 5228 [SYN] Seq=1979139729
12	192.168.59.135	192.168.59.131	TCP	5228 → 54055 [SYN, ACK] Seq=3604137494 Ack=1979139730 Win=29
13	192.168.59.131	192.168.59.135	TCP	54055 → 5228 [RST] Seq=1979139730 Win=0 Len=0
14	192.168.59.131	192.168.59.135	TCP	[TCP Port numbers reused] 54055 → 5228 [SYN] Seq=1979139730
15	192.168.59.135	192.168.59.131	TCP	5228 → 54055 [SYN, ACK] Seq=3605012444 Ack=1979139731 Win=29
16	192.168.59.131	192.168.59.135	TCP	54055 → 5228 [RST] Seq=1979139731 Win=0 Len=0
17	192.168.59.131	192.168.59.135	TCP	[TCP Port numbers reused] 54055 → 5228 [SYN] Seq=1979139731
18	192.168.59.135	192.168.59.131	TCP	5228 → 54055 [SYN, ACK] Seq=3605952256 Ack=1979139732 Win=29
19	192.168.59.131	192.168.59.135	TCP	54055 → 5228 [RST] Seq=1979139732 Win=0 Len=0
20	192.168.59.131	192.168.59.135	TCP	[TCP Port numbers reused] 54055 → 5228 [SYN] Seq=1979139732
21	192.168.59.135	192.168.59.131	TCP	5228 → 54055 [SYN, ACK] Seq=3606039275 Ack=1979139733 Win=29
22	192.168.59.131	192.168.59.135	TCP	54055 → 5228 [RST] Seq=1979139733 Win=0 Len=0
23	192.168.59.131	192.168.59.135	TCP	[TCP Port numbers reused] 54055 → 5228 [SYN] Seq=1979139733
24	192.168.59.135	192.168.59.131	TCP	5228 → 54055 [SYN, ACK] Seq=3607738492 Ack=1979139734 Win=29
25	192.168.59.131	192.168.59.135	TCP	54055 → 5228 [RST] Seq=1979139734 Win=0 Len=0
26	192.168.59.131	192.168.59.135	TCP	[TCP Port numbers reused] 54055 → 5228 [SYN] Seq=1979139734
27	192.168.59.131	192.168.59.135	TCP	5228 → 54055 [SYN, ACK] Seq=3608577051 Ack=1979139735 Win=29
28	192.168.59.131	192.168.59.135	TCP	54055 → 5228 [RST] Seq=1979139735 Win=0 Len=0

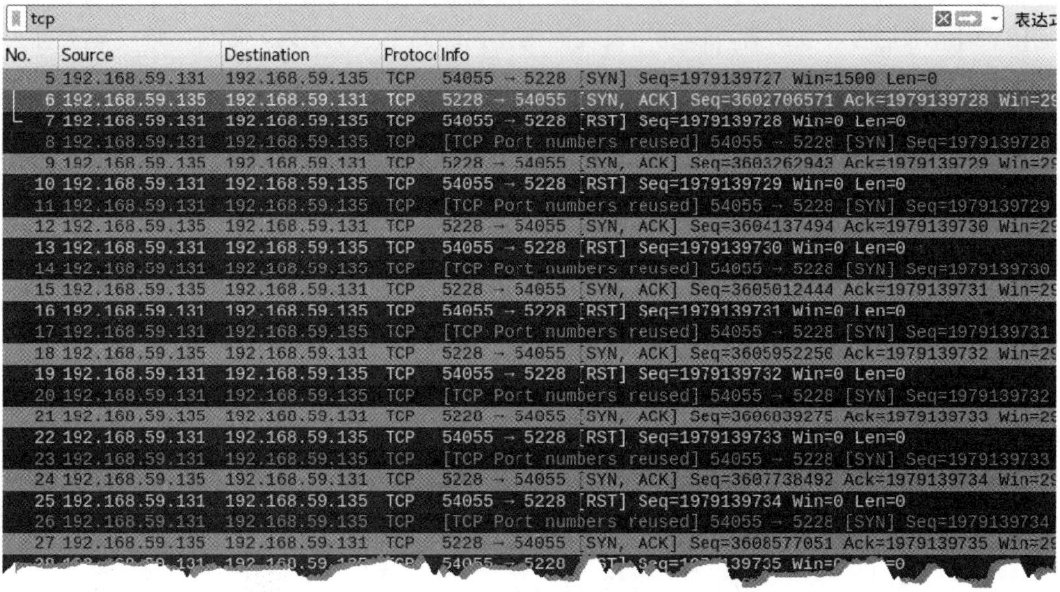

图 6.52 随机序列号的[SYN,ACK]响应包

第 7 章　UDP 协议

用户数据报协议（User Datagram Protocol，UDP）是一种传输层协议。在 TCP/IP 网络中，它与 TCP 协议一样用于处理数据包，是一种无连接的协议。本章将详细讲解 UDP 协议的应用。

7.1　UDP 协议作用

TCP 协议在进行数据传输时，需要建立连接，并且每次传输的数据都需要进行确认。当不再进行传输数据时，还需要断开连接。这样做虽然安全，但是效率较低。而 UDP 协议正好避免了这些过程，它是一种没有复杂控制，提供面向无连接的通信服务协议。UDP 协议具备以下特点：

- 没有各种连接：在传输数据前不需要建立连接，也避免了后续的断开连接。
- 不重新排序：对到达顺序混乱的数据包不进行重新排序。
- 没有确认：发送数据包无须等待对方确认。因此，使用 UDP 协议可以随时发送数据，但无法保证数据能否成功被目标主机接收。

7.2　UDP 数据格式

相比 TCP 协议，UDP 协议的报文结构相对简单。本节将详细讲解 UDP 报文的数据格式。

7.2.1　UDP 报文格式

每个 UDP 报文分为 UDP 报头和 UDP 数据区两部分。报头由 4 个 16 位长（2 字节）字段组成，分别说明该报文的源端口、目的端口、报文长度和校验值。UDP 报文格式如图 7.1 所示。

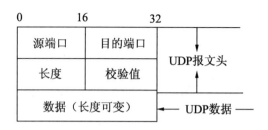

图 7.1 UDP 报文格式

UDP 报文中每个字段的含义如下：

- 源端口：这个字段占据 UDP 报文头的前 16 位，通常包含发送数据报的应用程序所使用的 UDP 端口。接收端的应用程序利用这个字段的值作为发送响应的目的地址。这个字段是可选的，所以发送端的应用程序不一定会把自己的端口号写入该字段中。如果不写入端口号，则把这个字段设置为 0。这样，接收端的应用程序就不能发送响应了。
- 目的端口：接收端计算机上 UDP 软件使用的端口，占据 16 位。
- 长度：该字段占据 16 位，表示 UDP 数据报长度，包含 UDP 报文头和 UDP 数据长度。因为 UDP 报文头长度是 8 个字节，所以这个值最小为 8。
- 校验值：该字段占据 16 位，可以检验数据在传输过程中是否被损坏。

7.2.2 分析 UDP 数据包

客户端与服务器建立连接后进行通信，除了使用 TCP 协议外，还可以使用 UDP 协议。netwox 工具提供了相关模块，用于建立 UDP 服务器和 UDP 客户端，实现基于 UDP 协议的数据交互。

【实例 7-1】已知主机 A 的 IP 地址为 192.168.59.132，主机 B 的 IP 地址为 192.168.59.135。分别在这两个主机上建立 UDP 服务器和客户端，并进行连接，监听指定端口上的通信信息。具体步骤如下：

（1）在主机 A 上建立 UDP 服务器，设置监听端口为 80，执行命令如下：

```
root@daxueba:~# netwox 90 -P 80
```

执行命令后，没有任何输出信息，但是成功建立了 UDP 服务器端。

（2）在主机 B 上建立 UDP 客户端，连接 UDP 服务器端 80 端口，执行命令如下：

```
root@daxueba:~# netwox 88 -i 192.168.59.135 -p 80
```

执行命令后，没有任何输出信息，但是成功连接到了 UDP 服务器端，这里可以输入通信内容。

（3）与 UDP 服务器端进行通信，在客户端输入 hi：

```
root@daxueba:~# netwox 88 -i 192.168.59.135 -p 80
hi
```

（4）在服务端可以看到客户端发来的消息如下：

```
root@daxueba:~# netwox 90 -P 80
hi
```

（5）为了验证发送的消息使用的是 UDP 协议，可以通过抓包进行查看，如图 7.2 所示。从图中第 1 个数据包可以看到，是 UDP 客户端（源 IP 地址为 192.168.59.132）向 UDP 服务器端（目的 IP 地址为 192.168.59.135）发送的 UDP 数据包，使用的源端口为随机端口 47203，目的端口为 80（UDP 服务器端监听的端口）。在 User Datagram Protocol 部分中显示了 UDP 数据包的详细信息。可以看到源端口、目的端口，以及包长度为 11 字节、校验值为 0xf878 等信息。

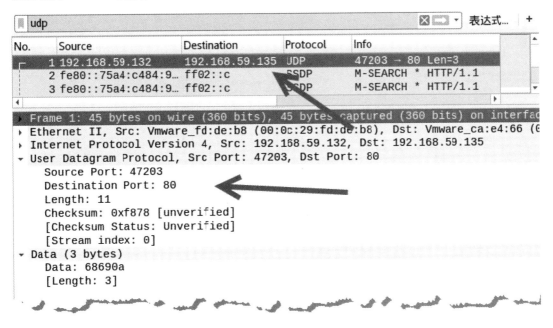

图 7.2　客户端发往服务器端的 UDP 包

（6）当服务器向客户端发送消息时，使用的也是 UDP 协议。例如，在服务器端回复客户端，输入 hello：

```
root@daxueba:~# netwox 90 -P 80
hi
hello
```

（7）通过抓包验证使用的是 UDP 协议，如图 7.3 所示。从第 14 个数据包可以看到，源 IP 地址为 192.168.59.135，目的 IP 地址为 192.168.59.132，源端口为 80，目的端口为随机端口 47203。该数据包正好是 UDP 服务器回复客户端的 UDP 数据包。在 User Datagram Protocol 部分中可以看到详细信息。

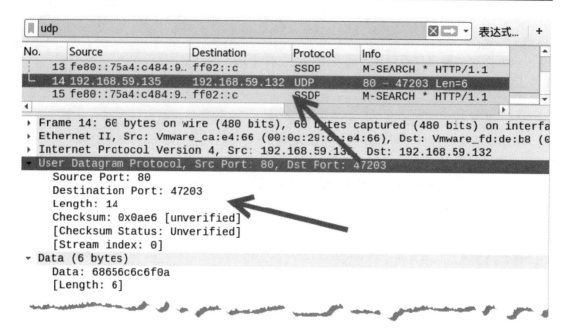

图 7.3　UDP 服务器回复客户端的 UDP 数据包

7.3　构造 UDP 包

7.3.1　基于 IPv4 伪造 UDP 包

在发送 UDP 数据包时，为了避免被发现，可以基于 IPv4 伪造 UDP 包。它可以设置假的 IP 地址和假的端口等。伪造包需要使用 netwox 工具中编号为 39 的模块来实现。

【实例 7-2】基于 IPv4 伪造 UDP 包。

（1）不使用选项，直接运行并查看基于 IPv4 的 UDP 包，执行命令如下：

```
root@daxueba:~# netwox 39
```

输出信息如下：

```
IP_____.
|version|  ihl  |     tos      |              totlen              |
|___4___|___5___|____0x00=0_____|_____0x001C=28_____|
|            id            |r|D|M|       offsetfrag               |
|_____0x5578=21880_____|0|0|0|_____0x0000=0_____|
|    ttl      |   protocol    |           checksum               |
|____0x00=0____|____0x11=17____|_____0x5D1F_____|
```

```
|                             source                              |
|_____192.168.59.132_____|
|                           destination                           |
|_____5.6.7.8_____|
UDP_____
|          source port          |       destination port          |
|_____0x04D2=1234_____|_____0x0050=80_____|
|            length             |           checksum              |
|_____0x0008=8_____|_____0xF281=62081_____|
```

其中，IP 部分为 IPv4 数据报文头信息，可以看到源 IP 地址为 192.168.59.132，该地址为当前主机的 IP 地址。UDP 部分为 UDP 数据报文头信息，在该信息中可以看到每个字段的默认值。

（2）基于 IPv4 伪造 UDP 数据包，伪造源 IP 地址为 192.168.59.160，源端口为 443。向目标主机 192.168.59.135 的 8080 端口发送 UDP 数据包，执行命令如下：

```
root@daxueba:~# netwox 39 -l 192.168.59.160 -m 192.168.59.135 -o 443 -p 8080
```

输出信息如下：

```
IP_____.
|version|  ihl  |      tos      |            totlen            |
|__4____|__5____|____0x00=0_____|_____0x001C=28_____|
|           id            |r|D|M|         offsetfrag           |
|_____0x76A7=30375_____|0|0|0|_____0x0000=0_____|
|    ttl    |  protocol   |             checksum              |
|___0x00=0__|___0x11=17___|_____0x4BB2_____|
|                          source                             |
|_____192.168.59.160_____|
|                        destination                          |
|_____192.168.59.135_____|
UDP_____
|          source port          |       destination port       |
|_____0x01BB=443_____|_____0x1F90=8080_____|
|            length             |          checksum            |
|_____0x0008=8_____|_____0xE61A=58906_____|
```

在 IP 部分中可以看到，源 IP 地址变为了伪造的地址 192.168.59.160。目的 IP 地址为目标主机的地址。在 UDP 部分可以看到，源端口为伪造的端口 443，UDP 数据包的长度为 8，校验值为 0xE61A。

（3）通过抓包验证成功伪造了 UDP 数据包，如图 7.4 所示。从第 6 个数据包可以看到，源 IP 地址为 192.168.59.160，目的 IP 地址为 192.168.59.135，源端口为 443，目的端口为 8080。该数据包正是伪造的 UDP 数据包，在 User Datagram Protocol 部分中可以看到 UDP 数据报头字段信息，如长度为 8、校验值为 0xe61a 等。

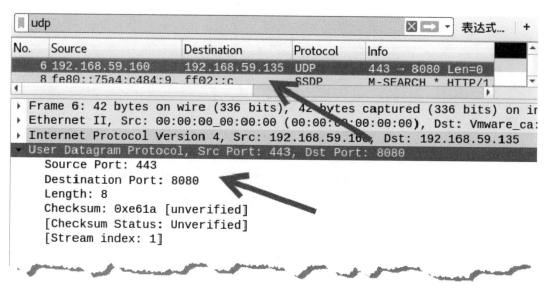

图 7.4 伪造 IP 地址的 UDP 包

7.3.2 基于 Ethernet 和 IPv4 伪造 UDP 数据包

上述基于 IPv4 伪造 UDP 包只能伪造 IP 地址，但是不能伪造 MAC 地址。networx 工具提供编号为 35 的模块，它可以基于 Ethernet 和 IPv4 伪造 UDP 包，可以伪造 MAC 地址。

【实例 7-3】基于 Ethernet 和 IPv4 伪造 UDP 包。

（1）不使用选项直接运行查看基于 Ethernet 和 IPv4 的 UDP 包，执行命令如下：

```
root@daxueba:~# netwox 35
```

输出信息如下：

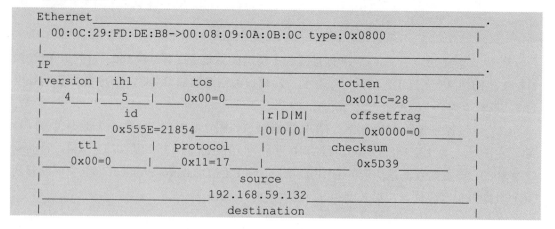

```
|_____5.6.7.8_____|
UDP_____
|          source port           |          destination port     |
|_____0x04D2=1234_____|_____0x0050=80_____|
|          length                |          checksum              |
|_____0x0008=8_____|_____0xF281=62081_____|
```

其中，Ethernet 部分表示以太网的数据报信息，在该部分中，00:0C:29:FD:DE:B8 为源 MAC 地址，是当前主机的 MAC 地址。其他字段的值都为默认值。

（2）基于 Ethernet 和 IPv4 伪造 UDP 包。伪造 MAC 地址为 00:11:22:aa:bb:cc，源端口为 443。向目标主机 192.168.59.135（其 MAC 地址为 00:0c:29:ca:e4:66）的 8080 端口发送 UDP 数据包，执行命令如下：

```
root@daxueba:~# netwox 35 -a 00:11:22:aa:bb:cc -b 00:0c:29:ca:e4:66 -m
192.168.59.135 -o 443 -p 8080
```

输出信息如下：

```
Ethernet_____.
| 00:11:22:AA:BB:CC-> 00:0C:29:CA:E4:66 type:0x0800              |
|_____|
IP_____.
|version|  ihl  |     tos        |           totlen              |
|__4____|__5____|____0x00=0_____|_____0x001C=28_____|
|          id                    |r|D|M|      offsetfrag          |
|_____0xA313=41747_____|0|0|0|_____0x0000=0_____|
|    ttl        |   protocol      |          checksum             |
|___0x00=0_____|____0x11=17_____|_____0x1F62_____|
|                            source                              |
|_____192.168.59.132_____|
|                          destination                           |
|_____192.168.59.135_____|
UDP_____
|          source port           |          destination port     |
|_____0x01BB=443_____|_____0x1F90=8080_____|
|          length                |          checksum              |
|_____0x0008=8_____|_____0xE636=58934_____|
```

在 Ethernet 部分可以看到，源 MAC 地址变为了伪造的地址 00:11:22:AA:BB:CC。在 IP 部分中可以看到，源 IP 地址仍然为当前主机的 IP 地址 192.168.59.132。

（3）通过抓包验证伪造了 MAC 地址的 UDP 数据包，如图 7.5 所示。其中，第 2 个数据包为伪造的 UDP 包，源 IP 地址为真实的 IP 地址 192.168.59.132。在 Ethernet II 部分中可以看到，Source 的值为 00:11:22:aa:bb:cc，该地址为伪造的 MAC 地址，而不是真实的 MAC 地址。

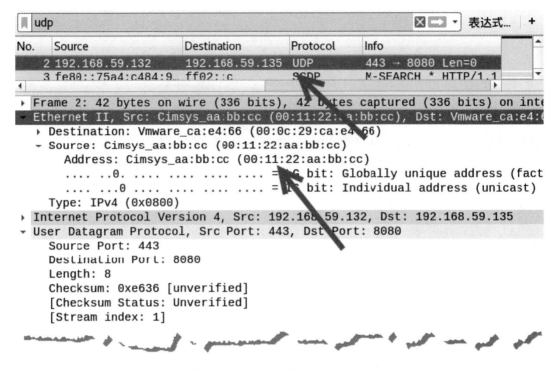

图 7.5　伪造 MAC 地址的 UDP 包

7.4　UDP 协议应用——扫描主机和端口

如果目标主机禁止响应 ICMP 协议，就无法使用 Ping 命令来判断主机是否存在。除了使用发送 TCP 包进行判断以外，还可以通过发送 UDP 包对主机和端口进行判断。下面将详细介绍如果通过基于 UDP 协议扫描主机和端口。

7.4.1　扫描主机

对目标主机进行扫描，实质上是向目标主机的指定端口发送 UDP Ping 包。如果目标主机开启，且对应端口打开，则不返回响应包；如果对应端口未打开，则返回目标主机不可达的 ICMP 包。netwox 工具提供编号为 53 和 54 的模块，用来构造 UDP Ping 包。

【实例 7-4】已知目标主机 IP 地址为 192.168.59.135，其 MAC 地址为 00:0c:29:ca:e4:66。在主机 192.168.59.132 上实施扫描，判断目标主机是否启用，指定端口是否开放。

（1）判断目标主机是否启用，68 端口是否开放，执行命令如下：

```
root@daxueba:~# netwox 53 -i 192.168.59.135 -p 68
```

输出信息如下：

```
Ok
Ok
Ok
Ok
Ok
…                              省略其他信息
```

输出信息在不断持续的显示 OK，表示目标主机已启用，端口没有开放。如果没有任何输出信息，有两种情况：第一种情况是目标主机不存在，第二种情况是目标主机已启用，端口处于开放状态。为了能够更清楚的判断需要进行抓包，通过查看是否有返回的响应来进行判断。

（2）如果没有相应，则捕获到的数据包如图 7.6 所示。其中，所有的数据包源 IP 地址都为 192.168.59.132（实施主机真实的 IP 地址），目标 IP 地址为 192.168.59.135，源端口为随机端口，目标端口为 68。说明这些数据包就是构造的 UDP Ping 包。并且，在数据包的 Ethernet II 部分中可以看到，Source 的值为 00:0c:29:fd:de:b8，是实施主机真实的 MAC 地址。

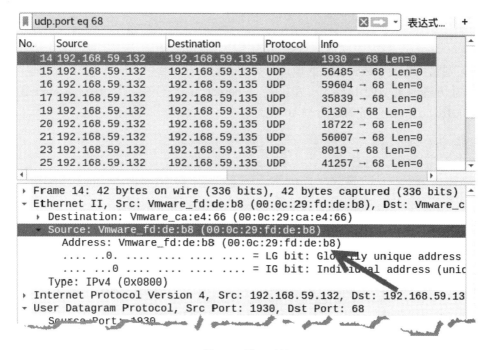

图 7.6　端口开放

（3）如果有相应，捕获到的数据包如图 7.7 所示。图中捕获到大量的 UDP Ping 请求包，目标端口为 78。每个 UDP 请求包有对应的响应包，该响应包是一个端口不可达的 ICMP 包，说明目标主机 78 端口未开放。

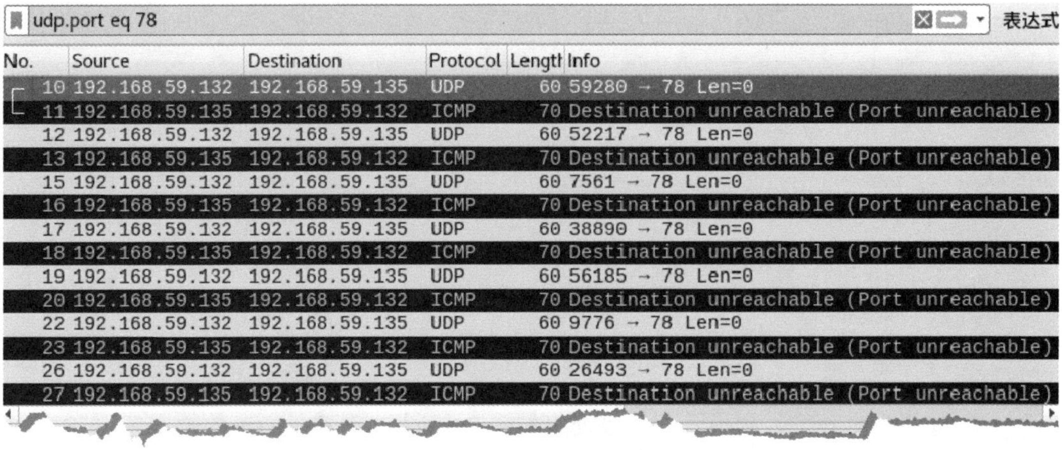

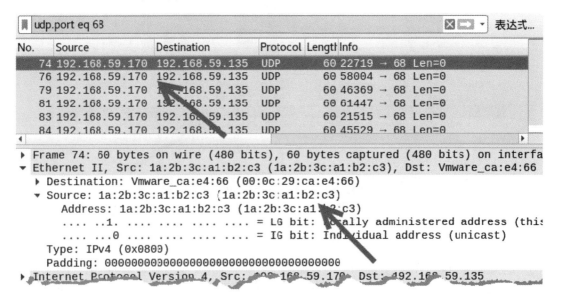

图 7.7　端口未开放

（4）在进行发送 UDP Ping 包对目标主机进行扫描时，为了避免被发现可以进行伪造 UDP Ping 包。设置假的源 IP 地址和 MAC 地址。例如，伪造源 IP 地址为 192.168.59.170，源 MAC 地址为 1a:2b:3c:a1:b2:c3，执行命令如下：

```
root@daxueba:~# netwox 54 -i 192.168.59.135 -p 68 -E 1a:2b:3c:a1:b2:c3 -I
192.168.59.170 -e 00:0c:29:ca:e4:66
```

（5）通过抓包验证成功伪造的地址，如图 7.8 所示。其中，所有 UDP 数据包的源 IP 地址都为伪造地址 192.1468.59.170，在 Ethernet II 部分中可以看到 Source 的值为 1a:2b:3c:a1:b2:c3，该值是伪造的 MAC 地址。

图 7.8　伪造地址

7.4.2　扫描端口

使用上述方法发送 UDP Ping 扫描，只能判断目标主机上一个端口，不能批量地对端口进行扫描。netwox 工具提供了编号为 69 和 70 的模块，用来构造 UDP 端口扫描包，进行批量扫描。

【实例 7-5】已知目标主机 IP 地址为 192.168.59.135，其 MAC 地址为 00:0c:29:ca:e4:66。在主机 192.168.59.132 上实施端口扫描，判断目标主机多个端口的开放情况。

（1）判断端口 20-25 的开放情况，执行命令如下：

```
root@daxueba:~# netwox 69 -i 192.168.59.135 -p 20-25
```

输出信息如下：

```
192.168.59.135 - 20 : closed
192.168.59.135 - 21 : closed
192.168.59.135 - 22 : closed
192.168.59.135 - 23 : closed
192.168.59.135 - 24 : closed
192.168.59.135 - 25 : closed
```

输出信息显示了对端口 20-25 进行了扫描，closed 表示这些端口都是关闭状态。

（2）如果进行抓包，将会捕获到扫描的 UDP 请求包和返回的 ICMP 包，如图 7.9 所示。这时，捕获到 12 个数据包。其中，数据包 4-9 为向端口 20-25 发送的 UDP 请求包，可以看到源 IP 地址为 192.168.59.133（实施主机的地址），目标 IP 为 192.168.59.135（目标主机）。由于目标主机上的 UDP 端口 20-25 未开放，因此返回了对应的 ICMP 响应包，第 10-15 的数据包。

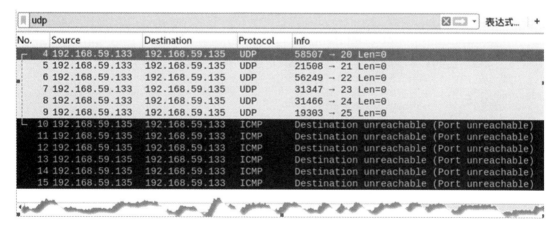

图 7.9　捕获端口关闭数据包

（3）如果目标主机端口开放，执行命令后显示信息如下：

```
root@daxueba:~# netwox 69 -i 192.168.59.135 -p 75-80
```

输出信息如下：

```
192.168.59.135 - 75 : timeout (perhaps open)
192.168.59.135 - 76 : timeout (perhaps open)
192.168.59.135 - 77 : timeout (perhaps open)
192.168.59.135 - 78 : timeout (perhaps open)
192.168.59.135 - 79 : timeout (perhaps open)
192.168.59.135 - 80 : timeout (perhaps open)
```

输出信息显示了对端口 75-80 进行了扫描，perhaps open 表示端口可能为开放状态。

（4）端口为开放状态将不会有对应的响应包。通过抓包进行查看，如图 7.10 所示。

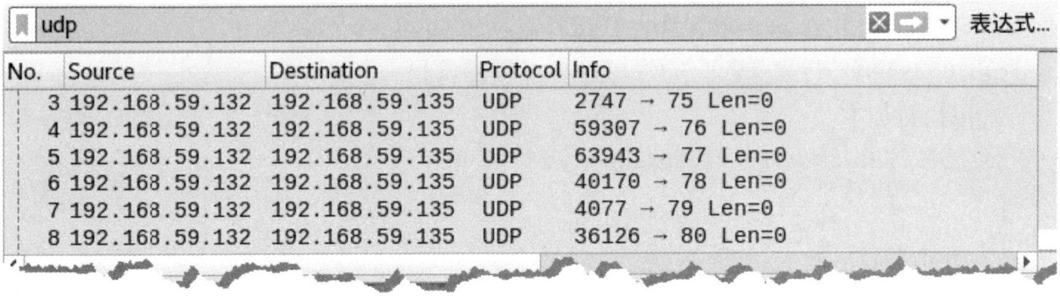

No.	Source	Destination	Protocol	Info
3	192.168.59.132	192.168.59.135	UDP	2747 → 75 Len=0
4	192.168.59.132	192.168.59.135	UDP	59307 → 76 Len=0
5	192.168.59.132	192.168.59.135	UDP	63943 → 77 Len=0
6	192.168.59.132	192.168.59.135	UDP	40170 → 78 Len=0
7	192.168.59.132	192.168.59.135	UDP	4077 → 79 Len=0
8	192.168.59.132	192.168.59.135	UDP	36126 → 80 Len=0

图 7.10　UDP 端口开放数据包

（5）在批量扫描端口时，为了避免被发现，可以进行伪造 UDP 包，如设置假的源 IP 地址和 MAC 地址。例如，伪造源 IP 地址为 192.168.59.150，源 MAC 地址为 10:20:30:40:50:60，执行命令如下：

```
root@daxueba:~# netwox 70 -i 192.168.59.135 -p 75-80 -E 10:20:30:40:50:60
-I 192.168.59.150
```

输出信息如下：

```
192.168.59.135 - 75 : closed
192.168.59.135 - 76 : closed
192.168.59.135 - 77 : closed
192.168.59.135 - 78 : closed
192.168.59.135 - 79 : closed
192.168.59.135 - 80 : closed
```

输出信息表示目标主机 192.168.59.135 上的 75-80 端口为关闭状态。

（6）通过抓包方式，查看伪造的包，如图 7.11 所示。其中，第 17 个数据包源 IP 地址为 192.168.59.150（伪造 IP 地址），源 MAC 地址为 10:20:30:40:50:60（伪造 MAC 地址），使用的源端口为随机端口 43046，目标端口为 75。

（7）端口未开放将返回 ICMP 包，返回的数据包目标地址同样也为伪造的地址。选择对应的响应包进行查看，如图 7.12 所示。例如，第 25 个数据包的目标地址为 192.168.59.150（伪造的），目标 MAC 地址为 10:20:30:40:50:60（伪造地址），说明响应信息发送到了伪造的主机上。

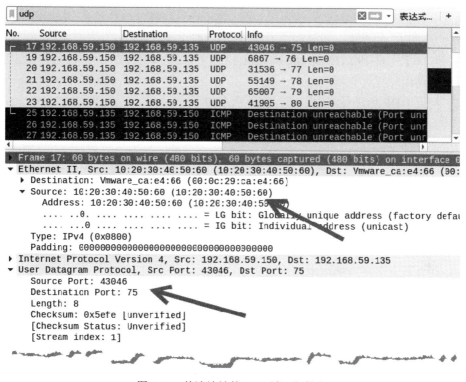

图 7.11　伪造地址的 UDP 端口扫描包

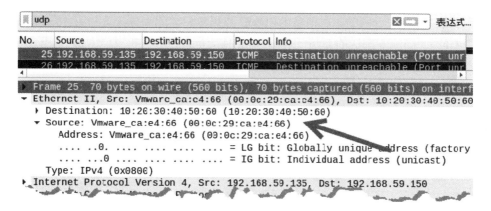

图 7.12　响应包

7.5　UDP 协议应用——路由跟踪

除了使用 TCP 包来进行路由跟踪，还可以 UDP 包实现。它会向目标主机发送 UDP 包，当到达经过的路由器时，TTL 值为 0，还没有找到目标主机，经过的路由器将返回超时消息的 ICMP 数据包，如果成功到达主机，将不会返回任何响应信息。netwox 工具提供了编号为 61 和 62 的模块，用来构造 UDP 包进行路由跟踪。

【实例 7-6】主机 192.168.12.106 向主机 125.39.52.26 发送 UDP 包，进行路由跟踪，判断经过哪些路由。

（1）构造 UDP 包进行路由跟踪，执行命令如下：

```
root@kali:~# netwox 61 -i 125.39.52.26
```

输出信息如下：

```
1 : 192.168.12.1
2 : 192.168.0.1
3 : 183.185.164.1
4 : 218.26.28.157
5 : 218.26.29.217
6 : 219.158.15.214
8 : 125.39.79.166
```

输出信息显示了经过的所有路由器的 IP 地址信息。例如，经过的第三个路由器地址为 171.117.240.1。

（2）为了验证构建的 UDP 包和得到的响应信息，进行抓包查看，如图 7.13 所示。其中，第 1 个数据包的源 IP 地址为 192.168.12.106，目标 IP 地址为 125.39.52.26，是构造的 UDP 包；第 2 个数据包源 IP 地址为 192.168.12.1，目标 IP 地址为 192.168.12.106，该数据包是第一个网关返回的超时消息的 ICMP 数据包，表示还没有达到目标主机 125.39.52.26。第 3 个数据包为主机 192.168.12.106 继续向目标主机 125.39.52.26 发送的 UDP 包，第 4 个数据包为第二个网关返回的超时消息的 ICMP 数据包。以此类推，直到第 16 个数据包向目标主机 125.39.52.26 发送的 UDP 包以后，并且一直向目标主机发送 UDP 包都不再得到任何响应包，说明此时成功到达了目标主机。

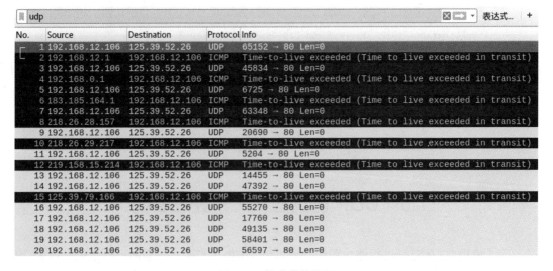

图 7.13　捕获的数据包

（3）在进行路由跟踪时为了防止被发现，可以伪造源 IP 地址和 MAC 地址。设置源 IP 地址为 192.168.12.150，MAC 地址为 aa:bb:cc:dd:11:22，进行路由跟踪，执行命令如下：

```
root@kali:~# netwox 62 -i 125.39.52.26 -E aa:bb:cc:dd:11:22 -I 192.168.12.
150 -e ec:17:2f:46:70:ba
```

输出信息如下：

```
1 : 192.168.12.1
2 : 192.168.0.1
3 : 183.185.164.1
4 : 218.26.28.157
5 : 218.26.29.217
6 : 219.158.15.214
8 : 125.39.79.162
```

（4）通过抓包验证伪造地址的 UDP 包，如图 7.14 所示。其中，第 8 个数据包的源 IP 地址为 192.168.59.150（伪造的），目标 IP 地址为 125.39.52.26（目标主机），该数据包就是伪造的 UDP 包。在 Ethernet II 部分中可以看到源 MAC 地址为 aa:bb:cc:dd:11:22（伪造的）。第 9 个数据包为经过的路由 183.185.164.1 返回的 ICMP 包，返回的地址为伪造的地址 192.168.59.150。

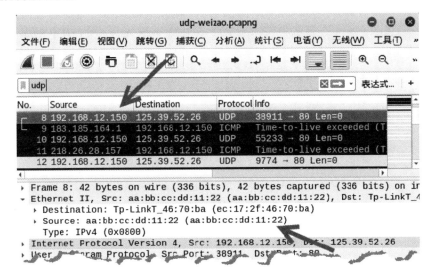

图 7.14　伪造地址的 UDP 包

7.6　UDP 协议应用——网络性能测试

为了了解网络的性能，netwox 工具提供了编号编号为 157 和 158 的模块，进行测试。其中，157 模块用于建立 UDP 服务器， 158 模块用于建立 UDP 客户端。

【实例 7-7】已知主机 A 的 IP 地址为 192.168.59.135，主机 B 的 IP 地址为 192.168.59.131。使用 netwox 公的的第 157 个和 158 个模块分别在主机 A 和 B 进行设置 UDP 服务器端和客户端，并连接进行网络性能检测。具体步骤如下：

（1）将主机 A 设置为 UDP 服务器端，监听的端口为 8080，执行命令如下：

```
root@daxueba:~# netwox 157 -p 8080
```

执行命令后没有任何输出信息。

（2）将主机 B 设置为 UDP 客户端，并连接 UDP 服务器端，执行命令如下：

```
root@daxueba:~# netwox 158 -p 8080 -i 192.168.59.135
```

输出信息如下：

```
8406000 Bytes/sec [=~=    75336 kbit/sec]    jitter=       40 usec
6281860 Bytes/sec [=~=    56299 kbit/sec]    jitter=     6366 usec
7856287 Bytes/sec [=~=    70410 kbit/sec]    jitter=      399 usec
6037962 Bytes/sec [=~=    54113 kbit/sec]    jitter=      335 usec
7500995 Bytes/sec [=~=    67225 kbit/sec]    jitter=      413 usec
Packets sent by server: 91770
Packets recv by client: 74469
```

输出信息显示了每秒的字节数和 UDP 抖动（jitter）。

（3）为了验证 UDP 客户端向 UDP 服务端的 8080 端口发包，可以通过抓包查看，如图 7.15 所示。其中，第 3 个数据包可以看到主机 B 向主机 A 发送的 UDP 数据包，在 Info 列中可以看到源端口为随机 50267，目标端口为 8080（监听的端口）。

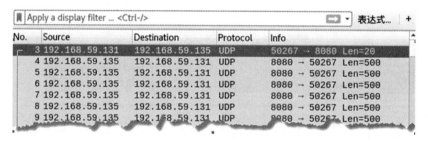

图 7.15　连接数据包

第8章 DHCP 协议

动态主机配置协议（Dynamic Host Configuration Protocol，DHCP）是基于 UDP 协议工作的网络配置协议。该协议主要用于集中管理和分配 IP 地址，帮助网络内的主机获取 IP 地址、网关和 DNS 服务器地址。DHCP 服务是基于该协议的服务。本节将详细讲解 DHCP 协议和 DHCP 服务工作原理。

8.1 地 址 分 配

计算机为了在 TCP/IP 网络中正常工作，需要获取相应的 IP 地址。获取 IP 地址的过程被称为地址分配。计算机获取 IP 地址的方式有 3 种，即静态分配、动态分配和零配置。下面依次讲解这 3 种方式。

8.1.1 静态分配

静态分配也称为手工分配。网络管理员在计算机中直接设置所使用的 IP 地址。在 Windows 系统中，用户可以在"Internet 协议版本 4 (TCP/IPv4) 属性"对话框中手动配置静态地址，如图 8.1 所示。勾选"使用下面的 IP 地址(S)"复选框，然后输入所要使用的 IP 地址、子网掩码和默认网关。这些信息必须与自己所在的网络信息一致。在"使用下面的 DNS 服务器地址 (E)"文本框中输入首选 DNS 服务器地址，一般为网关地址。

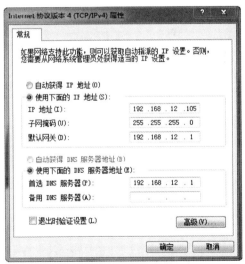

图 8.1　配置静态地址

8.1.2 动态分配

动态分配是指计算机向 DHCP 服务器申请 IP 地址，获取后使用该地址。这时，计算机作为 DHCP 客户机。在这个过程中，DHCP 客户机向 DHCP 服务器租用 IP 地址，DHCP

服务器只是暂时分配给客户机一个 IP 地址。只要租约到期，这个地址就会还给 DHCP 服务器，以供其他客户机使用。如果 DHCP 客户机仍需要一个 IP 地址来完成工作，则可以再申请另外一个 IP 地址。所以，计算机获取的 IP 地址每次都可能变化，属于动态分配。在 Windows 系统中，用户可以在"Internet 协议版本 4（TCP/IPv4）属性"对话框中进行动态分配地址，如图 8.2 所示。这时，只要勾选"自动获得 IP 地址(0)"和"自动获得 DNS 服务器地址(B)"复选框，计算机就会尝试向 DHCP 服务器请求 IP 地址了。

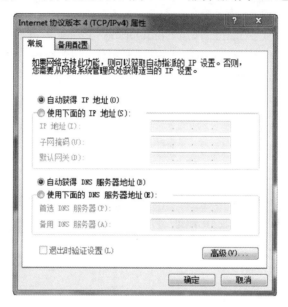

图 8.2　动态获取地址

8.1.3　零配置

在动态分配方式中，如果 DHCP 服务器不在线或出现故障等情况时，客户机就无法获取地址。这时，有些系统将会通过零配置技术为自己分配一个私有的地址，范围为 169.254.0.0~169.254.255.255。

8.2　DHCP 工作方式

DHCP 服务是用来分配 IP 地址的，所以 DHCP 服务器必须使用静态分配方式设置 IP 地址。而 DHCP 客户端可以从 DHCP 服务器上获取使用的 IP 地址。DHCP 服务器使用的是 UDP 67 端口，DHCP 客户端使用的是 UDP 68 端口。本节将详细讲解 DHCP 工作方式的 4 个阶段，即发现阶段、提供阶段、选择阶段和确认阶段。

8.2.1　发现阶段（DHCP Discover）

　　DHCP 客户端向所有 DHCP 服务器的 UDP 67 端口发送广播数据包以获取 IP 地址租约，这个数据包被称为 DHCP Discover 消息。任何收到这个包的 DHCP 服务器都可以响应这个请求。整个发现阶段的工作方式如图 8.3 所示。其中，DHCP 客户端向 DHCP 服务器 A 和 B 都发送了 DHCP Discover 广播包。

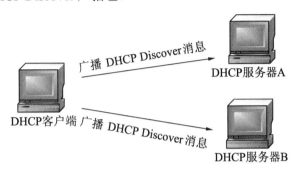

图 8.3　发现阶段工作方式

8.2.2　提供阶段（DHCP Offer）

　　DHCP 服务器收到 DHCP Discover 广播包后会检查自己的配置，并发起 DHCP Offer 广播消息进行响应，为 DHCP 客户端提供可用的 IP 地址。该响应包以广播的形式发送到 DHCP 客户端的 UDP 68 端口上。整个提供阶段的工作方式如图 8.4 所示。其中，DHCP 服务器 A 和 B 都会向 DHCP 客户端提供自己管理的地址。

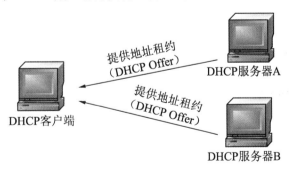

图 8.4　提供阶段工作方式

8.2.3　选择阶段（DHCP Request）

　　DHCP 客户端收到地址信息后，会选择第一个到达的租约地址信息。然后发起 DHCP

Request 广播消息，告诉所有 DHCP 服务器，自己已经做出选择，接受了第一个 DHCP 服务器的地址。整个选择阶段的工作方式如图 8.5 所示。其中，DHCP 客户端向 DHCP 服务器 A 和 B 都发送了 DHCP Request 消息广播包，告诉自己选择了 DHCP 服务器 B 的地址租约。

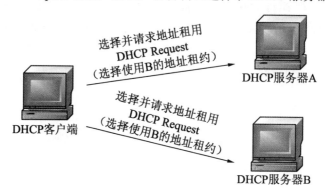

图 8.5　选择阶段工作方式

8.2.4　确认阶段（DHCP ACK）

　　DHCP 服务器 A 和 B 都收到客户端发来的 DHCP Request 消息广播包。DHCP 服务器 B 查看信息后，发现客户端选择了自己的地址租约，将返回 DHCP ACK 广播消息进行最后的确认。DHCP 服务器 A 查看信息以后，发现客户端没有选择自己的地址，将不返回信息。整个确认阶段的工作方式如图 8.6 所示。其中，服务器 B 向客户端返回了地址租用的 DHCP ACK 包，对客户端的请求进行确认。DHCP 服务器 A 没有返回信息，因其地址没有被租用。

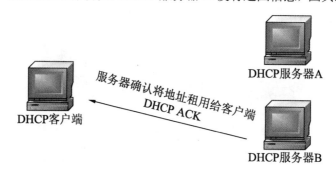

图 8.6　确认阶段工作方式

8.2.5　IP 续期

　　客户端从服务器租用 IP 地址会有一个固定的租约期。除了租约期限外，还有两个时间值 T1 和 T2。其中，T1 定义为租约期限的一半，而 T2 定义为租约期限的 7/8。

假设，租约期为 8 天。当到达 T1 定义的时间（4 天）期限时，客户端会向提供租约的原始服务器发送 DHCP Request 包，对租约进行更新。如果服务器接受此请求，则回复 DHCP ACK 消息，包含更新后的租约期限；如果不接受租约更新请求，就不会发送 DHCP ACK 包。

此后，DHCP 客户端会定时发送 DHCP Request 包。如果一直都没有得到确认，则继续使用此 IP 地址，直到 T2 定义的时间（7 天）限制。此时，客户端会广播发送 DHCP Request 包，对租约进行更新。如果租期到达时，客户端既不能更新自己的租期，也无法从其他的 DHCP 服务器获得新的租期，客户端必须停止使用这个 IP 地址，从而停止常规的 TCP/IP 网络操作。

8.3　DHCP 报文格式

DHCP 协议提供了多种类型的报文，但是基本格式是相同的。不同类型的报文只是报文中的某些字段值不同。DHCP 报文的基本格式如图 8.7 所示。

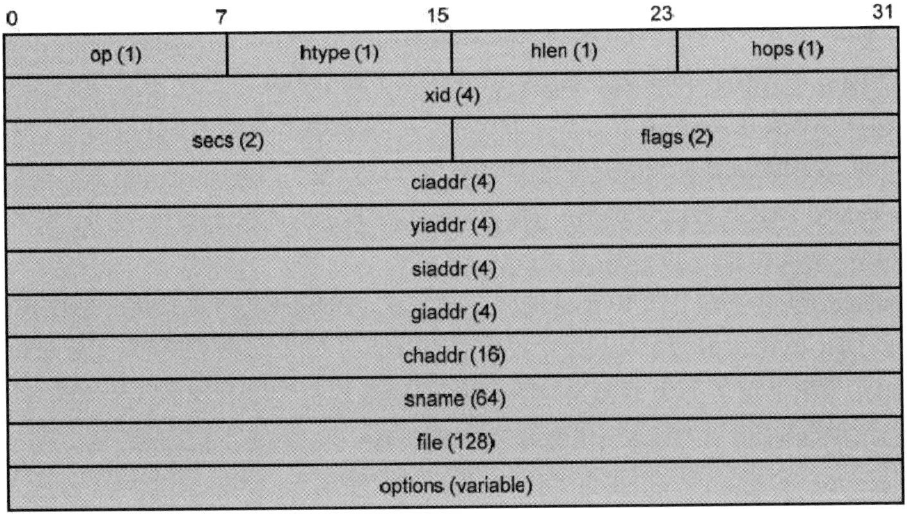

图 8.7　DHCP 报文格式

图 8.7 中每个字段含义如下：

- op：报文的操作类型。分为请求报文和响应报文。客户端发送给服务器的包为请求报文，值为 1；服务器发送给客户端的包为响应报文，值为 2。
- htype：DHCP 客户端的 MAC 地址类型。MAC 地址类型其实是指明网络类型，htype

值为 1 时表示为最常见的以太网 MAC 地址类型。

- hlen：硬件地址长度。以太网 MAC 地址长度为 6 个字节，即 hlen 值为 6。

- hops：跳数，DHCP 报文经过的中继数量。每经过一个路由器，该字段就会增加 1。如果没有经过路由器，则值为 0（同一网内）。

- xid：事务 ID。客户端发起一次请求时选择的随机数，用来标识一次地址请求过程。在一次请求中所有报文的 xid 都是一样的。

- secs：DHCP 客户端从获取到 IP 地址或者续约过程开始到现在所过去的时间，以秒为单位。在没有获得 IP 地址前，该字段始终为 0。

- flags：BOOTP 标志位。只使用第 0 比特位，是广播应答标识位，用来标识 DHCP 服务器应答报文是采用单播还是广播发送。其中，0 表示采用单播发送方式，1 表示采用广播发送方式。其余位尚未使用。

- ciaddr：DHCP 客户端的 IP 地址。仅在 DHCP 服务器发送的 ACK 报文中显示，在其他报文中均显示为 0。这是因为在得到 DHCP 服务器确认前，DHCP 客户端还没有分配到 IP 地址。

- yiaddr：DHCP 服务器分配给客户端的 IP 地址。仅在 DHCP 服务器发送的 Offer 和 ACK 报文中显示，其他报文中显示为 0。

- siaddr：为 DHCP 客户端分配 IP 地址等信息的其他 DHCP 服务器 IP 地址。仅在 DHCP Offer、DHCP ACK 报文中显示，其他报文中显示为 0。

- giaddr：转发代理（网关）IP 地址，DHCP 客户端发出请求报文后经过的第一个 DHCP 中继的 IP 地址。如果没有经过 DHCP 中继，则显示为 0。

- chaddr：DHCP 客户端的 MAC 地址。在每个报文中都会显示对应 DHCP 客户端的 MAC 地址。

- sname：为客户端分配 IP 地址的服务器名称（DNS 域名格式）。只在 DHCP Offer 和 DHCP ACK 报文中显示发送报文的 DHCP 服务器名称，其他报文显示为 0。

- file：DHCP 服务器为 DHCP 客户端指定的启动配置文件名称及路径信息。仅在 DHCP Offer 报文中显示，其他报文中显示为空。

- options：可选选项，格式为"代码+长度+数据"。

了解了 DHCP 报文格式以后，下面根据 Wireshar 抓取的数据包详细讲解 DHCP 请求 IP 地址时的每种报文。

8.3.1 DHCP Discover 报文

DHCP Discover 报文数据包如图 8.8 所示。

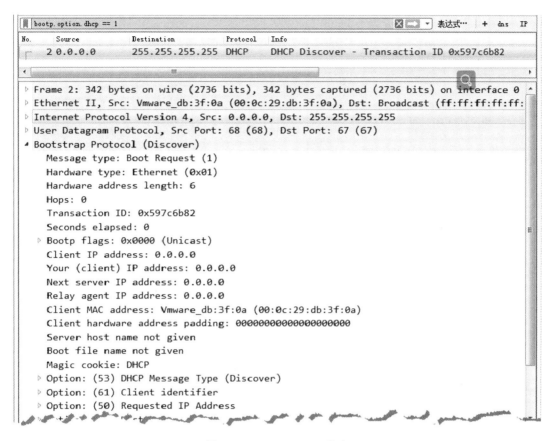

图 8.8　DHCP Discover 报文

该数据包是客户端向服务器发送的 DHCP Discover 数据包。在图 8.8 中，由于当前客户端还没有 IP 地址，所以源 IP 地址为 0.0.0.0；客户端是向网络中所有服务器进行发送，使用的是广播包，所以目标 IP 地址为 255.255.255.255。在 Bootstrap Protocol (Discover)部分中显示了该数据包报文的每个字段。为了方便讲解，下面将报文字段列出并标注如下：

```
Bootstrap Protocol (Discover)
    Message type: Boot Request (1)
                            #报文的操作类型，这是一个请求包，所以该选项的值为1
    Hardware type: Ethernet (0x01)              #硬件类型为 Ethernet
    Hardware address length: 6                  #硬件地址长度为 6
    Hops: 0                                      #经过 DHCP 中继数为 0
    Transaction ID: 0x597c6b82                  #事务 ID
    Seconds elapsed: 0                          #客户端启动时间
    Bootp flags: 0x0000 (Unicast)               #BOOTP 标识字段
    Client IP address: 0.0.0.0                  #客户端 IP 地址
    Your (client) IP address: 0.0.0.0           #服务器分配给自己的 IP 地址
    Next server IP address: 0.0.0.0             #下一个服务器的 IP 地址
```

```
Relay agent IP address: 0.0.0.0                          #DHCP 中继器的 IP 地址
Client MAC address: Vmware_db:3f:0a (00:0c:29:db:3f:0a)
                                                        #客户端的 MAC 地址
Client hardware address padding: 00000000000000000000
                                                        #客户端硬件地址填充
Server host name not given                              #服务器主机名
Boot file name not given                                #启动文件名
Magic cookie: DHCP                                      #与 BOOTP 兼容
Option: (53) DHCP Message Type (Discover)               #DHCP 消息类型为 53
Length: 1
DHCP: Discover (1)                                      #发现包
Option: (61) Client identifier                          #客户端标识符
Length: 7
Hardware type: Ethernet (0x01)                          #硬件类型为 Ethernet
Client MAC address: Vmware_db:3f:0a (00:0c:29:db:3f:0a)
                                                        #客户端 MAC 地址
Option: (50) Requested IP Address                       #请求 IP 地址
   Length: 4
   Requested IP Address: 192.168.0.108                  #请求的 IP 地址
Option: (12) Host Name                                  #客户端主机名
   Length: 15
   Host Name: WIN-RKPKQFBLG6C                           #主机名
Option: (60) Vendor class identifier                    #供应商类标识符
   Length: 8
   Vendor class identifier: MSFT 5.0                    #供应商标识符为 MSFT 5.0
Option: (55) Parameter Request List                     #参数请求列表
   Length: 12
   Parameter Request List Item: (1) Subnet Mask              #子网掩码
   Parameter Request List Item: (15) Domain Name             #域名
   Parameter Request List Item: (3) Router                   #路由
   Parameter Request List Item: (6) Domain Name Server        #域名服务
   Parameter Request List Item: (44) NetBIOS over TCP/IP Name Server
                                                        #NetBIOS 名称服务
   Parameter Request List Item: (46) NetBIOS over TCP/IP Node Type
                                                        #NetBIOS 节点类型
   Parameter Request List Item: (47) NetBIOS over TCP/IP Scope
                                                        #NetBIOS 作用范围
   Parameter Request List Item: (31) Perform Router Discover
                                                        #完成路由发现
   Parameter Request List Item: (33) Static Route            #静态路由
   Parameter Request List Item: (121) Classless Static Route
                                                        #无类静态路由
   Parameter Request List Item: (249) Private/Classless Static Route
(Microsoft)                                             #私有静态路由
   Parameter Request List Item: (43) Vendor-Specific Information
                                                        #供应商特定信息
Option: (255) End
```

```
     Option End: 255
     Padding: 00000000000000000000000000
```

上述输出信息显示了 DHCP Discover 报文中相关字段的信息。可以看到客户端的 IP
地址为 0.0.0.0，MAC 地址为 00:0c:29:db:3f:0a，主机名为 WIN-RKPKQFBLG6C，事务 ID
为 0x597c6b82 等信息。

8.3.2　DHCP Offer 报文

DHCP Offer 报文数据包如图 8.9 所示。

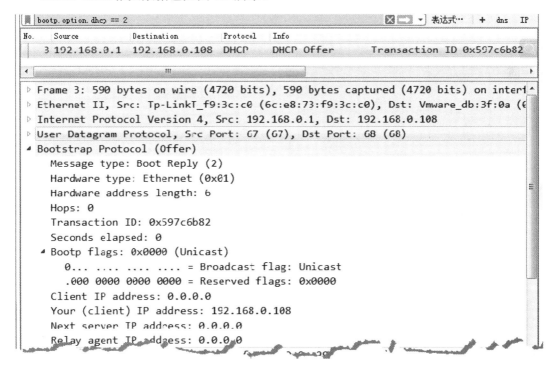

图 8.9　DHCP Offer 报文数据包

该数据包是 DHCP 服务器收到客户端 DHCP Discover 广播包后返回的 DHCP Offer 包。
报文字段信息如下：

```
Bootstrap Protocol (Offer)
    Message type: Boot Reply (2)
                            #报文的操作类型，这是一个响应包，所以该选项的值为 2
    Hardware type: Ethernet (0x01)
    Hardware address length: 6
    Hops: 0
    Transaction ID: 0x597c6b82                #事务 ID
```

```
Seconds elapsed: 0
Bootp flags: 0x0000 (Unicast)
Client IP address: 0.0.0.0
Your (client) IP address: 192.168.0.108        #服务器分配给客户端的 IP 地址
Next server IP address: 0.0.0.0
Relay agent IP address: 0.0.0.0
Client MAC address: Vmware_db:3f:0a (00:0c:29:db:3f:0a)
Client hardware address padding: 00000000000000000000
Server host name not given
Boot file name not given
Magic cookie: DHCP
Option: (53) DHCP Message Type (Offer)
   Length: 1
   DHCP: Offer (2)
Option: (54) DHCP Server Identifier
   Length: 4
   DHCP Server Identifier: 192.168.0.1
                                         #DNS 服务器标识地址为 192.168.0.1
Option: (51) IP Address Lease Time
   Length: 4
   IP Address Lease Time: (7200s) 2 hours
Option: (1) Subnet Mask               #服务器分配给客户端的子网掩码
   Length: 4
   Subnet Mask: 255.255.255.0         #子网掩码为 255.255.255.0
Option: (3) Router
   Length: 4
   Router: 192.168.0.1
Option: (6) Domain Name Server
   Length: 4
   Domain Name Server: 192.168.0.1
Option: (255) End
   Option End: 255
Padding: 000000000000000000000000000000000000000000000000...
```

其中只标注了几个重要字段的信息。由于是 DHCP 服务器给 DHCP 客户端发送提供的地址信息。因此，报文中应该包含 DHCP 服务器提供给客户端的 IP 地址信息，这里为 192.168.0.108；提供给客户端的子网掩码信息这里为 255.255.255.0。事务 ID 为 0x597c6b82，与 DHCP Discover 报文中的事务 ID 相同，因此属于同一请求地址过程。

另外，可以看到服务器标识地址为 192.168.0.1，所以捕获的数据包的源 IP 地址为 192.168.0.1。目标地址为提供的 IP 地址 192.168.0.108。

8.3.3 DHCP Request 报文

DHCP Request 报文数据包如图 8.10 所示。

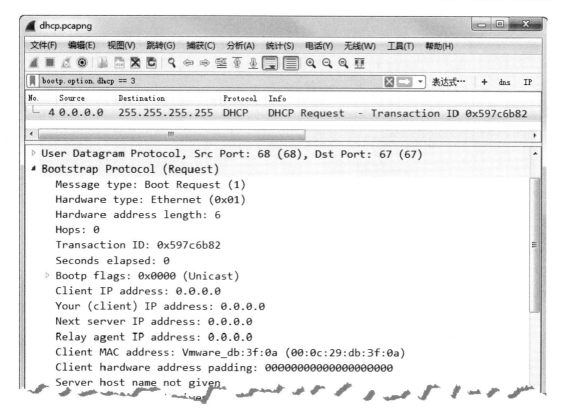

图 8.10　DHCP Request 报文

DHCP Request 报文数据包是 DHCP 客户端向网络中所有 DHCP 服务器主机发出的 DHCP Request 消息。由于此时客户端还没有真正拥有 IP 地址，因此源 IP 地址仍然为 0.0.0.0，该数据包是用来通知所有服务器的，以广播形式发出，因此目标 IP 地址为 255.255.255.255。报文字段信息如下：

```
Bootstrap Protocol (Request)
    Message type: Boot Request (1)
                                    #报文的操作类型，这是一个请求包，所以该选项的值为1
    Hardware type: Ethernet (0x01)
    Hardware address length: 6
    Hops: 0
    Transaction ID: 0x597c6b82                      #事务 ID
    Seconds elapsed: 0
    Bootp flags: 0x0000 (Unicast)
    Client IP address: 0.0.0.0                      #客户端 IP 地址
    Your (client) IP address: 0.0.0.0
    Next server IP address: 0.0.0.0
    Relay agent IP address: 0.0.0.0
    Client MAC address: Vmware_db:3f:0a (00:0c:29:db:3f:0a)
    Client hardware address padding: 00000000000000000000
    Server host name not given
```

```
    Boot file name not given
    Magic cookie: DHCP
    Option: (53) DHCP Message Type (Request)
       Length: 1
       DHCP: Request (3)
    Option: (61) Client identifier
    Length: 7
    Hardware type: Ethernet (0x01)
    Client MAC address: Vmware_db:3f:0a (00:0c:29:db:3f:0a)
    Option: (50) Requested IP Address
    Length: 4
    Requested IP Address: 192.168.0.108
                                 #客户端选择租用的 IP 地址为 192.168.0.108
    ...                                                    #省略部分信息
```

其中，事务 ID 与 DHCP Discover、DHCP Offer 阶段的事务 ID 相同，从输出信息还可以看到客户端请求的 IP 地址为 192.168.0.108，表示要向该 DHCP 服务器租用地址。

8.3.4　DHCP ACK 报文

DHCP ACK 报文数据包如图 8.11 所示。

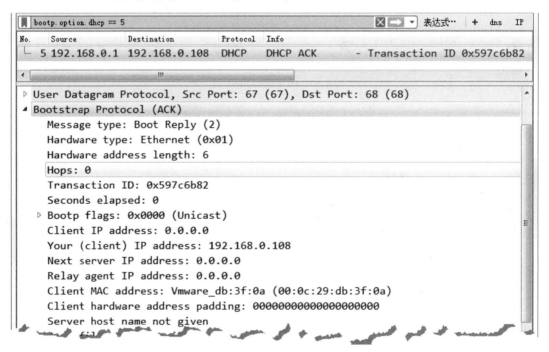

图 8.11　DHCP ACK 报文

DHCP ACK 数据包是 DHCP 服务器给客户端发送的确认数据包。报文字段信息如下：

```
Bootstrap Protocol (ACK)
   Message type: Boot Reply (2)
                             #报文的操作类型，这是一个响应包，所以该选项的值为 2
   Hardware type: Ethernet (0x01)
   Hardware address length: 6
   Hops: 0
   Transaction ID: 0x597c6b82                    #事务 ID
   Seconds elapsed: 0
   Bootp flags: 0x0000 (Unicast)
   Client IP address: 0.0.0.0
   Your (client) IP address: 192.168.0.108
                       #客户端可以使用的 IP 地址为 192.168.0.108
   Next server IP address: 0.0.0.0
   Relay agent IP address: 0.0.0.0
   Client MAC address: Vmware_db:3f:0a (00:0c:29:db:3f:0a)
   Client hardware address padding: 00000000000000000000
   Server host name not given
   Boot file name not given
   Magic cookie: DHCP
   Option: (53) DHCP Message Type (ACK)
      Length: 1
      DHCP: ACK (5)
   Option: (54) DHCP Server Identifier
      Length: 4
      DHCP Server Identifier: 192.168.0.1
   Option: (51) IP Address Lease Time
      Length: 4
      IP Address Lease Time: (7200s) 2 hours
   Option: (1) Subnet Mask                    #客户端可以使用的子网掩码
      Length: 4
      Subnet Mask: 255.255.255.0               #子网掩码为 255.255.255.0
   Option: (3) Router
      Length: 4
      Router: 192.168.0.1
   Option: (6) Domain Name Server
      Length: 4
      Domain Name Server: 192.168.0.1
   Option: (255) End
      Option End: 255
   Padding: 000000000000000000000000000000000000000000000...
```

以上输出信息是服务器给客户端提供租约地址的确认包。其中，客户端可以使用的租约 IP 地址为 192.168.0.108；可以使用的子网掩码为 255.255.255.0。

8.4　DHCP 协议应用——获取 IP 地址

默认情况下，都是由操作系统完成 IP 地址请求过程的。用户也可以手动请求 IP 地址。netwox 工具提供了编号为 171 的模块，它可以充当 DHCP 客户端向 DHCP 服务器请求 IP 地址。

【实例 8-1】模拟 DHCP 客户端从 DHCP 服务器获取 IP 地址。执行命令如下：

```
root@daxueba:~# netwox 171
```

执行命令后将完成获取 IP 地址的整个过程，并输出每个过程相关的信息。为了方便讲解，下面将信息进行拆分，然后分别讲解。

（1）发现阶段的输出信息如下：

```
I send a DISCOVER:
DHCP_____.
| op=request  hops=0    xid=B8ED8552  secs=0      flags=0000  |
| client=0.0.0.0  your=0.0.0.0                                |
| server=0.0.0.0  agent=0.0.0.0                               |
| clienteth=00:0C:29:FD:DE:B8                                 |
| sname:                                                      |
| file:                                                       |
| msgtype: discover                                           |
| clientidtype: 1                                             |
| clientid: 000c29fddeb8                                      |
| reqlist[0]: 1 (subnetmask)                                  |
                                        #下面为客户端要请求的列表信息
| reqlist[1]: 3 (gateways)                                    |
| reqlist[2]: 4 (timeservers)                                 |
| reqlist[3]: 5 (nameservers)                                 |
| reqlist[4]: 6 (dnsservers)                                  |
| reqlist[5]: 7 (logservers)                                  |
| reqlist[6]: 9 (lprservers)                                  |
| reqlist[7]: 12 (hostname)                                   |
| reqlist[8]: 15 (domainname)                                 |
| reqlist[9]: 28 (broadcastad)                                |
| reqlist[10]: 31 (performroutdisc)                           |
| reqlist[11]: 33 (staticroutes)                              |
| reqlist[12]: 40 (nisdomain)                                 |
| reqlist[13]: 41 (nisservers)                                |
| reqlist[14]: 51 (ipadleasetime)                             |
| reqlist[15]: 58 (renewaltime)                               |
| reqlist[16]: 59 (rebindingtime)                             |
| reqlist[17]: 64 (nispdomain)                                |
| reqlist[18]: 65 (nispserver)                                |
| reqlist[19]: 69 (smtpservers)                               |
| reqlist[20]: 70 (pop3servers)                               |
| reqlist[21]: 71 (nntpservers)                               |
| reqlist[22]: 72 (wwwservers)                                |
| reqlist[23]: 74 (ircservers)                                |
|_____|
```

以上输出信息中，第 1 行表示客户端发送了一个 Discover 包，用来向服务器请求租用的 IP 地址。下面的信息为对应的报文信息。其中，xid 表示事务 ID 为 B8ED8552，client 表示客户端 IP 地址为 0.0.0.0，your 表示此时客户端还没有 IP 地址，因此也为 0.0.0.0。

（2）提供阶段的输出信息如下：

```
Server sent us this OFFER:
DHCP_____.
| op=reply  hops=0    xid=B8ED8552  secs=0      flags=0000    |
```

```
| client=0.0.0.0  your=192.168.59.131            |
| server=192.168.59.254  agent=0.0.0.0           |
| clienteth=00:0C:29:FD:DE:B8                     |
| sname:                                          |
| file:                                           |
| msgtype: offer                                  |
| serverid: 192.168.59.254                        |
| ipadleasetime: 1800                             |
| subnetmask: 255.255.255.0                       |              #子网掩码
| gateways[0]: 192.168.59.2                       |              #网关
| dnsservers[0]: 192.168.59.2                     |              #DNS 服务器地址
| domainname: 'localdomain'                       |              #域名
| broadcastad: 192.168.59.255                     |              #广播地址
| renewaltime: 900                                |              #更新时间
| rebindingtime: 1575                             |              #重新连接时间
| end                                             |
|_____|
Server 192.168.59.254(00:50:56:ED:87:BC) proposes address 192.168.59.131
```

　　以上输出信息中，第 1 行表示服务器向客户端返回了提供 IP 地址租约的数据包。下面的信息为对应的报文信息。其中，xid 表示事务 ID 为 B8ED8552，与发现阶段事务 ID 相同；your 表示服务器给客户端提供的 IP 地址为 192.168.59.131；server 表示此时服务器的 IP 地址为 192.168.59.254。从输出信息中还可以看到服务器为客户端提供的子网掩码、网关、DNS 服务器地址等信息。输出信息的最后一行为总结信息，表示服务器 192.168.59.254 为客户端提供的 IP 地址为 192.168.59.131。

　　（3）选择阶段的输出信息如下：

```
I accept previous OFFER:
DHCP_____.
| op=request hops=0    xid=B8ED8552  secs=0      flags=0000  |
| client=0.0.0.0  your=0.0.0.0                    |
| server=0.0.0.0  agent=0.0.0.0                   |
| clienteth=00:0C:29:FD:DE:B8                     |
| sname:                                          |
| file:                                           |
| msgtype: request                                |
| clientidtype: 1                                 |
| clientid: 000c29fddeb8                          |
| requestedipad: 192.168.59.131                   |              #选择请求的 IP 地址
| serverid: 192.168.59.254                        |              #服务器 IP 地址
| reqlist[0]: 1 (subnetmask)                      |              #下面为请求的其他信息
| reqlist[1]: 3 (gateways)                        |
| reqlist[2]: 4 (timeservers)                     |
| reqlist[3]: 5 (nameservers)                     |
| reqlist[4]: 6 (dnsservers)                      |
| reqlist[5]: 7 (logservers)                      |
| reqlist[6]: 9 (lprservers)                      |
| reqlist[7]: 12 (hostname)                       |
| reqlist[8]: 15 (domainname)                     |
| reqlist[9]: 28 (broadcastad)                    |
| reqlist[10]: 31 (performroutdisc)               |
```

```
| reqlist[11]: 33 (staticroutes)           |
| reqlist[12]: 40 (nisdomain)              |
| reqlist[13]: 41 (nisservers)             |
| reqlist[14]: 51 (ipadleasetime)          |
| reqlist[15]: 58 (renewaltime)            |
| reqlist[16]: 59 (rebindingtime)          |
| reqlist[17]: 64 (nispdomain)             |
| reqlist[18]: 65 (nispserver)             |
| reqlist[19]: 69 (smtpservers)            |
| reqlist[20]: 70 (pop3servers)            |
| reqlist[21]: 71 (nntpservers)            |
| reqlist[22]: 72 (wwwservers)             |
| reqlist[23]: 74 (ircservers)             |
|_____|
```

以上输出信息中,第 1 行表示客户端接收了服务器提供的地址租约。下面的信息为对应的报文信息。其中,xid 表示事务 ID 为 B8ED8552;由于客户端选择了要请求的 IP 地址,但是没有真正获取到 IP 地址,因此 client 和 your 均为 0.0.0.0;requestedipad 表示客户端选择的 IP 地址为 192.168.59.131。serverid 表示服务器的 IP 地址为 192.168.59.254。

(4)确认阶段的输出信息如下:

```
Server sent us this ACK:
DHCP_____.
| op=reply  hops=0   xid=B8ED8552  secs=0      flags=0000    |
| client=0.0.0.0  your=192.168.59.131          |
| server=192.168.59.254  agent=0.0.0.0         |
| clienteth=00:0C:29:FD:DE:B8                  |
| sname:                                       |
| file:                                        |
| msgtype: ack                                 |
| serverid: 192.168.59.254                     |
| ipadleasetime: 1800                          |
| subnetmask: 255.255.255.0                    |  #客户端的子网掩码
| gateways[0]: 192.168.59.2                    |  #客户端的网关
| dnsservers[0]: 192.168.59.2                  |  #客户端的 DNS 服务器
| domainname: 'localdomain'                    |
| broadcastad: 192.168.59.255                  |
| renewaltime: 900                             |
| rebindingtime: 1575                          |
| end                                          |
|_____|
Server 192.168.59.254(00:50:56:ED:87:BC) gave address 192.168.59.131
Press q to quit.
```

以上输出信息中,第 1 行表示服务器确认了客户端要租约的 IP 地址信息,客户端可以使用请求的 IP 地址了。下面的信息为对应的报文信息。其中,your 表示客户端可以租用的 IP 地址为 192.168.59.131;其他信息给出了客户端使用的子网掩码、网关、DNS 服务器地址等。输出的最后一行信息表示用户可以使用快捷键 q 退出。如果退出,则客户端将不再租用这个 IP 地址,会释放该地址。

(5)为了确认模拟客户端从服务器上是否获取到了 IP 地址,可以通过抓包进行验证,如图 8.12 所示。其中的 4 个数据包就是获取 IP 地址的 4 个阶段的数据包。

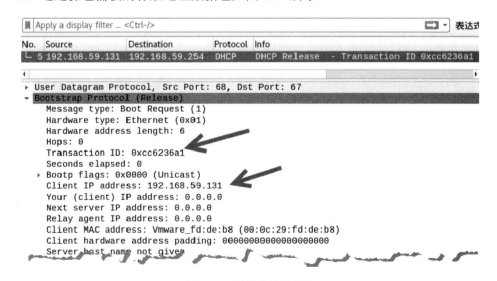

图 8.12　捕获的数据包

（6）如果使用了快捷键 q 退出，将产生释放地址的数据包。输出信息如下：

```
I RELEASE the address:
DHCP
| op=request  hops=0   xid=CC6236A1  secs=0      flags=0000 |
| client=192.168.59.131  your=0.0.0.0                       |
| server=0.0.0.0  agent=0.0.0.0                             |
| clienteth=00:0C:29:FD:DE:B8                               |
| sname:                                                    |
| file:                                                     |
| msgtype: release                                          |
| serverid: 192.168.59.254                                  |
| clientidtype: 1                                           |
| clientid: 000c29fddeb8                                    |
|_____|
```

以上输出信息，第 1 行表示客户端释放了 IP 地址。下面的信息为对应的报文信息。其中，xid 的值为 CC6236A1，这与获取 IP 地址时所产生的事务 ID 不同；client 表示客户端要释放的 IP 地址为 192.168.59.131。

（7）通过抓包捕获的释放地址数据包如图 8.13 所示。

图 8.13　释放地址数据包

（8）从 DHCP 服务器上获取 IP 地址时，为了隐藏真实的 MAC 地址，可以伪造虚假 MAC 地址。例如，设置假 MAC 地址为 01:02:03:A1:A2:A3。执行命令如下：

```
root@daxueba:~# netwox 171 -e 01:02:03:a1:a2:a3
```

输出信息如下：

```
I send a DISCOVER:
DHCP_____.
| op=request hops=0    xid=BDC49614  secs=0       flags=0000    |
| client=0.0.0.0  your=0.0.0.0                                  |
| server=0.0.0.0  agent=0.0.0.0                                 |
| clienteth=01:02:03:A1:A2:A3                                   |
· · ·                                        #省略其他信息
```

从输出信息报文中可以看到，此时客户端的 MAC 地址为假的地址 01:02:03:A1:A2:A3。

8.5 DHCP 协议应用——获取 DHCP 服务器信息

如果客户端有了 IP 地址，将不再发送 DHCP Discover 包。这时，如果要获取网络内 DHCP 服务器信息，可以使用 netwox 提供的编号为 179 的模块来实现。该模块通过向 DHCP 服务器广播发送一个 DHCP INFORM 包，以获取相关的配置参数。DHCP 服务器接收到该数据包后，将根据租约查找相应的配置信息，并返回一个 DHCP ACK 消息。该消息包括相应的客户配置参数，但不包括分配的网络地址。

【实例 8-2】获取 DHCP 服务器详细的网络配置信息，执行命令如下：

```
root@daxueba:~# netwox 179
```

执行命令后将向 DHCP 服务器广播发送 INFORM 报文，同时会得到 DHCP 服务器返回的 ACK 报文。为了方便讲解，下面将信息进行拆分后分别讲解。

（1）发送的 INFORM 报文信息的输出信息如下：

```
I send a INFORM:
DHCP_____.
| op=request hops=0    xid=52FEF936  secs=0       flags=0000    |
| client=192.168.59.133  your=0.0.0.0                          |
| server=0.0.0.0  agent=0.0.0.0                                |
| clienteth=00:0C:29:FD:DE:B8                     #客户端 MAC 地址
| sname:                                          |
| file:                                           |
| msgtype: inform                                 |
| clientidtype: 1                                 |
| clientid: 000c29fddeb8                          |
| reqlist[0]: 1 (subnetmask)                      #请求的网络配置信息
| reqlist[1]: 3 (gateways)                        |
| reqlist[2]: 4 (timeservers)                     |
| reqlist[3]: 5 (nameservers)                     |
| reqlist[4]: 6 (dnsservers)                      |
| reqlist[5]: 7 (logservers)                      |
```

```
| reqlist[6]: 9 (lprservers)               |
| reqlist[7]: 12 (hostname)                |
| reqlist[8]: 15 (domainname)              |
| reqlist[9]: 28 (broadcastad)             |
| reqlist[10]: 31 (performroutdisc)        |
| reqlist[11]: 33 (staticroutes)           |
| reqlist[12]: 40 (nisdomain)              |
| reqlist[13]: 41 (nisservers)             |
| reqlist[14]: 51 (ipadleasetime)          |
| reqlist[15]: 58 (renewaltime)            |
| reqlist[16]: 59 (rebindingtime)          |
| reqlist[17]: 64 (nispdomain)             |
| reqlist[18]: 65 (nispserver)             |
| reqlist[19]: 69 (smtpservers)            |
| reqlist[20]: 70 (pop3servers)            |
| reqlist[21]: 71 (nntpservers)            |
| reqlist[22]: 72 (wwwservers)             |
| reqlist[23]: 74 (ircservers)             |
|_____|
```

以上输出信息中，第 1 行表示 DHCP 客户端向 DHCP 服务器发送了 INFORM 报文，用来请求网络配置信息。下面的信息为报文包含的信息。其中，xid 表示事务 ID 为 52FEF936；client 表示当前客户端的 IP 地址为 192.168.59.133；clienteth 表示当前客户端的 MAC 地址为 00:0C:29:FD:DE:B8。

（2）客户端收到 DHCP 服务器返回的 ACK 报文，并输出如下信息：

```
Server sent us this ACK:
DHCP_____.
| op=reply   hops=0     xid=52FEF936  secs=0      flags=0000  |
| client=192.168.59.133  your=0.0.0.0              |
| server=192.168.59.254  agent=0.0.0.0             |
| clienteth=00:0C:29:FD:DE:B8                      |
| sname:                                           |
| file:                                            |
| msgtype: ack                                     |
| serverid: 192.168.59.254                         |       #服务器 IP 地址
| subnetmask: 255.255.255.0                        |       #子网掩码
| gateways[0]: 192.168.59.2                        |       #网关
| dnsservers[0]: 192.168.59.2                      |       #DNS 服务地址
| domainname: 'localdomain'                        |       #域名
| broadcastad: 192.168.59.255                      |       #广播地址
| end                                              |
|_____|
```

以上输出信息中，第 1 行表示 DHCP 返回了 ACK 报文。其中，xid 的值也为 52FEF936，子网掩码为 255.255.255.0，网关为 192.168.59.2。

（3）为了验证该命令发送的数据包，下面通过抓包进行查看，如图 8.14 所示。

在获取 DHCP 服务器信息时，为了避免被发现，可以伪造 IP 地址和 MAC 地址。例如，设置 IP 地址为 192.168.59.150， MAC 地址为 b1:b2:b3:0a:1a:3a。执行命令如下：

```
root@daxueba:~# netwox 179 -i 192.168.59.150 -e b1:b2:b3:0a:1a:3a
```

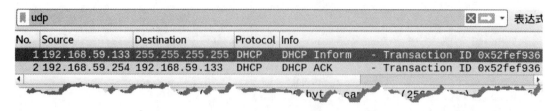

图 8.14 捕获的数据包

输出信息如下：

```
I send a INFORM:
DHCP_____.
| op=request  hops=0    xid=5D72AD9C  secs=0       flags=0000      |
| client=192.168.59.150  your=0.0.0.0                             |
| server=0.0.0.0  agent=0.0.0.0                                   |
| clienteth=B1:B2:B3:0A:1A:3A                                     |
...                                      #省略其他信息
```

其中，客户端的 IP 地址为伪造的地址 192.168.59.150，客户端的 MAC 地址为伪造的
址 B1:B2:B3:0A:1A:3A。

第 9 章　DNS 协议

域名系统（Domain Name System，DNS）是将域名转化为 IP 地址的网络协议。当用户在浏览器中输入域名后，浏览器会向 DNS 服务器发送 DNS 请求，获取指定域名的 IP 地址。DNS 服务器收到请求包后，会发送响应包，返回对应的 IP 地址。浏览器根据响应包中的 IP 地址，访问对应的网站。本章将详细讲解 DNS 协议的构成。

9.1　域　　名

域名（Domain Name）是用来表示 Internet 上某个计算机或计算机组的名称，用于在数据传输时标识计算机的地理位置。下面介绍域名的作用、结构及分类。

9.1.1　域名的作用

在 TCP/IP 网络中，计算机要进行通信首先需要从 DHCP 服务器上获取 IP 地址，然后基于 IP 地址进行通信。由于 IP 地址是由一串数字序列组成，所以难以记忆。并且，计算机的 IP 地址往往不是固定的，是经常变化的。因此，直接使用 IP 地址进行通信有很多不便之处。为了避免这些不便，可以为每台计算机赋予唯一的名称，即域名。计算机之间可以使用域名进行通信。

9.1.2　域名的结构

一个完整的域名由 2 个或 2 个以上的部分组成，各部分之间用英文的句号 . 来分隔，每个部分的长度限制是 63 个字符，域名总长度则不能超过 253 个字符。

9.1.3　域名的分类

域名系统采用层次结构按地理域或机构域进行分层，用小数点将各个层次隔开，从右到左依次为最高域名段、次高域名段等，最左的一个字段为主域名（主机名）。所以，域名可以按照级别和类型进行分类。

1. 域名级别

由于域名是使用 . 进行分隔的，所以通过 . 对域名进行级别分类。最后一个 . 的右边部分称为顶级域名（TLD，也称为一级域名），左边部分称为二级域名（SLD）；二级域名的左边部分称为三级域名，以此类推。每一级的域名控制它下一级域名的分配。例如，163.com 是一级域名，而 house.163.com 是二级域名。

2. 域名类型

由于域名是用来标识唯一的名称，因此可以通过类型进行分类。常见的域名及对应关系如下。

- 国际域名：.com、.top、.net、.org、.cc 和.tv 等。
- 国家/地区域名：cn（中国大陆）、de（德国）、jp（日本）、hk（中国香港）、tw（中国台湾）、uk（英国）和 us（美国）等。
- 机构域名：gov（政府部门）、mil（军事部门）、com（商业性的机构或公司）等。

9.2 域名解析

域名解析就是将域名转化为对应的 IP 地址。该工作由 DNS 服务器完成。本节将讲解域名解析的相关知识。

9.2.1 DNS 资源记录

在 DNS 服务器上，一个域名及其下级域名组成一个区域。相关的 DNS 信息构成一个数据库文件。所以每个区域数据库文件都是由资源记录构成的，一个资源记录就是一行文本，提供了一组有用的 DNS 配置信息。常见的资源记录类型如表 9.1 所示。

表 9.1 资源记录类型及内容

类型	编码	内　　容
A	1	将DNS域名映射到IPv4地址，基本作用是说明一个域名对应了哪些IPv4地址
NS	2	权威名称服务器记录，用于说明这个区域有哪些DNS服务器负责解析
CNAME	5	别名记录，主机别名对应的规范名称
SOA	6	起始授权机构记录，NS记录说明了有多台服务器在进行解析，但哪一个才是主服务器，NS并没有说明，SOA记录说明了在众多NS记录里哪一台才是主要的服务器
PTR	12	IP地址反向解析，是A记录的逆向记录，作用是把IP地址解析为域名
MX	15	邮件交换记录，指定负责接收和发送到域中的电子邮件的主机
TXT	16	文本资源记录，用来为某个主机名或域名设置的说明
AAAA	28	将DNS域名映射到IPv6地址，基本作用是说明一个域名对应了哪些IPv6地址

9.2.2　实施 DNS 查询请求

用户通过浏览器访问网站，一般情况下在浏览器中输入网站的域名，浏览器向 DNS 服务器发送 DNS 请求，请求域名对应的 IP 地址。DNS 服务器查询到 IP 地址以后，将 IP 地址返回给浏览器，浏览器通过该 IP 地址访问网站。上述这些操作都是浏览器自动完成的。在请求 IP 地址过程中，可能会返回多个对应的 IP 地址，或者可以通过多个域名服务器进行解析。这些信息用户都不可能知晓。为了了解这些信息，可以使用 netwox 工具中编号为 102 的模块，实施 DNS 查询请求，并得到对应的信息。

【实例 9-1】已知一个 DNS 查询服务器的 IP 地址为 192.168.59.2，通过该 DNS 服务器查询域名 baidu.com 的 IP 地址信息。执行命令如下：

```
root@daxueba:~# netwox 102 -i 192.168.59.2 -n baidu.com -y a
```

其中，-y 选项用来指定 DNS 资源类型，这里要根据域名查询 IP 地址，指定资源类型为 a。执行命令后，将会发送 DNS 请求。若 DNS 服务器存在，将会返回对应的 DNS 响应信息，显示查询的 IP 地址。为了方便介绍，下面将信息拆分分别讲解。

（1）发送的 DNS 请求信息如下：

```
DNS_question_____.
| id=49550  rcode=OK              opcode=QUERY         |
| aa=0 tr=0 rd=0 ra=0  quest=1  answer=0  auth=0  add=0 |
| baidu.com. A                                         |
|_____|
```

以上输出信息中的第 1 行表示，该部分的信息是 DNS 请求信息。在最后一行中，baidu.com 表示进行查询的域名；A 表示 DNS 查询所使用的类型域，获取域名对应的 IPv4 地址。

（2）返回的 DNS 响应信息，如下：

```
DNS_answer_____.
| id=49550  rcode=OK              opcode=QUERY         |
| aa=0 tr=0 rd=1 ra=1  quest=1  answer=2  auth=5  add=5 |
| baidu.com. A                                         |
| baidu.com. A 5 123.125.115.110       |    #域名及对应的 IP 地址
| baidu.com. A 5 220.181.57.216        |    #域名及对应的 IP 地址
| baidu.com. NS 5 ns2.baidu.com.       |    #解析域名的权威名称服务器
| baidu.com. NS 5 ns7.baidu.com.       |    #解析域名的权威名称服务器
| baidu.com. NS 5 ns3.baidu.com.       |    #解析域名的权威名称服务器
| baidu.com. NS 5 dns.baidu.com.       |    #解析域名的权威名称服务器
| baidu.com. NS 5 ns4.baidu.com.       |    #解析域名的权威名称服务器
| dns.baidu.com. A 5 202.108.22.220    |    #权威名称服务器的 IP 地址
| ns2.baidu.com. A 5 61.135.165.235    |    #权威名称服务器的 IP 地址
| ns3.baidu.com. A 5 220.181.37.10     |    #权威名称服务器的 IP 地址
| ns4.baidu.com. A 5 220.181.38.10     |    #权威名称服务器的 IP 地址
| ns7.baidu.com. A 5 180.76.76.92      |    #权威名称服务器的 IP 地址
|_____|
```

以上输出信息中的第 1 行表示，该部分的信息是 DNS 响应信息。下面信息为报文信息，含义如下：

- rd=1：表示期待递归。
- ra=1：表示服务器支持递归查询。
- quest=1：表示当前有一个请求。
- answer=2：表示查询的域名对应的 IP 地址有两个结果。
- auth=5：表示查询到有 5 个权威名称，服务器可以解析该域名。
- add=5：表示权威名称，服务器对应的 IP 地址信息。

从下面的输出信息可以看出，域名 baidu.com 有两个对应的 IP 地址 123.125.115.110 和 220.181.57.216；该域名有 5 个权威名称服务器，如 ns2.baidu.com，其对应的 IP 地址为 61.135.165.235。

（3）为了验证成功进行了 DNS 查询请求，并得到了对应的 IP 地址信息，可以通过抓包查看，如图 9.1 所示。图中第 4 个数据包为实施域名请求的 DNS 查询数据包，源地址为 192.168.59.133，是当前主机的真实 IP 地址。第 5 个数据包为对应的响应包。

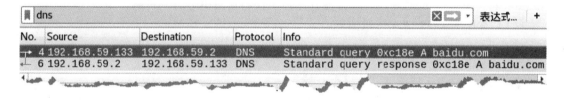

图 9.1　实施域名请求

9.2.3　域名解析流程

域名解析就是查询域名对应的 IP 地址，域名解析流程如图 9.2 所示。

图 9.2 中分 8 个步骤介绍了域名解析的流程，每个步骤如下：

（1）客户端通过浏览器访问域名为 www.baidu.com 的网站，发起查询该域名的 IP 地址的 DNS 请求。该请求发送到了本地 DNS 服务器上。本地 DNS 服务器会首先查询它的缓存记录，如果缓存中有此条记录，就可以直接返回结果。如果没有，本地 DNS 服务器还要向 DNS 根服务器进行查询。

（2）本地 DNS 服务器向根服务器发送 DNS 请求，请求域名为 www.baidu.com 的 IP 地址。

（3）根服务器经过查询，没有记录该域名及 IP 地址的对应关系。但是会告诉本地 DNS 服务器，可以到域名服务器上继续查询，并给出域名服务器的地址（.com 服务器）。

（4）本地 DNS 服务器向.com 服务器发送 DNS 请求，请求域名 www.baidu.com 的 IP 地址。

（5）.com 服务器收到请求后，不会直接返回域名和 IP 地址的对应关系，而是告诉本地 DNS 服务器，该域名可以在 baidu.com 域名服务器上进行解析获取 IP 地址，并告诉 baidu.com 域名服务器的地址。

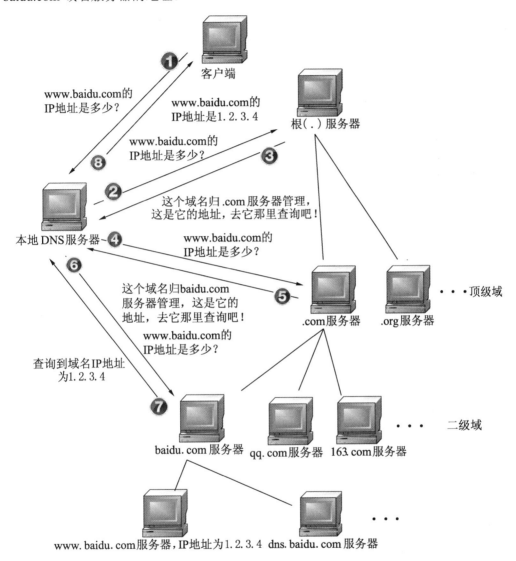

图 9.2 域名解析流程

（6）本地 DNS 服务器向 baidu.com 域名服务器发送 DNS 请求，请求域名 www.baidu.com 的 IP 地址。

（7）baidu.com 服务器收到请求后，在自己的缓存表中发现了该域名和 IP 地址的对应关系，并将 IP 地址返回给本地 DNS 服务器。

（8）本地 DNS 服务器将获取到与域名对应的 IP 地址返回给客户端，并且将域名和 IP 地址的对应关系保存在缓存中，以备下次别的用户查询时使用。

9.2.4 获取运行 BIND 的 DNS 服务器版本

BIND 是一种开源的 DNS（Domain Name System）服务器软件，包含对域名的查询和响应所需的所有功能。它是互联网上使用最广泛的一种 DNS 服务器。为了能够获取运行 BIND 软件的 DNS 服务器的版本，netwox 提供了编号为 103 的模块来实现。

【实例 9-2】已知拥有 BIND 软件的 DNS 服务器的 IP 地址为 162.248.241.94，获取该服务器的版本信息。执行命令如下：

```
root@daxueba:~# netwox 162.248.241.94
```

输出信息如下：

```
9.10.3-P4-Debian
```

上述输出信息表示 DNS 服务器的版本为 9.10.3-P4-Debian。

9.3　DNS 报文格式

DNS 分为查询请求和查询响应，请求和响应的报文结构基本相同。DNS 报文格式如图 9.3 所示。

事务ID（Transaction ID）	标志（Flags）
问题计数（Questions）	回答资源记录数（Answer RRs）
权威名称服务器计数（Authority RRs）	附加资源记录数（Additional RRs）
查询问题区域（Queries）	
回答问题区域（Answers）	
权威名称服务器区域（Authoritative nameservers）	
附加信息区域（Additional records）	

图 9.3　DNS 报文格式

图 9.3 中显示了 DNS 的报文格式。其中，事务 ID、标志、问题计数、回答资源记录数、权威名称服务器计数、附加资源记录数这 6 个字段是 DNS 的报文首部，共 12 个字节。整个 DNS 格式主要分为 3 部分内容，即基础结构部分、问题部分、资源记录部分。下面将详细地介绍每部分的内容及含义。

9.3.1 基础结构部分

DNS 报文的基础结构部分指的是报文首部，如图 9.4 所示。

事务ID（Transaction ID）	标志（Flags）
问题计数（Questions）	回答资源记录数（Answer RRs）
权威名称服务器计数（Authority RRs）	附加资源记录数（Additional RRs）

图 9.4 基础结构部分

该部分中每个字段含义如下。

- 事务 ID：DNS 报文的 ID 标识。对于请求报文和其对应的应答报文，该字段的值是相同的。通过它可以区分 DNS 应答报文是对哪个请求进行响应的。
- 标志：DNS 报文中的标志字段。
- 问题计数：DNS 查询请求的数目。
- 回答资源记录数：DNS 响应的数目。
- 权威名称服务器计数：权威名称服务器的数目。
- 附加资源记录数：额外的记录数目（权威名称服务器对应 IP 地址的数目）。

基础结构部分中的标志字段又分为若干个字段，如图 9.5 所示。

QR	Opcode	AA	TC	RD	RA	Z	rcode

图 9.5 标志字段信息

标志字段中每个字段的含义如下：

- QR（Response）：查询请求/响应的标志信息。查询请求时，值为 0；响应时，值为 1。
- Opcode：操作码。其中，0 表示标准查询；1 表示反向查询；2 表示服务器状态请求。
- AA（Authoritative）：授权应答，该字段在响应报文中有效。值为 1 时，表示名称服务器是权威服务器；值为 0 时，表示不是权威服务器。
- TC（Truncated）：表示是否被截断。值为 1 时，表示响应已超过 512 字节并已被截断，只返回前 512 个字节。
- RD（Recursion Desired）：期望递归。该字段能在一个查询中设置，并在响应中返回。该标志告诉名称服务器必须处理这个查询，这种方式被称为一个递归查询。如果该位为 0，且被请求的名称服务器没有一个授权回答，它将返回一个能解答该查询的其他名称服务器列表。这种方式被称为迭代查询。
- RA（Recursion Available）：可用递归。该字段只出现在响应报文中。当值为 1 时，表示服务器支持递归查询。
- Z：保留字段，在所有的请求和应答报文中，它的值必须为 0。
- rcode（Reply code）：返回码字段，表示响应的差错状态。当值为 0 时，表示没有错误；当值为 1 时，表示报文格式错误（Format error），服务器不能理解请求的报文；当值为 2 时，表示域名服务器失败（Server failure），因为服务器的原因导致没办法处理这个请求；当值为 3 时，表示名字错误（Name Error），只有对授权域名解析服务器有意义，指出解析的域名不存在；当值为 4 时，表示查询类型不支持（Not Implemented），即域名服务器不支持查询类型；当值为 5 时，表示拒绝（Refused），一般是服务器由于设置的策略拒绝给出应答，如服务器不希望对某些请求者给出应答。

为了能够更好地了解 DNS 数据包的基础结构部分，下面通过捕获的 DNS 数据包查看基础结构部分。

（1）DNS 请求数据包基础结构部分，如图 9.6 所示。

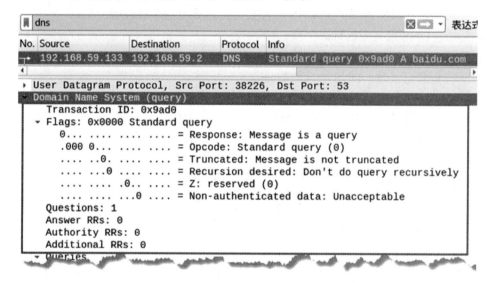

图 9.6 请求报文的基础结构部分

图中的数据包为 DNS 请求包，Domain Name System (query)部分方框标注中的信息为 DNS 报文中的基础结构部分。为了方便讲解这里将信息列出进行说明：

```
Domain Name System (query)
    Transaction ID: 0x9ad0                  #事务 ID
    Flags: 0x0000 Standard query            #报文中的标志字段
        0... .... .... .... = Response: Message is a query
                                            #QR 字段，值为 0，因为是一个请求包
        .000 0... .... .... = Opcode: Standard query (0)
                                            #Opcode 字段，值为 0，因为是标准查询
        .... ..0. .... .... = Truncated: Message is not truncated
                                            #TC 字段
        .... ...0 .... .... = Recursion desired: Don't do query recursively
                                            #RD 字段
        .... .... .0.. .... = Z: reserved (0)#保留字段，值为 0
        .... .... ...0 .... = Non-authenticated data: Unacceptable
                                            #保留字段，值为 0
    Questions: 1                            #问题计数，这里有 1 个问题
    Answer RRs: 0                           #回答资源记录数
```

Authority RRs: 0	#权威名称服务器计数
Additional RRs: 0	#附加资源记录数

以上输出信息显示了 DNS 请求报文中基础结构部分中包含的字段以及对应的值。这里需要注意的是，在请求中 Questions 的值不可能为 0；Answer RRs，Authority RRs，Additional RRs 的值都为 0，因为在请求中还没有响应的查询结果信息。这些信息在响应包中会有相应的值。

（2）DNS 响应数据包基础结构部分如图 9.7 所示。

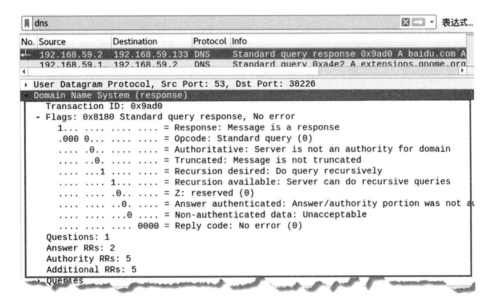

图 9.7　响应报文的基础结构部分

图中方框标注部分为响应包中基础结构部分，每个字段如下：

```
Domain Name System (response)
    Transaction ID: 0x9ad0                              #事务 ID
    Flags: 0x8180 Standard query response, No error     #报文中的标志字段
        1... .... .... .... = Response: Message is a response
                                                        #QR 字段，值为 1，因为是一个响应包
        .000 0... .... .... = Opcode: Standard query (0)# Opcode 字段
        .... .0.. .... .... = Authoritative: Server is not an authority for
        domain                                          #AA 字段
        .... ..0. .... .... = Truncated: Message is not truncated #TC 字段
        .... ...1 .... .... = Recursion desired: Do query recursively
                                                        #RD 字段
        .... .... 1... .... = Recursion available: Server can do recursive
        queries                                         #RA 字段
        .... .... .0.. .... = Z: reserved (0)
        .... .... ..0. .... = Answer authenticated: Answer/authority portion
        was not authenticated by the server
        .... .... ...0 .... = Non-authenticated data: Unacceptable
```

```
          .... .... .... 0000 = Reply code: No error (0)          #返回码字段
     Questions: 1
     Answer RRs: 2
     Authority RRs: 5
     Additional RRs: 5
```

以上输出信息中加粗部分为 DNS 响应包比请求包中多出来的字段信息，这些字段信息只能出现在响应包中。在输出信息最后可以看到 Answer RRs，Authority RRs，Additional RRs 都有了相应的值（不一定全为 0）。

9.3.2 问题部分

问题部分指的是报文格式中查询问题区域（Queries）部分。该部分是用来显示 DNS 查询请求的问题，通常只有一个问题。该部分包含正在进行的查询信息，包含查询名（被查询主机名字）、查询类型、查询类。问题部分格式如图 9.8 所示。

查询名	
查询类型	查询类

图 9.8　问题部分格式

该部分中每个字段含义如下：

- 查询名：一般为要查询的域名，有时也会是 IP 地址，用于反向查询。
- 查询类型：DNS 查询请求的资源类型。通常查询类型为 A 类型，表示由域名获取对应的 IP 地址。
- 查询类：地址类型，通常为互联网地址，值为 1。

（1）DNS 请求包的问题部分字段信息，如图 9.9 所示。

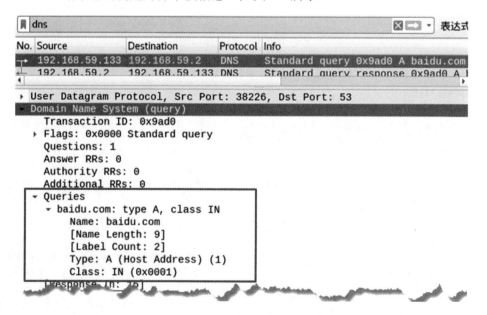

图 9.9　请求报文中的问题部分

图 9.10 中，Queries 部分的信息为问题部分信息，每个字段说明如下：

```
Domain Name System (query)                    #查询请求
    Queries                                   #问题部分
        baidu.com: type A, class IN
            Name: baidu.com                   #查询名字段，这里请求域名 baidu.com
            [Name Length: 9]
            [Label Count: 2]
            Type: A (Host Address) (1)        #查询类型字段，这里为 A 类型
            Class: IN (0x0001)                #查询类字段，这里为互联网地址
```

其中，可以看到 DNS 请求类型为 A，那么得到的响应信息也应该为 A 类型。

（2）DNS 响应包的问题部分字段信息，如图 9.10 所示。从图中 Queries 部分中可以看到，响应包中的查询类型也是 A，与请求包的查询类型是一致的。

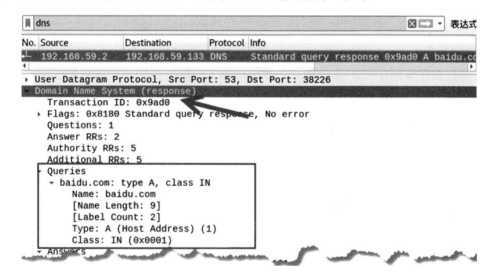

图 9.10　响应报文中的问题部分

9.3.3　资源记录部分

资源记录部分是指 DNS 报文格式中的最后三个字段，包括回答问题区域字段、权威名称服务器区域字段、附加信息区域字段。这三个字段均采用一种称为资源记录的格式，格式如图 9.11 所示。

资源记录格式中每个字段含义如下：

- 域名：DNS 请求的域名。
- 类型：资源记录的类型，与问题部分中的查询类型值是一样的。
- 类：地址类型，与问题部分中的查询类值是一样的。
- 生存时间：以秒为单位，表示资源记录的生命周期，一般用于当地址解析程序取出

资源记录后决定保存及使用缓存数据的时间。它同时也可以表明该资源记录的稳定程度，稳定的信息会被分配一个很大的值。

- 资源数据长度：资源数据的长度。
- 资源数据：表示按查询段要求返回的相关资源记录的数据。

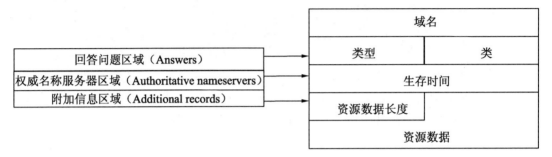

图 9.11　资源记录格式

资源记录部分只有在 DNS 响应包中才会出现。下面通过 DNS 响应包来进一步了解资源记录部分的字段信息。

（1）DNS 响应包的资源记录部分的字段信息，如图 9.12 所示。

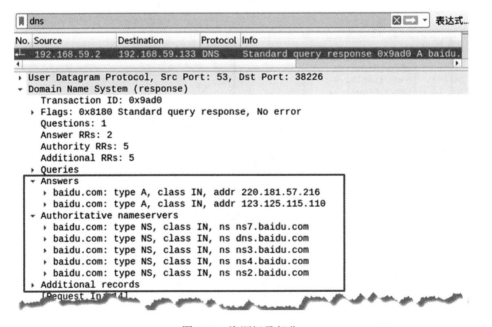

图 9.12　资源记录部分

其中，方框中标注的信息为 DNS 响应报文的资源记录部分信息。该部分信息主要分为三部分信息，即回答问题区域、权威名称服务器区域、附加信息区域，下面依次分析这三部分信息。

（2）回答问题区域字段的资源记录部分信息如下：

```
Answers                                          #"回答问题区域"字段
    baidu.com: type A, class IN, addr 220.181.57.216        #资源记录部分
        Name: baidu.com                     #域名字段，这里请求的域名为 baidu.com
        Type: A (Host Address) (1)          #类型字段，这里为 A 类型
        Class: IN (0x0001)                  #类字段
        Time to live: 5                     #生存时间
        Data length: 4                      #数据长度
        Address: 220.181.57.216             #资源数据，这里为 IP 地址
    baidu.com: type A, class IN, addr 123.125.115.110       #资源记录部分
        Name: baidu.com
        Type: A (Host Address) (1)
        Class: IN (0x0001)
        Time to live: 5
        Data length: 4
        Address: 123.125.115.110
```

其中，Name 的值为 baidu.com，表示 DNS 请求的域名为 baidu.com；类型为 A，表示要获取该域名对应的 IP 地址。Address 的值显示了该域名对应的 IP 地址。这里获取到了 2个 IP 地址，分别为 220.181.57.216 和 123.125.115.110。

（3）权威名称服务器区域字段的资源记录部分信息如下：

```
Authoritative nameservers                        #"权威名称服务器区域"字段
    baidu.com: type NS, class IN, ns ns7.baidu.com     #资源记录部分
        Name: baidu.com
        Type: NS (authoritative Name Server) (2)       #类型字段，这里为 NS 类型
        Class: IN (0x0001)
        Time to live: 5
        Data length: 6
        Name Server: ns7.baidu.com                      #权威名称服务器
    baidu.com: type NS, class IN, ns dns.baidu.com     #资源记录部分
        Name: baidu.com
        Type: NS (authoritative Name Server) (2)       #类型字段，这里为 NS 类型
        Class: IN (0x0001)
        Time to live: 5
        Data length: 6
        Name Server: dns.baidu.com                      #权威名称服务器
    baidu.com: type NS, class IN, ns ns3.baidu.com     #资源记录部分
        Name: baidu.com
        Type: NS (authoritative Name Server) (2)
        Class: IN (0x0001)
        Time to live: 5
        Data length: 6
        Name Server: ns3.baidu.com                      #权威名称服务器
    baidu.com: type NS, class IN, ns ns4.baidu.com     #资源记录部分
        Name: baidu.com
        Type: NS (authoritative Name Server) (2)
        Class: IN (0x0001)
        Time to live: 5
        Data length: 6
```

```
        Name Server: ns4.baidu.com                    #权威名称服务器
  baidu.com: type NS, class IN, ns ns2.baidu.com     #资源记录部分
        Name: baidu.com
        Type: NS (authoritative Name Server) (2)
        Class: IN (0x0001)
        Time to live: 5
        Data length: 6
        Name Server: ns2.baidu.com                    #权威名称服务器
```

其中，Name 的值为 baidu.com，表示 DNS 请求的域名为 baidu.com；类型为 NS，表示要获取该域名的权威名称服务器名称。Name Server 的值显示了该域名对应的权威名称服务器名称。这里总共获取到 5 个，如 ns7.baidu.com。

（4）附加信息区域字段的资源记录部分信息如下：

```
Additional records                                      #"附加信息区域"字段
  dns.baidu.com: type A, class IN, addr 202.108.22.220   #资源记录部分
        Name: dns.baidu.com                     #"权威名称服务器"名称
        Type: A (Host Address) (1)              #类型字段, 这里为 A 类型
        Class: IN (0x0001)
        Time to live: 5
        Data length: 4
        Address: 202.108.22.220                 #"权威名称服务器"的 IP 地址
  ns2.baidu.com: type A, class IN, addr 61.135.165.235    #资源记录部分
        Name: ns2.baidu.com                     #"权威名称服务器"名称
        Type: A (Host Address) (1)              #类型字段, 这里为 A 类型
        Class: IN (0x0001)
        Time to live: 5
        Data length: 4
        Address: 61.135.165.235                 #"权威名称服务器"的 IP 地址
  ns3.baidu.com: type A, class IN, addr 220.181.37.10     #资源记录部分
        Name: ns3.baidu.com                     #"权威名称服务器"名称
        Type: A (Host Address) (1)              #类型字段, 这里为 A 类型
        Class: IN (0x0001)
        Time to live: 5
        Data length: 4
        Address: 220.181.37.10                  #"权威名称服务器"的 IP 地址
  ns4.baidu.com: type A, class IN, addr 220.181.38.10     #资源记录部分
        Name: ns4.baidu.com                     #"权威名称服务器"名称
        Type: A (Host Address) (1)              #类型字段, 这里为 A 类型
        Class: IN (0x0001)
        Time to live: 5
        Data length: 4
        Address: 220.181.38.10                  #"权威名称服务器"的 IP 地址
  ns7.baidu.com: type A, class IN, addr 180.76.76.92      #资源记录部分
        Name: ns7.baidu.com                     #"权威名称服务器"名称
        Type: A (Host Address) (1)              #类型字段, 这里为 A 类型
        Class: IN (0x0001)
        Time to live: 5
        Data length: 4
        Address: 180.76.76.92                   #"权威名称服务器"的 IP 地址
```

其中，Name 的值为"权威名称服务器"名称，Type 的值为 A，表示获取域名对应的 IP 地址；Address 的值显示了所有获取到的权威名称服务器对应的 IP 地址。例如，权威名称服务器名称 ns7.baidu.com 对应的 IP 地址为 180.76.76.92。

9.4　DNS 协议应用——伪造 DNS 服务器

DNS 服务器是进行域名和与之相对应的 IP 地址转换的服务器。正常情况下，用户访问域名网站，首先从 DNS 服务器上或权威名称服务器上获取域名对应的 IP 地址，然后根据该 IP 地址访问网站。为了能够使用户混淆，networx 工具提供了编号为 104 的模块。它可以伪造 DNS 服务器，手动设置假的域名与 IP 地址的对应关系。这样，用户会获取一个域名对应的错误 IP 地址。

【实例 9-3】在主机 192.168.59.133 上伪造域名 baidu.com 的 DNS 服务器。

（1）伪造域名 baidu.com 的 DNS 服务器，伪造该域名对应的 IP 地址为 110.111.112.113，该域名的权威名称服务器为 123.baidu.com，对应的 IP 地址为 56.67.78.89。执行命令如下：

```
root@daxueba:~# netwox 104 -h baidu.com -H 110.111.112.113 -a 123.baidu.com
-A 56.67.78.89
```

执行命令后将成功伪造域名 baidu.com 的 DNS 服务器，当有用户向该服务器请求域名 baidu.com 对应的 IP 地址时，将会给出伪造的地址。

（2）这时，使用 netwox 工具中编号为 102 的模块，请求域名 baidu.com 对应的 IP 地址，执行命令如下：

```
root@daxueba:~# netwox 102 -i 192.168.59.133 -n baidu.com -y a
```

执行命令后，将从伪造的 DNS 服务器（地址为 192.168.59.133）上获取对应的 IP 地址、权威服务器以及对应的 IP 地址信息。获取到的信息如下：

```
DNS_question                                              . #DNS 请求
| id=29841  rcode=OK              opcode=QUERY            |
| aa=0 tr=0 rd=0 ra=0  quest=1  answer=0  auth=0  add=0   |
| baidu.com. A                                            |
|                                                         |
DNS_answer                                               . #DNS 响应
| id=29841  rcode=OK              opcode=QUERY            |
| aa=1 tr=0 rd=0 ra=0  quest=1  answer=1  auth=1  add=1   |
| baidu.com. A                                            |
| baidu.com. A 10 110.111.112.113                         |
                                            #域名对应的 IP 地址
| 123.baidu.com. NS 10 123.baidu.com.                     |
                                            #权威服务器名称
| 123.baidu.com. A 10 56.67.78.89                         |
                                            #权威服务器 IP 地址
|_____|
```

从输出信息可以看到，获取到的域名 baidu.com 对应的 IP 地址为伪造的地址 110.111.112.113，该域名的权威服务器也是伪造的服务器 123.baidu.com，对应的 IP 地址为 56.67.78.89。

9.5　DNS 协议应用——伪造 DNS 响应

在中间人攻击中，当用户访问特定的网站，可以通过伪造 DNS 响应，将用户引导到一个虚假的网站。networx 工具提供的编号为 105 的模块，可以用来伪造 DNS 响应包。

【实例 9-4】已知主机 A 的 IP 地址为 192.168.59.133，主机 B 的 IP 地址为 192.168.59.135。下面介绍主机 A 对主机 B 实施 ARP 攻击，在主机 A 上监听主机 B 的 DNS 请求，并伪造 DNS 响应。

（1）主机 A 对主机 B 实施 ARP 攻击，执行命令如下：

```
root@daxueba:~# arpspoof -i eth0 -t 192.168.59.135 192.168.59.2
```

该命令表示对主机 B 实施 ARP 攻击，伪造的是网关 192.168.59.2。执行命令后输出信息如下：

```
0:c:29:fd:de:b8 0:c:29:ca:e4:66 0806 42: arp reply 192.168.59.2 is-at
0:c:29:fd:de:b8
0:c:29:fd:de:b8 0:c:29:ca:e4:66 0806 42: arp reply 192.168.59.2 is-at
0:c:29:fd:de:b8
0:c:29:fd:de:b8 0:c:29:ca:e4:66 0806 42: arp reply 192.168.59.2 is-at
0:c:29:fd:de:b8
0:c:29:fd:de:b8 0:c:29:ca:e4:66 0806 42: arp reply 192.168.59.2 is-at
0:c:29:fd:de:b8
...                              #省略其他信息
```

上述输出信息表示成功发起了 ARP 攻击，使主机 B 认为网关 192.168.59.2 的 MAC 地址为 00:0c:29:fd:de:b8（实施攻击的主机 A 的 MAC 地址）。

（2）在主机 A 上监听主机 B 的 DNS 请求包，并伪造 DNS 响应，使其返回指定的 DNS 响应。例如，设置 DNS 响应包域名 www.baidu.con 对应的 IP 地址为 101.102.103.104，权威名称服务器 123.baidu.com 对应的 IP 地址为 55.66.77.88。执行命令如下：

```
root@daxueba:~# networx 105 -h www.baidu.com -H 101.102.103.104 -a 123.baidu.
com -A 55.66.77.88
```

执行命令后，没有输出信息。因为主机 B 没有产生 DNS 请求。

（3）当主机 B 上产生了 DNS 请求，该请求将会被主机 A 监听到，并返回设置的 DNS 响应包的信息。例如，当主机 B 访问 www.baidu.con，主机 A 监听并返回的 DNS 响应如下：

```
root@daxueba:~# networx 105 -h www.baidu.com -H 101.102.103.104 -a 123.baidu.
com -A 55.66.77.88
DNS_question_____.  #DNS 请求
| id=22684  rcode=OK             opcode=QUERY             |
| aa=0 tr=0 rd=1 ra=0  quest=1  answer=0  auth=0  add=0   |
```

```
| www.baidu.com. A                                          |
|_____|
DNS_answer_____.  #DNS 响应
| id=22684  rcode=OK              opcode=QUERY             |
| aa=1 tr=0  rd=1  ra=1  quest=1  answer=1  auth=1  add=1  |
| www.baidu.com. A                                         |
| www.baidu.com. A 10 101.102.103.104                      |
| 123.baidu.com. NS 10 123.baidu.com.                      |
| 123.baidu.com. A 10 55.66.77.88                          |
|_____|
```

其中，DNS_question 部分为监听到的主机 B 发送的 www.baidu.com 的 DNS 请求包信息，DNS_answer 部分为主机 A 伪造的 DNS 响应信息，成功返给了主机 B。

第 10 章　Telnet 协议

Telnet 协议是 Internet 远程登录服务的标准协议和主要方式。它为用户提供了在本地计算机上远程管理主机的能力。使用者在自己的电脑上使用 Telnet 程序连接到服务器。然后，在 Telnet 程序中输入命令，这些命令将会在服务器上运行，就像直接在服务器的控制台上输入一样。本章将详细讲解 Telnet 协议的使用方式。

10.1　Telnet 协议概述

为了更好地学习和了解 Telnet 协议，本节将讲解一下 Telnet 的核心内容，如协议的作用、工作流程以及常用的命令。

10.1.1　Telnet 协议的作用

为了方便对其他主机进行控制操作，远程登录成为 Internet 上最广泛的应用之一。Telnet 提供远程登录功能。用户在本地主机上运行 Telnet 客户端，就可登录到远端的 Telnet 服务器。用户在本地输入的命令将由服务器运行，服务器把结果返回到本地。所以，Telnet 的主要用途就是像操作本地计算机一样，操作远程计算机。

10.1.2　工作流程

Telnet 协议工作有规范的流程，大致包括连接、执行命令和断开连接 3 个部分。具体工作流程如图 10.1 所示。

其中，工作流程分为 6 个步骤，每个步骤含义如下：

（1）Telnet 客户端通过 TCP 协议的三次握手与 Telnet 服务器建立连接。

（2）建立连接后，需要通过用户名和密码才能远程登录到服务器。因此，服务器要求客户端提供用户名和密码。

（3）Telnet 客户端输入用户名和密码，尝试登录服务器。

（4）成功登录后客户端向服务器发送要执行的命令。

（5）服务器收到客户端发来的执行命令，开始执行命令，并将结果返回给客户端。

（6）客户端不再需要远程执行命令，将向服务器发送 TCP 断开数据包，用于撤销连接。

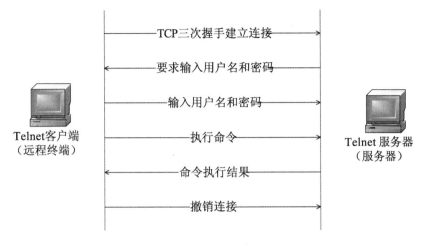

图 10.1　Telnet 工作流程

10.1.3　常用命令

Telnet 是以命令行的方式登录和管理远程计算机的，所以客户端首先需要连接远程的计算机。执行的命令如下：

```
telnet 主机名
```

其中，主机名表示要连接的远程计算机的名称或 IP 地址。成功连接上以后，进入 Telnet 控制台。用户输入的子命令将在远程计算机上执行。Telnet 常用的子命令及含义如下：

- open：建立到远程主机的 Telnet 连接，子命令后跟主机名称或 IP 地址。
- close：关闭现有的 Telnet 连接。
- display：查看 Telnet 客户端的当前设置。
- mode：设置文件传输模式。其中，ASCII 的文件传输模式适用于传输文本文件，而二进制的文件传输模式适用于其他类型的文件，如可执行文件、图片。
- send：向远程计算机发送特殊的 Telnet 协议指令序列，如终止指令序列、中断指令序列或文件结束指令序列。
- set：对 Telnet 客户端进行设置。
- status：显示状态信息。
- environ：设置环境变量。环境变量可以被操作系统用来提供特定的用户或计算机信息。
- logout：注销远程用户并关闭连接。
- quit：退出 Telnet 程序。

- unset：取消对 Telnet 客户端的设置。
- toggle：切换操作参数。
- z：暂停 Telnet 登录。
- ？：显示帮助信息。

10.2　使用 Telnet 服务

Telnet 服务是基于 Telnet 协议工作的网络服务。该服务包括服务器和客户端两部分。本节将讲解如何使用 Telnet 服务。

10.2.1　建立 Telnet 客户端/服务

为了了解 Telnet 服务，首先需要搭建 Telnet 服务，并拥有一个对应的客户端。netwox 工具编号 170 的模块可以构建 Telnet 服务，而编号 99 的模块可以作为 Telnet 客户端。下面演示如何使用这两个模块实现 Telnet 客户端远程登录服务器和执行命令。

【实例 10-1】已知主机 A 的 IP 地址为 192.168.59.135，主机 B 的 IP 地址为 192.168.59.133。通过这两个主机演示 Telnet 服务实现远程登录和执行命令。

（1）在主机 A 上建立 Telnet 服务，设置 Telnet 服务的用户名为 sm，密码为 123。执行命令如下：

```
root@daxueba:~# netwox 170 -l sm -w 123
```

执行命令后没有任何输出信息，但已经建立 Telnet 服务。

（2）在主机 B 上建立 Telnet 客户端，并连接服务器。执行命令如下：

```
root@daxueba:~# netwox 99 -i 192.168.59.135
```

输出信息如下：

```
Welcome 192.168.59.133
Login: sm                          #输入登录 Telnet 服务的用户名
Password:                          #输入登录 Telnet 服务的密码

You can enter a command.
Examples: /bin/ls, /bin/sh -c "pwd;ls", cmd /c dir c:, /bin/bash -i
Note: full path has to be specified
Note: cannot use 'prog1 | prog2', 'program > file' or 'program < file'
$
```

其中，$表示 Telnet 客户端已经成功登录 Telnet 服务器。这时，可以输入要执行的命令。

（3）查看 Telnet 服务器的网络配置信息，输入命令如下：

```
$ /sbin/ifconfig                      #远程执行的命令
eth0: flags=4163<UP,BROADCAST,RUNNING,MULTICAST> mtu 1500
      inet 192.168.59.135 netmask 255.255.255.0 broadcast 192.168.59.255
      inet6 fe80::20c:29ff:feca:e466 prefixlen 64 scopeid 0x20<link>
      inet6 fd15:4ba5:5a2b:1008:193e:aeb1:2bf3:17f8 prefixlen 64 scopeid
      0x0<global>
      inet6 fd15:4ba5:5a2b:1008:20c:29ff:feca:e466 prefixlen 64 scopeid
      0x0<global>
      ether 00:0c:29:ca:e4:66 txqueuelen 1000 (Ethernet)
      RX packets 320730 bytes 454342096 (433.2 MiB)
      RX errors 0 dropped 0 overruns 0 frame 0
      TX packets 147561 bytes 8943252 (8.5 MiB)
      TX errors 0 dropped 0 overruns 0 carrier 0 collisions 0
```

上述输出信息显示了 Telnet 服务器的网络配置信息。例如，网络接口为 eth0，IP 地址为 192.168.59.135，MAC 地址为 00:0c:29:ca:e4:66 等。

10.2.2　远程登录并执行命令

上述远程操作是在成功登录 Telnet 服务器以后才可以执行命令。为了提高效率，netwox 工具提供了编号为 100 的模块，它可以在登录 Telnet 服务器后自动执行命令。

【实例 10-2】已知 Telnet 服务器的 IP 地址为 192.168.59.135，Telnet 服务器的登录用户名为 sm，密码为 123。远程登录该 Telnet 服务器并执行命令查看服务器的网络配置信息。执行命令如下：

```
root@daxueba:~# netwox 100 -i 192.168.59.135 -l sm -w 123 /sbin/ifconfig
```

输出信息如下：

```
eth0: flags=4163<UP,BROADCAST,RUNNING,MULTICAST> mtu 1500
      inet 192.168.59.135 netmask 255.255.255.0 broadcast 192.168.59.255
      inet6 fe80::20c:29ff:feca:e466 prefixlen 64 scopeid 0x20<link>
      inet6 fd15:4ba5:5a2b:1008:193e:aeb1:2bf3:17f8 prefixlen 64 scopeid
      0x0<global>
      inet6 fd15:4ba5:5a2b:1008:20c:29ff:feca:e466 prefixlen 64 scopeid
      0x0<global>
      ether 00:0c:29:ca:e4:66 txqueuelen 1000 (Ethernet)
      RX packets 321007 bytes 454360606 (433.3 MiB)
      RX errors 0 dropped 0 overruns 0 frame 0
      TX packets 147582 bytes 8946281 (8.5 MiB)
      TX errors 0 dropped 0 overruns 0 carrier 0 collisions 0
```

10.3　Telnet 协议包分析——透明模式

在使用 Telnet 服务时，Telnet 提供了选项的交互和协商功能。由于交互方式不同，Telnet 有两种工作模式，分别为透明模式和行模式。下面首先讲解透明模式下的协议包。

透明模式是采用一次一个字符的模式，把用户输入的命令发送给服务器。当得到服务器的回显，再对回显进行确认，表示客户端收到信息。

【实例 10-3】以【实例 10-2】的 Telnet 服务（192.168.59.135），用户名为 sm，密码为 123 为例，本节分析透明模式下的 Telnet 协议包。

10.3.1　TCP 连接

客户端连接服务器的 Telnet 协议包，如图 10.2 所示。这 3 个数据包是 Telnet 客户端（192.168.59.133）连接 Telnet 服务（192.168.59.135）发送的 3 次握手包。

No.	Source	Destination	Protocol	Info
5	192.168.59.133	192.168.59.135	TCP	42292 → 23 [SYN] Seq=0 Win=29200 Len=0
6	192.168.59.135	192.168.59.133	TCP	23 → 42292 [SYN, ACK] Seq=0 Ack=1 Win=2
7	192.168.59.133	192.168.59.135	TCP	42292 → 23 [ACK] Seq=1 Ack=1 Win=29312

图 10.2　客户端连接服务器

10.3.2　Telnet 协商

协商阶段是客户端和服务器之间相互请求对方，对通信过程的消息选项进行确认，明确后续消息的传送方式。协商期间，通信的过程如下：

（1）客户端向服务器发送的选项协商数据包，如图 10.3 所示。其中，第 8 个数据包为客户端向服务器发送的选项协商数据包。在 Telnet 部分，其中，Do 为命令，Echo 为子命令，表示客户端要求服务器端将发送过去的字回显给自己（客户端）。第 9 个数据包为服务段的确认数据包，表示已经收到发来的选项协商数据包。

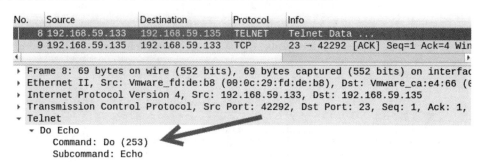

图 10.3　选项协商数据包 1

（2）客户端再次发送的选项协商数据包，如图 10.4 所示。其中，在数据包的 Telnet 部分中，Do 为命令，Suppress Go Ahead 为子命令，表示要抑制 Go Ahead 选项。激活 Suppress Go Ahead 选项是为了使 Echo 选项回显功能有效。

（3）服务器向客户端发送的选项协商数据包，如图 10.5 所示。其中，第 11 个数据包为服务器向客户端发送的选项协商数据包。在 Telnet 部分中，Will 为命令，Echo 为子命令，表示服务器希望客户端将发送过去的字回显给自己（服务器端）。第 12 个数据包为客户端的确认数据包。

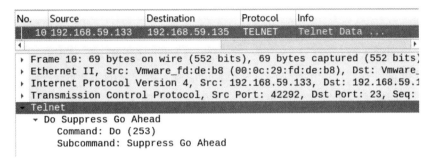

图 10.4　选项协商数据包 2

```
No.    Source            Destination       Protocol   Info
    11 192.168.59.135    192.168.59.133    TELNET     Telnet Data ...
    12 192.168.59.133    192.168.59.135    TCP        42292 → 23 [ACK] Seq=7 Ack=4 W
▶ Frame 11: 69 bytes on wire (552 bits), 69 bytes captured (552 bits) on inter
▶ Ethernet II, Src: Vmware_ca:e4:66 (00:0c:29:ca:e4:66), Dst: Vmware_fd:de:b8
▶ Internet Protocol Version 4, Src: 192.168.59.135, Dst: 192.168.59.133
▶ Transmission Control Protocol, Src Port: 23, Dst Port: 42292, Seq: 1, Ack: 4
▼ Telnet
   ▼ Will Echo
        Command: Will (251)
        Subcommand: Echo
```

图 10.5　选项协商数据包 3

（4）服务器再次发送选项协商数据包，并发送数据信息，如图 10.6 所示。其中，第 13 个数据包 Telnet 部分中，Will 为命令，Suppress Go Ahead 为子命令，激活 Suppress Go Ahead 选项，表示服务器要抑制 Go Ahead 选项。同时，服务器发送了两个数据。Welcome 192.168.59.133\r\n 数据表示服务器欢迎客户端（192.168.59.133）进行登录；Login 数据表示需要客户端输入登录 Telnet 服务器端的用户名。第 14 个数据包为客户端的确认包，表示收到数据包。

```
No.    Source            Destination       Protocol   Info
    13 192.168.59.135    192.168.59.133    TELNET     Telnet Data ...
    14 192.168.59.133    192.168.59.135    TCP        42292 → 23 [ACK] Seq=7 Ack=38
▶ Frame 13: 100 bytes on wire (800 bits), 100 bytes captured (800 bits) on in
▶ Ethernet II, Src: Vmware_ca:e4:66 (00:0c:29:ca:e4:66), Dst: Vmware_fd:de:b8
▶ Internet Protocol Version 4, Src: 192.168.59.135, Dst: 192.168.59.133
▶ Transmission Control Protocol, Src Port: 23, Dst Port: 42292, Seq: 4, Ack:
▼ Telnet
   ▼ Will Suppress Go Ahead
        Command: Will (251)
        Subcommand: Suppress Go Ahead
     Data: Welcome 192.168.59.133\r\n
     Data: Login:
```

图 10.6　要求输入用户名

10.3.3　Telnet 认证

Telnet 认证阶段主要是服务器端对客户端的身份进行确认。通信过程如下所述。

（1）客户端输入登录的用户名，对应的数据包如图 10.7 所示。该数据包的 Telnet 部分中，数据信息只有 s（一个字符），表示客户端输入用户名的第 1 个字符。这是因为这里使用的是透明模式，所以客户端每输入一个字符，都会马上被发送给服务器。发送时采用明文形式。

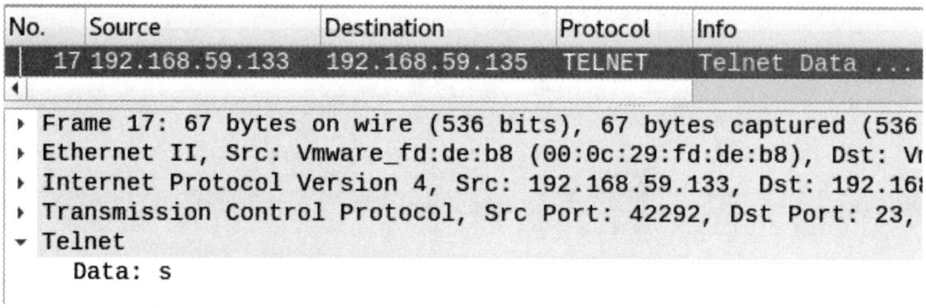

图 10.7　登录用户名第 1 个字符

（2）服务器进行回显，对应的数据包如图 10.8 所示。在第 18 个数据包的 Telnet 部分中，数据信息也只有一个字符 s，这是服务器端输入的字符返回给了客户端。这是因为在协商阶段中，客户端要求服务器进行回显。第 19 个数据包为客户端对服务器回显数据包的确认。

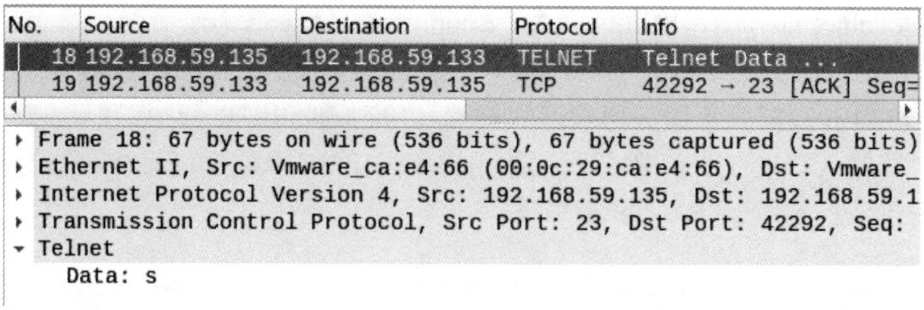

图 10.8　服务器回显

（3）客户端继续输入登录用户名的第 2 个字符，如图 10.9 所示。第 20 个数据包传输的数据为客户端输入用户名的第 2 个字符 m，仍然是单字节发送给服务器。第 21 个数据包为服务器的回显数据包，第 22 个数据包为客户端对服务器回显数据包的确认。以此类推，用户名字节的剩余字节也将按照单个字节的方式发送给服务器，然后服务器进行回显，最后客户端进行确认。

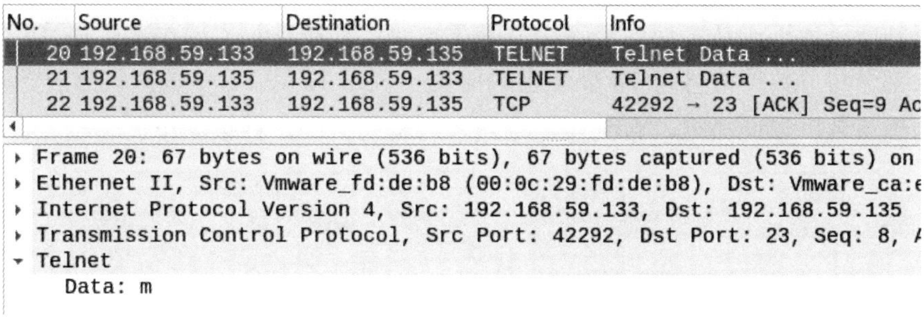

```
No.    Source            Destination       Protocol   Info
    20 192.168.59.133    192.168.59.135    TELNET     Telnet Data ...
    21 192.168.59.135    192.168.59.133    TELNET     Telnet Data ...
    22 192.168.59.133    192.168.59.135    TCP        42292 → 23 [ACK] Seq=9 Ac
```

```
▸ Frame 20: 67 bytes on wire (536 bits), 67 bytes captured (536 bits) on
▸ Ethernet II, Src: Vmware_fd:de:b8 (00:0c:29:fd:de:b8), Dst: Vmware_ca:e
▸ Internet Protocol Version 4, Src: 192.168.59.133, Dst: 192.168.59.135
▸ Transmission Control Protocol, Src Port: 42292, Dst Port: 23, Seq: 8, A
▾ Telnet
     Data: m
```

图 10.9　登录用户名第 2 个字符

（4）当客户端输入完所有的用户名字符以后，按回车键换行，表示用户名输入完毕。这将产生行结束数据包，如图 10.10 所示。在第 24 个数据包的 Telnet 部分中，数据信息为\r\n，表示行结束符，即 CR（回车）和 LF（换行）。第 25 个数据包为服务器的回显数据包，第 26 个数据包为客户端对服务器回显数据包的确认。

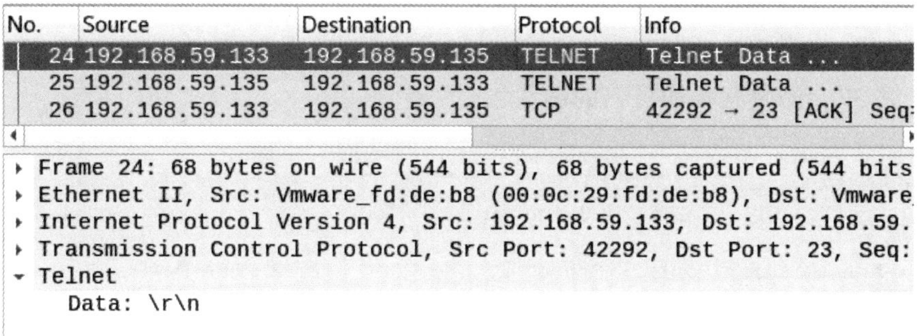

```
No.    Source            Destination       Protocol   Info
    24 192.168.59.133    192.168.59.135    TELNET     Telnet Data ...
    25 192.168.59.135    192.168.59.133    TELNET     Telnet Data ...
    26 192.168.59.133    192.168.59.135    TCP        42292 → 23 [ACK] Seq:
```

```
▸ Frame 24: 68 bytes on wire (544 bits), 68 bytes captured (544 bits
▸ Ethernet II, Src: Vmware_fd:de:b8 (00:0c:29:fd:de:b8), Dst: Vmware_
▸ Internet Protocol Version 4, Src: 192.168.59.133, Dst: 192.168.59.
▸ Transmission Control Protocol, Src Port: 42292, Dst Port: 23, Seq:
▾ Telnet
     Data: \r\n
```

图 10.10　用户名输入完毕

（5）用户名输入完成后，服务器向客户端发送要求输入密码的数据包，如图 10.11 所示。在第 27 个数据包的 Telnet 部分中，数据信息为 Password:，表示服务器要求客户端输入密码。第 28 个数据包为客户端的确认包。

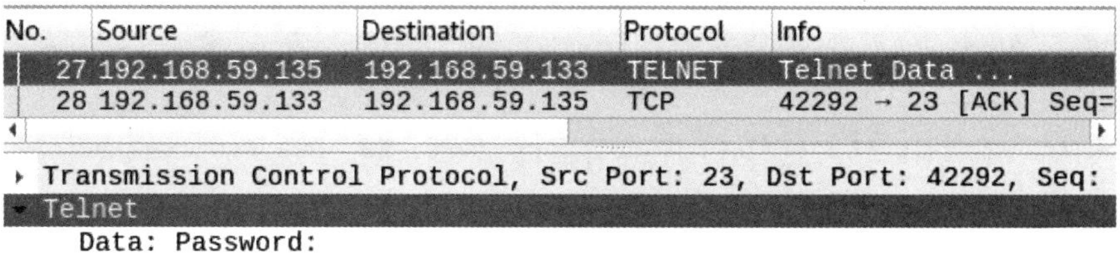

```
No.    Source            Destination       Protocol   Info
    27 192.168.59.135    192.168.59.133    TELNET     Telnet Data ...
    28 192.168.59.133    192.168.59.135    TCP        42292 → 23 [ACK] Seq=
```

```
▸ Transmission Control Protocol, Src Port: 23, Dst Port: 42292, Seq:
▾ Telnet
     Data: Password:
```

图 10.11　要求输入密码

（6）与输入用户名一样，客户端输入密码时，每输入的一个字符都被马上发送给服务器，并得到服务器的确认，但服务器不会回显密码，如图 10.12 所示。在第 30 个数据包的 Telnet 部分中，数据信息为 1，表示密码的第一位是 1。第 31 个数据包为服务器收到输入密码的确认包。以此类推，直到客户端输入所有的密码，并按回车键。

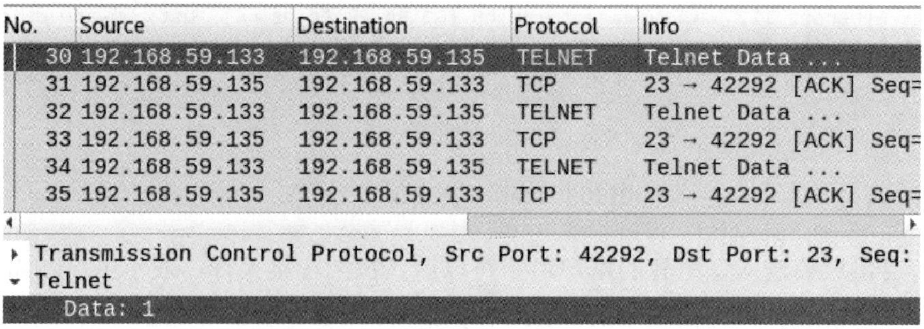

No.	Source	Destination	Protocol	Info
30	192.168.59.133	192.168.59.135	TELNET	Telnet Data ...
31	192.168.59.135	192.168.59.133	TCP	23 → 42292 [ACK] Seq=
32	192.168.59.133	192.168.59.135	TELNET	Telnet Data ...
33	192.168.59.135	192.168.59.133	TCP	23 → 42292 [ACK] Seq=
34	192.168.59.133	192.168.59.135	TELNET	Telnet Data ...
35	192.168.59.135	192.168.59.133	TCP	23 → 42292 [ACK] Seq=

▸ Transmission Control Protocol, Src Port: 42292, Dst Port: 23, Seq:
▾ Telnet
    Data: 1

图 10.12　客户端输入密码

（7）客户端完成密码的输入，并按回车键后，将向服务器发送行结束数据包，如图 10.13 所示。在第 36 个数据包的 Telnet 部分中，数据信息为\r\n，表示此时客户端已经完成密码的输入。第 37 个数据包为服务器的确认包。

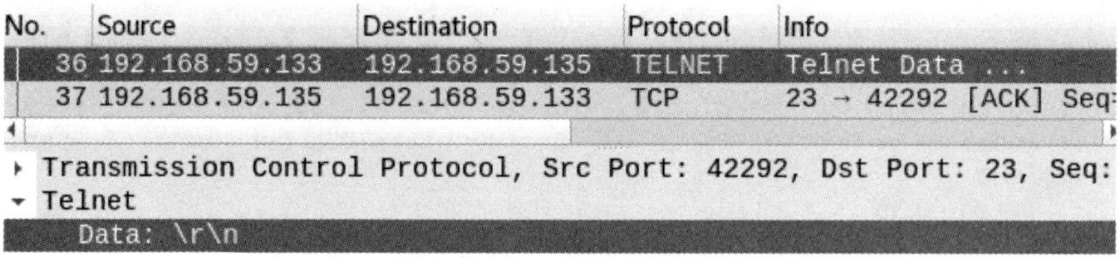

No.	Source	Destination	Protocol	Info
36	192.168.59.133	192.168.59.135	TELNET	Telnet Data ...
37	192.168.59.135	192.168.59.133	TCP	23 → 42292 [ACK] Seq=

▸ Transmission Control Protocol, Src Port: 42292, Dst Port: 23, Seq:
▾ Telnet
    Data: \r\n

图 10.13　密码输入完毕

（8）服务器对完成密码输入的数据包将进行回显，如图 10.14 所示。在第 38 个数据包的 Telnet 部分中，数据信息为\r\n，是回显数据包。第 39 个数据包为客户端的确认包。

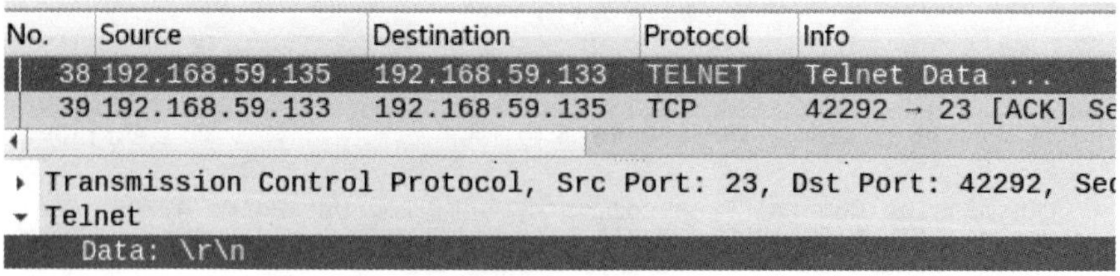

No.	Source	Destination	Protocol	Info
38	192.168.59.135	192.168.59.133	TELNET	Telnet Data ...
39	192.168.59.133	192.168.59.135	TCP	42292 → 23 [ACK] Se

▸ Transmission Control Protocol, Src Port: 23, Dst Port: 42292, Sec
▾ Telnet
    Data: \r\n

图 10.14　服务器回显

（9）密码成功输入以后，客户端将成功登录服务器。服务器将为客户端提供输入执行命令的会话模式，如图 10.15 所示。在第 40 个数据包的 Telnet 部分中给出了多个数据信息，最后一个数据信息为$，表示服务器为客户端提供了会话模式。在该模式下，客户端可以输入要执行的命令。第 41 个数据包为客户端的确认包。

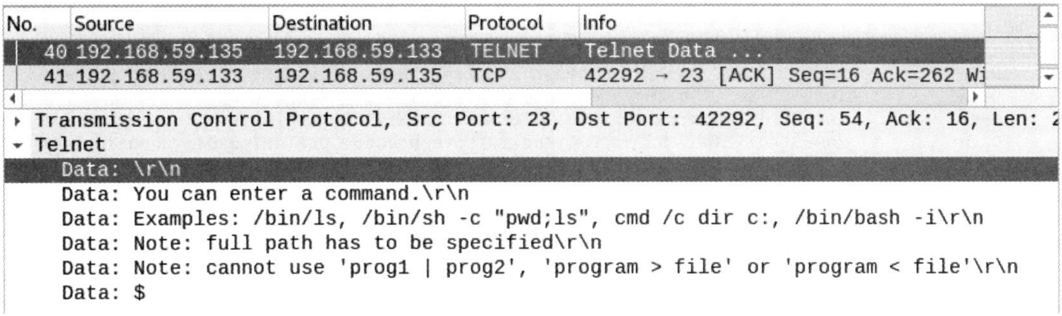

No.	Source	Destination	Protocol	Info
40	192.168.59.135	192.168.59.133	TELNET	Telnet Data ...
41	192.168.59.133	192.168.59.135	TCP	42292 → 23 [ACK] Seq=16 Ack=262 Wi

▶ Transmission Control Protocol, Src Port: 23, Dst Port: 42292, Seq: 54, Ack: 16, Len: 2
▼ Telnet
　　Data: \r\n
　　Data: You can enter a command.\r\n
　　Data: Examples: /bin/ls, /bin/sh -c "pwd;ls", cmd /c dir c:, /bin/bash -i\r\n
　　Data: Note: full path has to be specified\r\n
　　Data: Note: cannot use 'prog1 | prog2', 'program > file' or 'program < file'\r\n
　　Data: $

图 10.15　会话模式

10.3.4　命令交互

命令交互阶段主要完成客户端的命令输入和服务器端的执行和回显。通信过程如下：

（1）例如，客户端要查询服务器的网络配置信息，需要输入命令/sbin/ifconfig。和前面一样，每输入一个字符，都会得到服务器的回显和客户端的确认，如图 10.16 所示。在第 43 个数据包的 Telnet 部分中，数据信息为 / ，表示客户端输入命令的第 1 个字符。第 44 个数据包为服务器的回显数据包，第 45 个数据包为客户端对回显数据包的确认。

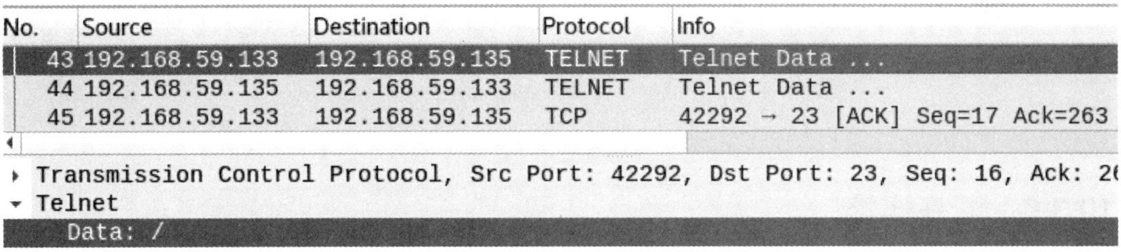

No.	Source	Destination	Protocol	Info
43	192.168.59.133	192.168.59.135	TELNET	Telnet Data ...
44	192.168.59.135	192.168.59.133	TELNET	Telnet Data ...
45	192.168.59.133	192.168.59.135	TCP	42292 → 23 [ACK] Seq=17 Ack=263

▶ Transmission Control Protocol, Src Port: 42292, Dst Port: 23, Seq: 16, Ack: 26
▼ Telnet
　　Data: /

图 10.16　客户端输入命令的第 1 个字符

（2）完成命令的输入以后，服务器将把命令的执行结果返回给客户端，如图 10.17 所示。第 99 个数据包的 Telnet 部分显示了命令的执行结果。第 100 个数据包为客户端的确认。

（3）服务器成功将命令的执行结果返回给客户端以后，再次返回会话模式，等待客户端下一个命令，如图 10.18 所示。在第 101 个数据包的 Telnet 部分中，数据信息为$，表示服务器再次回到会话模式。第 102 个数据包为客户端的确认。

No.	Source	Destination	Protocol	Info
99	192.168.59.135	192.168.59.133	TELNET	Telnet Data ...
100	192.168.59.133	192.168.59.135	TCP	42292 → 23 [ACK] Seq=32 Ack=1369 Win=3...

▸ Transmission Control Protocol, Src Port: 23, Dst Port: 42292, Seq: 278, Ack: 32, Len: 1091
▾ Telnet
    Data: eth0: flags=4163<UP,BROADCAST,RUNNING,MULTICAST> mtu 1500\r\n
    Data: inet 192.168.59.135 netmask 255.255.255.0 broadcast 192.168.59.255\r\n
    Data: inet6 fe80::20c:29ff:feca:e466 prefixlen 64 scopeid 0x20<link>\r\n
    Data: inet6 fd15:4ba5:5a2b:1008:193e:aeb1:2bf3:17f8 prefixlen 64 scopeid 0x0<gl...
    Data: inet6 fd15:4ba5:5a2b:1008:20c:29ff:feca:e466 prefixlen 64 scopeid 0x0<glo...
    Data: ether 00:0c:29:ca:e4:66 txqueuelen 1000 (Ethernet)\r\n
    Data: RX packets 322434 bytes 454456830 (433.4 MiB)\r\n
    Data: RX errors 0 dropped 0 overruns 0 frame 0\r\n
    Data: TX packets 147624 bytes 8951259 (8.5 MiB)\r\n
    Data: TX errors 0 dropped 0 overruns 0 carrier 0 collisions 0\r\n
    Data: \r\n
    Data: lo: flags=73<UP,LOOPBACK,RUNNING> mtu 65536\r\n
    Data: inet 127.0.0.1 netmask 255.0.0.0\r\n
    Data: inet6 ::1 prefixlen 128 scopeid 0x10<host>\r\n
    Data: loop txqueuelen 1000 (Local Loopback)\r\n
    Data: RX packets 100 bytes 5432 (5.3 KiB)\r\n
    Data: RX errors 0 dropped 0 overruns 0 frame 0\r\n
    Data: TX packets 100 bytes 5432 (5.3 KiB)\r\n
    Data: TX errors 0 dropped 0 overruns 0 carrier 0 collisions 0\r\n
    Data: \r\n

图 10.17　命令的执行结果

No.	Source	Destination	Protocol	Info
101	192.168.59.135	192.168.59.133	TELNET	Telnet Data ...
102	192.168.59.133	192.168.59.135	TCP	42292 → 23 [ACK] Seq=32 Ack=1371 Win=3...

▸ Transmission Control Protocol, Src Port: 23, Dst Port: 42292, Seq: 1369, Ack: 32, Len...
▾ Telnet
    Data: $

图 10.18　服务器再次返回"会话"模式

10.3.5　断开连接

如果客户端将不再执行命令，就可以断开连接了。这时，客户端将向服务器发送断开连接的 TCP 数据包，如图 10.19 所示。其中，第 105 个数据包是客户端向服务器发送的请求断开连接的 TCP [FIN，ACK]数据包；第 106 个数据包为服务器进行断开连接的 TCP [FIN，ACK]数据包；第 107 个数据包为客户端的确认。

No.	Source	Destination	Protocol	Info
105	192.168.59.133	192.168.59.135	TCP	42292 → 23 [FIN, ACK] Seq=32 Ack=1371...
106	192.168.59.135	192.168.59.133	TCP	23 → 42292 [FIN, ACK] Seq=1371 Ack=33...
107	192.168.59.133	192.168.59.135	TCP	42292 → 23 [ACK] Seq=33 Ack=1372 Win=...

图 10.19　断开连接

10.4　Telnet 协议包分析——行模式

行模式是指每输入一行信息并按回车键换行时,再将这行信息发送给服务器。在该模式下,服务器不会进行回显。下面介绍行模式的通信过程。

【实例 10-4】仍然以 Telnet 服务 (192.168.59.135),用户名为 sm,密码为 123 为例。下面讲解行模式下的 Telnet 协议包。

(1) 客户端连接服务器的 Telnet 协议包,如图 10.20 所示。

No. ▾	Source	Destination	Protocol	Info
6	192.168.59.133	192.168.59.135	TCP	42384 → 23 [SYN] Seq=0 Win=29200 L
7	192.168.59.135	192.168.59.133	TCP	23 → 42384 [SYN, ACK] Seq=0 Ack=1
8	192.168.59.133	192.168.59.135	TCP	42384 → 23 [ACK] Seq=1 Ack=1 Win=2

图 10.20　客户端连接服务器

(2) 客户端向服务器发送的选项协商数据包,如图 10.21 所示。其中,第 9 个数据包为客户端向服务器发送的选项协商数据包。在 Telnet 部分中,Don't 为命令,Echo 为子命令,表示客户端要求服务器禁止回显。第 10 个数据包为服务段的确认数据包。

No. ▾	Source	Destination	Protocol	Info
9	192.168.59.133	192.168.59.135	TELNET	Telnet Data ...
10	192.168.59.135	192.168.59.133	TCP	23 → 42384 [ACK] Seq=1 Ac

```
▸ Transmission Control Protocol, Src Port: 42384, Dst Port: 23, Seq: 1,
▾ Telnet
    ▾ Don't Echo
        Command: Don't (254)
        Subcommand: Echo
```

图 10.21　选项协商数据包 1

(3) 客户端再次发送的选项协商数据包,如图 10.22 所示。在第 11 个数据包的 Telnet 部分中,Don't 为命令,Suppress Go Ahead 为子命令,表示要服务器抑制 Go Ahead 选项,禁止回显。

No. ▾	Source	Destination	Protocol	Info
11	192.168.59.133	192.168.59.135	TELNET	Telnet Data ...

```
▸ Transmission Control Protocol, Src Port: 42384, Dst Port: 23,
▾ Telnet
    ▾ Don't Suppress Go Ahead
        Command: Don't (254)
        Subcommand: Suppress Go Ahead
```

图 10.22　选项协商数据包 2

（4）服务器向客户端发送的选项协商数据包，如图所 10.23 示。其中，第 12 个数据包为服务器向客户端发送的选项协商数据包。在 Telnet 部分中，Will 为命令，Echo 为子命令，表示服务器希望客户端进行回显。第 13 个数据包为客户端的确认数据包。

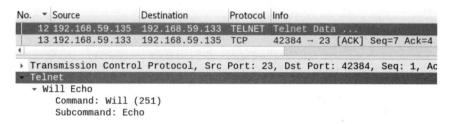

图 10.23　选项协商数据包 3

（5）服务器再次发送的选项协商数据包，如图 10.24 所示。在第 14 个数据包的 Telnet 部分中可以看到，服务器希望客户端进行回显，并激活 Suppress Go Ahead 选项。第 15 个数据包为客户端的确认数据包。

```
No.  ▼ Source            Destination        Protocol  Info
      14 192.168.59.135   192.168.59.133     TELNET    Telnet Data ...
      15 192.168.59.133   192.168.59.135     TCP       42384 → 23 [ACK] Seq=7

  ▶ Transmission Control Protocol, Src Port: 23, Dst Port: 42384, Seq:
  ▼ Telnet
    ▼ Will Suppress Go Ahead
        Command: Will (251)
        Subcommand: Suppress Go Ahead
    ▼ Will Echo
        Command: Will (251)
        Subcommand: Echo
```

图 10.24　选项协商数据包 4

（6）选项协商完成以后，服务器向客户端显示欢迎和要求用户名登录的信息，如图 10.25 所示。其中，第 23 个数据包的 Telnet 部分中可以看到，数据是服务器的欢迎信息，并希望客户端输入登录的用户名。第 24 个数据包为客户端的确认数据包。

```
No.  ▼ Source            Destination        Protocol  Info
      23 192.168.59.135   192.168.59.133     TELNET    Telnet Data ...
      24 192.168.59.133   192.168.59.135     TCP       42384 → 23 [ACK] Se

  ▶ Transmission Control Protocol, Src Port: 23, Dst Port: 42384,
  ▼ Telnet
      Data: Welcome 192.168.59.133\r\n
      Data: Login:
```

图 10.25　要求客户端输入用户名

（7）客户端输入登录的用户名数据包，如图 10.26 所示。在该数据包的 Telnet 部分中可以看到，数据信息为 sm\r\n，表示客户端已经输入了全部的用户名，并按了回车键和换行。这里 sm 为用户名。和透明模式不同的是，行模式不是每输入一个字符就发送给服务器，而是将每行的信息一次性发送给服务器。

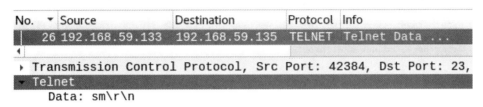

图 10.26　客户端输入用户名

（8）客户端完成输入用户名以后，服务器不会进行回显，而是向客户端发送要求输入密码的信息，如图 10.27 所示。其中，第 27 个数据包的 Telnet 部分数据信息表示服务器要求客户端输入登录的密码。第 28 个数据包为客户端的确认数据包。

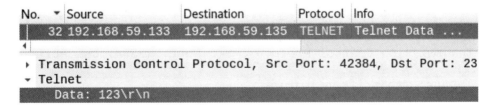

图 10.27　要求客户端输入密码

（9）客户端输入密码，对应的数据包如图 10.28 所示。从该数据包的 Telnet 部分可以看到，数据信息为 123\r\n，表示客户端已经输入了全部的密码，密码为 123，将整个信息一次性发送给服务器。

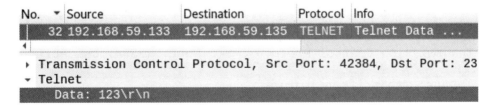

图 10.28　客户端输入密码

（10）成功输入用户名和密码后，客户端将登录服务器。服务器首先向客户端显示说明信息，如图 10.29 所示。第 33 个数据包 Telnet 部分显示了大量的说明信息。例如，客户端可以输入一个命令，并给出命令实例。第 34 个数据包为客户端的确认数据包。

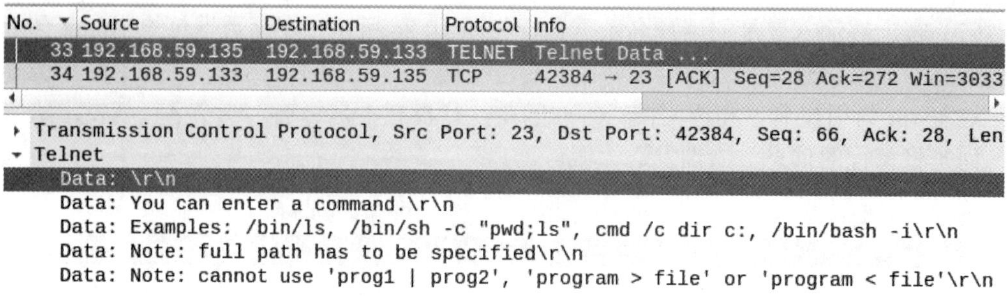

No.	▾ Source	Destination	Protocol	Info
33	192.168.59.135	192.168.59.133	TELNET	Telnet Data ...
34	192.168.59.133	192.168.59.135	TCP	42384 → 23 [ACK] Seq=28 Ack=272 Win=3033

▸ Transmission Control Protocol, Src Port: 23, Dst Port: 42384, Seq: 66, Ack: 28, Len
▾ Telnet
    Data: \r\n
    Data: You can enter a command.\r\n
    Data: Examples: /bin/ls, /bin/sh -c "pwd;ls", cmd /c dir c:, /bin/bash -i\r\n
    Data: Note: full path has to be specified\r\n
    Data: Note: cannot use 'prog1 | prog2', 'program > file' or 'program < file'\r\n

图 10.29　说明信息

（11）服务器向客户端发送完说明信息后，将为客户端提供会话模式。客户端就可以在该模式下输入要执行的命令，如图 10.30 所示。其中，第 35 个数据包 Telnet 部分的数据信息为\$，表示客户端可以在此处输入要执行的命令。第 36 个数据包为客户端的确认数据包。

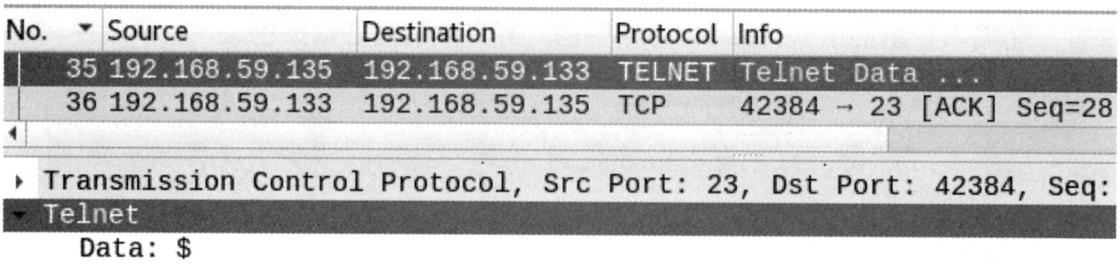

No.	▾ Source	Destination	Protocol	Info
35	192.168.59.135	192.168.59.133	TELNET	Telnet Data ...
36	192.168.59.133	192.168.59.135	TCP	42384 → 23 [ACK] Seq=28

▸ Transmission Control Protocol, Src Port: 23, Dst Port: 42384, Seq:
▾ Telnet
    Data: \$

图 10.30　提供会话模式

（12）客户端输入要执行的命令，这里输入查询服务器网络配置信息的命令，如图 10.31 所示。第 47 个数据包 Telnet 部分的数据信息为/sbin/ifconfig\r\n，表示客户端已经输入了全部的命令。该命令被一次性发送给服务器。

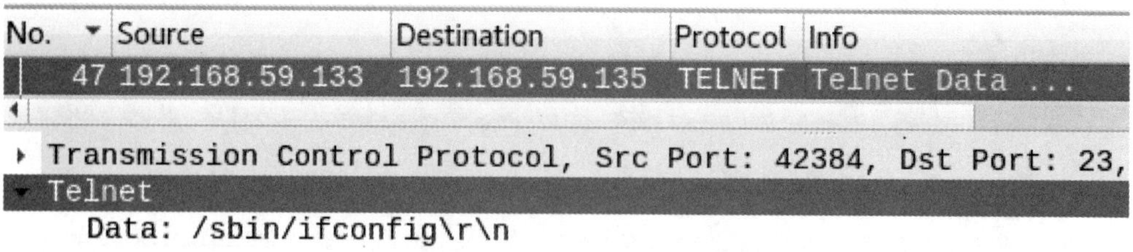

No.	▾ Source	Destination	Protocol	Info
47	192.168.59.133	192.168.59.135	TELNET	Telnet Data ...

▸ Transmission Control Protocol, Src Port: 42384, Dst Port: 23,
▾ Telnet
    Data: /sbin/ifconfig\r\n

图 10.31　客户端输入执行的命令

（13）客户端完成输入的命令后，服务器向客户端返回命令的执行结果，如图 10.32 所示。其中，第 48 个数据包 Telnet 部分显示了服务器的网络配置信息。第 49 个数据包为客户端的确认数据包。

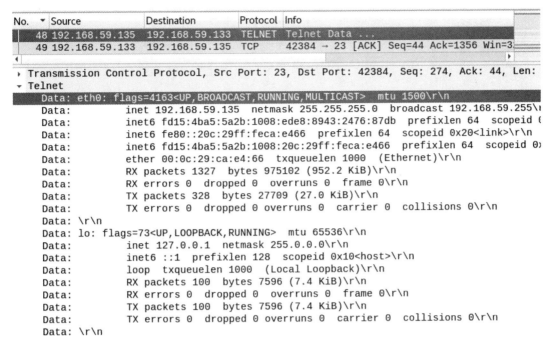

No.	▼ Source	Destination	Protocol	Info
48	192.168.59.135	192.168.59.133	TELNET	Telnet Data ...
49	192.168.59.133	192.168.59.135	TCP	42384 → 23 [ACK] Seq=44 Ack=1356 Win=3

▸ Transmission Control Protocol, Src Port: 23, Dst Port: 42384, Seq: 274, Ack: 44, Len:
▾ Telnet
　　Data: eth0: flags=4163<UP,BROADCAST,RUNNING,MULTICAST>　mtu 1500\r\n
　　Data:　　　　inet 192.168.59.135　netmask 255.255.255.0　broadcast 192.168.59.255\
　　Data:　　　　inet6 fd15:4ba5:5a2b:1008:ede8:8943:2476:87db　prefixlen 64　scopeid (
　　Data:　　　　inet6 fe80::20c:29ff:feca:e466　prefixlen 64　scopeid 0x20<link>\r\n
　　Data:　　　　inet6 fd15:4ba5:5a2b:1008:20c:29ff:feca:e466　prefixlen 64　scopeid 0\
　　Data:　　　　ether 00:0c:29:ca:e4:66　txqueuelen 1000　(Ethernet)\r\n
　　Data:　　　　RX packets 1327　bytes 975102 (952.2 KiB)\r\n
　　Data:　　　　RX errors 0　dropped 0　overruns 0　frame 0\r\n
　　Data:　　　　TX packets 328　bytes 27709 (27.0 KiB)\r\n
　　Data:　　　　TX errors 0　dropped 0 overruns 0　carrier 0　collisions 0\r\n
　　Data: \r\n
　　Data: lo: flags=73<UP,LOOPBACK,RUNNING>　mtu 65536\r\n
　　Data:　　　　inet 127.0.0.1　netmask 255.0.0.0\r\n
　　Data:　　　　inet6 ::1　prefixlen 128　scopeid 0x10<host>\r\n
　　Data:　　　　loop　txqueuelen 1000　(Local Loopback)\r\n
　　Data:　　　　RX packets 100　bytes 7596 (7.4 KiB)\r\n
　　Data:　　　　RX errors 0　dropped 0　overruns 0　frame 0\r\n
　　Data:　　　　TX packets 100　bytes 7596 (7.4 KiB)\r\n
　　Data:　　　　TX errors 0　dropped 0 overruns 0　carrier 0　collisions 0\r\n
　　Data: \r\n

图 10.32　命令执行结果

（14）服务器成功向客户端返回命令的执行结果后，再次进入会话模式，等待客户端下一个命令，如图 10.33 所示。其中，第 50 个数据包的 Telnet 部分的数据信息为$，表示服务器再次回到会话模式。第 51 个数据包为客户端的确认数据包。

No.	▼ Source	Destination	Protocol	Info
50	192.168.59.135	192.168.59.133	TELNET	Telnet Data ...
51	192.168.59.133	192.168.59.135	TCP	42384 → 23 [ACK] S

▸ Transmission Control Protocol, Src Port: 23, Dst Port: 42384,
▾ Telnet
　　Data: $

图 10.33　会话模式

（15）如果客户端将不再执行命令，将向服务器请求断开连接。对应的数据包如图 10.34 所示。其中，第 53 个数据包是客户端向服务器发送的请求断开连接的 TCP [FIN，ACK] 数据包；第 54 个数据包为服务器进行断开连接的 TCP [FIN，ACK]数据包；第 55 个数据包为客户端的确认。

No.	Source	Destination	Protocol	Info
53	192.168.59.133	192.168.59.135	TCP	42384 → 23 [FIN, ACK] Seq=44 Ac
54	192.168.59.135	192.168.59.133	TCP	23 → 42384 [FIN, ACK] Seq=1358
55	192.168.59.133	192.168.59.135	TCP	42384 → 23 [ACK] Seq=45 Ack=135

图 10.34　断开连接数据包

10.5　暴力破解 Telnet 服务

远程登录 Telnet 服务器需要知道登录的用户名和密码。如果只知道用户名而不知道密码是无法登录的。在渗透测试中，就需要对密码进行暴力破解。networx 工具提供了编号为 101 的模块，用于密码暴力破解。

【实例 10-5】已知 Telnet 服务器的 IP 地址为 192.168.59.135，登录用户名为 sm。使用密码字典 password.txt 进行暴力破解，获取登录的密码。

（1）查看密码字典 password.txt 中的密码，执行命令如下：

```
root@daxueba:~# cat /password.txt
```

输出信息如下：

```
admin
abc
19890106
123
ab12
root
```

以上输出信息显示该密码字典中有 6 个密码。

（2）进行密码暴力破解，执行命令如下：

```
root@daxueba:~# netwox 101 -i 192.168.59.135 -L sm -w /password.txt
```

输出信息如下：

```
Trying(thread1) "sm" - "admin"                    #尝试使用密码 admin
Trying(thread2) "sm" - "abc"
Trying(thread3) "sm" - "19890106"
Trying(thread4) "sm" - "123"
Trying(thread5) "sm" - "ab12"
Couple(thread2) "sm" - "abc" -> bad
Trying(thread2) "sm" - "root"
Couple(thread1) "sm" - "admin" -> bad             #使用密码 admin 进行匹配，密码错误
Couple(thread3) "sm" - "19890106" -> bad
Couple(thread5) "sm" - "ab12" -> bad
Couple(thread4) "sm" - "123" -> good              #使用密码 123 进行匹配，密码正确
Couple(thread2) "sm" - "root" -> bad
```

输出信息显示，尝试使用密码字典的所有密码与用户名进行匹配。如果密码错误，将显示 bad；如果密码正确，则显示 good。这里，暴力破解成功，Telnet 服务器的登录密码为 123。

第 11 章 SNMP 协议

简单网络管理协议（Simple Network Management Protocol，SNMP）是由互联网工程任务组定义的一套网络管理协议。该协议是基于简单网关监视协议（Simple Gateway Monitor Protocol，SGMP）制定的。SNMP 可以使网络管理员通过一台工作站完成对计算机、路由器和其他网络设备的远程管理和监视。本章将详细介绍 SNMP 协议的相关知识。

11.1 SNMP 协议工作方式

利用 SNMP 协议可以更好地管理和监控网络。管理工作站可以远程管理所有支持该协议的网络设备，如监视网络状态、修改网络设备配置、接收网络事件警告等。下面介绍 SNMP 协议的作用、构成、工作原理及通信方式等内容。

11.1.1 SNMP 协议概述

上一章介绍的 Telnet 协议可以用于连接远程计算机，并进行管理与控制，如远程执行命令。这种情况下，执行的命令有一定的局限性，如只能执行远程主机上支持的命令。由于网络设备越来越多，网络规模越来越大，管理这些设备也越来越重要。远程管理网络的需求日益迫切，SNMP 应运而生。SNMP 协议能够帮助网络管理员提高网络管理效率，及时发现和解决网络问题，对网络增长做好规划。网络管理员还可以通过 SNMP 协议，接收网络节点的通知消息和警告事件报告等，从而获知网络出现的问题。

SNMP 目前共有 3 个版本，分别为 v1、v2 和 v3，说明如下：

- SNMP v1：是 SNMP 协议的最初版本，在 1988 年被制定，并被 Internet 体系结构委员会（IAB）采纳作为一个短期的网络管理解决方案。
- SNMP v2：是 1992 年发布的 SNMP 的第二个版本。它修订了第一版，并且在性能、安全、机密性和管理者之间通信等方面进行了大量改进。
- SNMP v3：是目前最新的版本。它是 2004 年制定的，协议编号为 RFC3411-RFC3418（STD0062）。它为提升协议的安全性，增加了认证和密文传输功能。

11.1.2　SNMP 架构组成

SNMP 的架构由 3 部分组成，分别为社区、网络管理站和节点，如图 11.1 所示。

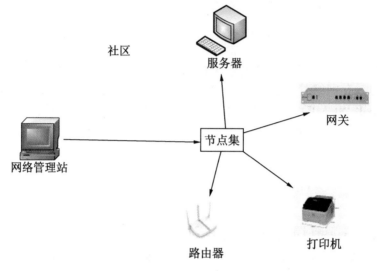

图 11.1　结构组成

社区、网络管理站和节点说明如下：

- 社区：同一个管理框架下的网络管理站和所有节点的集合。
- 网络管理站：一个管理控制台，也称为网络管理系统（Network Management System，NMS）。它是一台带有必要 SNMP 管理软件的普通计算机，主要用来管理与监控网络上的设备。
- 节点：网络上的设备（被管理的设备）。例如，图 11.1 中的路由器、网关等都是节点设备。

11.1.3　工作原理

SNMP 可以用来发现、查询和监视网络中其他设备的状态信息。其工作流程如图 11.2 所示。

图 11.2 中展现了管理员通过 NMS 获取网关监控数据的工作流程，其中涉及了一些 SNMP 协议的关键信息。为了方便理解，下面先介绍这些信息的作用及含义。

- MIB（管理信息库）：任何一个被管理的设备都表示成一个对象，并称为被管理的对象。而 MIB 就是被管理对象的集合。它定义了被管理对象的一系列属性，如对象的名称、对象的访问权限和对象的数据类型等。每个设备都有自己的 MIB。MIB

是一种树状数据库，MIB 管理的对象，就是树的端节点，每个节点都有唯一位置和唯一名字。

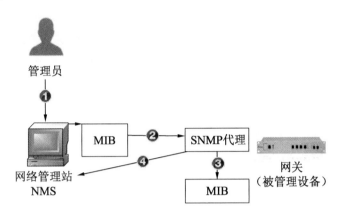

图 11.2　SNMP 工作流程

- SNMP 代理：是一种嵌入在被管理设备中的网络管理软件模块，主要用来控制本地机器的管理信息。它还负责将管理信息转换成 SNMP 兼容的格式，传递给 NMS。

图 11.2 所示的工作流程分为以下 4 个步骤：

（1）当管理员查询被管理设备中的对象的相关值时，首先通过网络管理站 NMS 中的 MIB 找到相关对象。

（2）网络管理站 NMS 向 SNMP 代理申请 MIB 中定义对象的相关值。

（3）SNMP 代理在自己的 MIB 库中进行查找。

（4）SNMP 代理将找到的对象相关值返回给网络管理站 NMS。

11.1.4　通信方式

SNMP 采用特殊的客户机/服务器模式进行通信。这里的客户端指的是网络管理站 NMS，服务器指的是 SNMP 代理。实际上它们的通信方式是网络管理站 NMS 与 SNMP 代理之间的通信，如图 11.3 所示。

图 11.3　通信方式

图 11.3 中的通信方式分为请求与应答两个步骤：

（1）网络管理站 NMS 向 SNMP 代理发出请求，询问一个 MIB 定义的信息的参数值。

（2）SNMP 代理收到请求后，返回关于 MIB 定义信息的各种查询。

11.1.5　操作类型

SNMP 协议用来管理管理站 NMS 与 SNMP 代理之间的信息交互。因此，它提供了多种操作类型。常用的 6 种操作类型如图 11.4 所示。

图 11.4 中为 5 种信息交互形式的操作类型，一共有 6 种操作类型，每种操作类型含义如下：

- get-request：网络管理站 NMS 从 SNMP 代理处提取一个或多个参数值。
- get-response：返回一个或多个参数的值。
- get-next-request：网络管理站 NMS 从 SNMP 代理处提取一个或多个参数的下一个参数值。

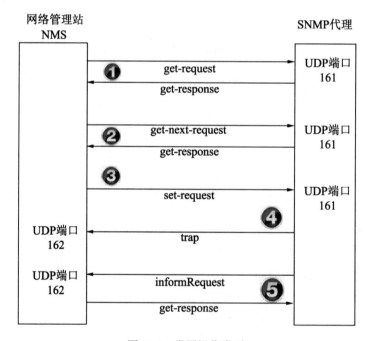

图 11.4　常用操作类型

- set-request：网络管理站 NMS 设置 SNMP 代理处 MIB 的相关参数值。
- trap：SNMP 代理主动向网络管理站 NMS 发送报文消息。
- informRequest：SNMP 代理主动向网络管理站 NMS 发送报文消息，NMS 进行响应。

11.2　信　息　格　式

通过前面的学习我们知道，MIB 是一个信息管理库，在该库中包含了大量的对象，这些对象有自己唯一的位置和名字。那么它们是如何进行区分的呢？本节将介绍这些信息格式。

11.2.1　对象标识符（OID）

管理信息库 MIB 指明了网络元素所维持的变量，即能够被管理进程查询和设置的信息。MIB 给出了网络中所有可能的被管理对象集合的数据结构。SNMP 的管理信息库采用和域名系统 DNS 相似的树形结构，如图 11.5 所示。

图 11.5 所示为管理信息库中的一部分信息。最上面部分为根，没有名字，其余部分都是节点，由一个专用的名字和数字这两部分构成。这些名字不是随便分配的，而是由一些权威组织进行管理和分配的。

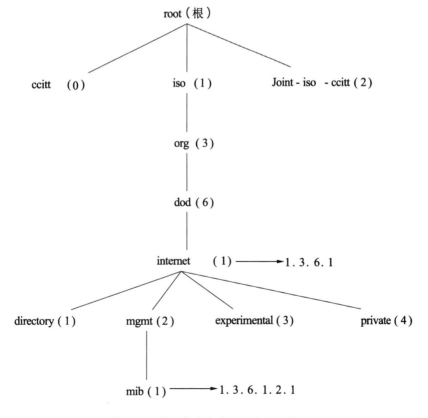

图 11.5　管理信息库中的对象标识符

图中的每一个节点表示一个被管理的对象，每一个对象都可以从根开始找出一条唯一的路径，这个路径就是对象标识符 OID，它是以点"."进行分隔的整数序列。例如，对象标识符 1.3.6.1.2.1，表示对象 iso.org.dod.internet.mgmt.mib。

11.2.2　对象下面的分组

在管理信息库 MIB 中，管理对象下面会被分为若干个组。例如，管理对象 mib 的分组如图 11.6 所示。其中，mib 下的分组有 system 组、interfaces 组和 at 组等。

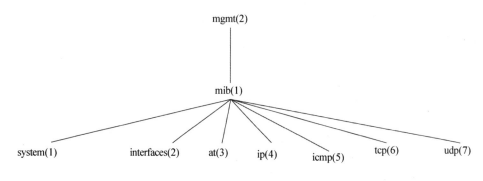

图 11.6　管理对象下面的分组

11.2.3　数据类型（值类型）

管理信息库 MIB 用于收集和储存管理信息（管理对象的状态和统计信息），并且能够使 NMS 通过 SNMP 代理查询对象信息或进行设置。而 MIS 用于定义通过 SNMP 协议可访问对象的规则，它定义在 MIB 中使用的数据类型。常用的数据类型及含义如下：

- Integer：整数类型，有多种形式。有些整型变量没有范围限制，有些整型变量定义为特定的数值。例如，IP 的转发标志只有允许转发或者不允许转发。有些整型变量定义包含特定的范围，如 UDP 和 TCP 的端口号从 0～65535）。
- OCTER STRING：0 或多个 8bit 字节，每个字节值在 0～255 之间。
- Display String：0 或多个 8bit 字节，但是每个字节必须是 ASCII 码。在 MIB-II 中，所有该类型的变量不能超过 255 个字符，但可以为 0 个字符。
- OBJECT IDENTIFIER：对象标识符。
- NULL：表示相关的变量没有值。例如，在 get 或 get-next 操作中，变量的值就是 NULL。因为这些值还没有获取。
- IpAddress：以网络序表示的 IP 地址。因为它是一个 32 位的值，所以定义为 4 个字节。

- PhysAddress：OCTER STRING 类型，代表物理地址。例如，以太网物理地址为 6 个字节。
- Counter：以网络序表示的 IP 地址。它是一个 32 位的值，被定义为 4 个字节。
- Gauge：非负整数，取值范围为 0～4294976295（或增或减）。达到最大值后锁定，直到复位。例如，MIB 中的 tcpCurrEstab 就是这种类型，它代表目前在 ESTABLISHED 或 CLOSE_WAIT 状态的 TCP 连接数。
- TimeTicks：时间计数器，以 0.01 秒为单位递增，但是不同的变量可以有不同的递增幅度。所以在定义这种类型变量时，必须指定递增幅度。
- SEQUENCE：用于列表。这一数据类型与大多数程序设计语言中的 structure 类似。一个 SEQUENCE 包括 0 个或多个元素，每一个元素可以是另一个 ASN.1 数据类型。

11.3　报文分析和构建

11.3.1　报文格式

SNMP 协议中提供了多种操作类型，但是它们的报文格式主要分为两种格式。下面详细介绍这两种报文格式。

1．第一种报文格式

在 SNMP 协议中，操作类型 get-request、get-response、get-next-request、set-request 或 informRequest 的报文格式基本是相同的。报文格式如图 11.7 所示。

版本	共同体	PDU类型	请求标识	差错状态	差错索引	名称	值

图 11.7　第一种报文格式

报文中每个字段的含义如下：

- 版本：版本字段，写入版本字段的是版本号减 1。例如，SNMP（即 SNMPV1）应写入 0。
- 共同体：字符串形式，作为网络管理站 NMS 和 SNMP 代理之间的明文口令，默认为 public。
- PDU 类型：SNMP 协议的操作类型。值为 0，表示 get-request 操作；值为 1，表示 get-next-request 操作；值为 2，表示 get-response 操作；值为 3，表示 set-request 操作；值为 7，表示 informRequest 操作。

- 请求标识：管理站 NMS 设置的一个整数值。SNMP 代理在发送 get-response 报文时也要返回此请求标识符。
- 差错状态：整数，由 SNMP 代理进行标注，指明有错误发生。可用的值及含义如表 11.1 所示。
- 差错索引：当出现 noSuchName、badValue 或 readOnly 的错误时，由代理进程在回答时设置的一个整数。该数值指明引起错误的变量在变量列表中的偏移位置。
- 名称：MIB 管理信息库中的 OID。
- 值：OID 对应的值。

表 11.1　错误状态

错误状态	名　　称	含　　义
0	noError	一切正常
1	tooBig	代理无法将回答封装到一个SNMP报文之中
2	noSuchName	操作使用了一个不存在的变量
3	badValue	一个set操作使用了一个无效值或无效语法
4	readOnly	管理进程试图修改一个只读变量
5	genErr	其他错误

2．第二种报文格式

在 SNMP 协议中，trap 操作类型的报文格式基本是相同的。报文格式如图 11.8 所示。

版本	共同体	PDU类型	企业	SNMP代理地址	trap类型	特定代码	时间戳	名称	值

图 11.8　第二种报文格式

报文中每个字段的含义如下：
- 版本：版本字段。
- 共同体：作为管理进程和代理进程之间的明文口令，默认为 public。
- PDU 类型：SNMP 协议的操作类型。这里值为 4。
- 企业：填入 trap 报文的网络设备的 OID。该 OID 必须在 1.3.6.1.4.1 的节点上。
- SNMP 代理地址：SNMP 代理的 IP 地址。
- trap 类型：trap 类型可用的类型及含义如表 11.2 所示。

表 11.2　trap类型

trap类型	名　　称	含　　义
0	coldStart	代理进行了初始化
1	warmStart	代理进行了重新初始化
2	linkDown	一个接口从工作状态变为故障状态
3	linkUp	一个接口从故障状态变为工作状态
4	authenticationFailure	从网络管理站NMS接收到一个具有无效共同体的报文
5	egpNeighborLoss	一个EGP相邻站变为故障状态
6	enterpriseSpecific	代理自定义的事件，在这个特定的代码字段中查找trap信息

- 特定代码：指明代理自定义的时间。
- 时间戳：指明从代理进程初始化到 trap 报告的事件发生所经历的时间，单位为 10ms。例如，时间戳为 1908 表明在代理初始化后 19080ms 发生了该事件。
- 名称：MIB 管理信息库中的 OID。
- 值：OID 对应的值。

11.3.2　构建 SNMP Get 请求

Get 请求表示网络管理站 NMS 要从 SNMP 代理处获取被管理设备上的一个或多个参数值。netwox 工具中编号为 159 的模块可以实现 SNMP Get 请求功能，它可以向 SNMP 服务设备发送 Get 请求，获取指定参数的值。语法格式如下：

```
netwox 159 -q OID -i IP
```

其中，-q 选项用来指定对象标识符，表示要获取该标识符对应的值；-i 选项用来指定 SNMP 服务地址。

【实例 11-1】已知支持 SNMP 协议的远程网络设备地址为 199.58.200.68。在主机 192.168.59.133 上，构建 SNMP Get 请求，获取该设备上的系统基本信息。

（1）获取系统基本信息，执行命令如下：

```
root@daxueba:~# netwox 159 -q ".1.3.6.1.2.1.1.1.0" -i 199.58.200.68
```

命令中的.1.3.6.1.2.1.1.1.0 为对象标识符，表示系统基本信息参数位置。获取到的系统基本信息如下：

```
'Dell Out-of-band SNMP Agent for Remote Access Controller'
```

以上输出信息显示了远程设备的系统信息，从中可以了解到该设备是戴尔远程访问控制器。

（2）通过抓包可以捕获到对应的请求和响应包。Get 请求包如图 11.9 所示。

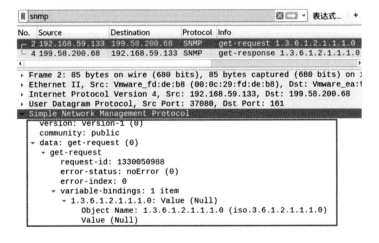

图 11.9　Get 请求数据包

图 11.7 中，第 2 个数据包的源 IP 地址为 192.168.59.133，目标 IP 地址为 199.58.200.68，Info 列中的基本信息为 get-request 1.3.6.1.2.1.1.1.0，表示成功向远程设备发送了 SNMP Get 请求。第 4 个数据包为对应的响应包。请求数据包的 Simple Network Management Protocol 部分显示了 Get 请求包的报文信息，具体如下：

```
Simple Network Management Protocol
    version: version-1 (0)                              #版本，这里值为 0，代表 SNMP v1
    community: public                                   #共同体
    data: get-request (0)                    #PDU 类型，这里值为 0，表示为 Get 请求
        get-request
            request-id: 1330050988                      #请求标识
            error-status: noError (0)                   #差错状态，值为 0，表示无差错
            error-index: 0                              #差错索引
            variable-bindings: 1 item                   #变量绑定
                1.3.6.1.2.1.1.1.0: Value (Null)         #变量名：值，目前值为空，因为
                                                            是请求包
                    Object Name: 1.3.6.1.2.1.1.1.0 (iso.3.6.1.2.1.1.1.0)
                                                        #变量名
                    Value (Null)                        #值，这里值为空
```

上述输出信息显示了 Get 请求包中的字段信息。可以看到请求的变量名为 1.3.6.1.2.1.1.1.0，目前变量值为空，使用的请求标识为 1330050988。

（3）响应包信息如图 11.10 所示。

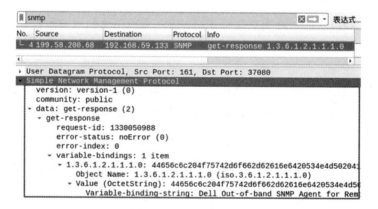

图 11.10　响应包

响应包的报文信息如下：

```
Simple Network Management Protocol
    version: version-1 (0)
    community: public
    data: get-response (2)                   #PDU 类型，这里值为 2，表示为响应包
        get-response
            request-id: 1330050988                      #请求标识
            error-status: noError (0)
```

```
           error-index: 0
           variable-bindings: 1 item
               1.3.6.1.2.1.1.1.0: 44656c6c204f75742d6f662d62616e6420534e4
    d50204167...
                   Object Name: 1.3.6.1.2.1.1.1.0 (iso.3.6.1.2.1.1.1.0)
                   Value (OctetString): 44656c6c204f75742d6f662d62616e642
    0534e4d50204167...
                       Variable-binding-string: Dell Out-of-band SNMP Agent
    for Remote Access Controller
```

从输出信息中可以看到，请求标识为 1330050988 与请求包中的请求标识相同，表示是同一次的请求与响应；这里的值类型为 OctetString，并且成功返回了要查询的系统基本信息（最后一行）。

11.3.3　构建 SNMP Walk 请求

Walk 请求与 Get 请求类似，实际上是一个 Get-next-request 请求。区别在于，Walk 请求是获取对象标识符在系统树中所处位置的下一个对象标识符，并请求参数值。netwox 工具中编号为 160 的模块实现了 SNMP Walk 请求功能，它可以向 SNMP 服务设备发送 Walk 请求，获取指定对象标识符的下一个对象标识符。语法格式如下：

```
netwox 160 -q OID -i IP
```

其中，-q 选项用来指定对象标识符，表示要获取该标识符的下一个对象标识符；-i 选项用来指定 SNMP 服务地址。

【实例 11-2】已知支持 SNMP 协议的远程网络设备地址为 198.13.107.218。在主机 192.168.59.133 上构建 SNMP Get 请求，获取指定标识符的下一个标识符的值。

（1）获取网络接口描述信息，执行命令如下：

```
root@daxueba:~# netwox 160 -q ".1.3.6.1.2.1.2.2.1.2" -i 198.13.107.218
```

命令中.1.3.6.1.2.1.2.2.1.2 为网络接口描述信息的标识符。执行命令后输出信息如下：

```
.1.3.6.1.2.1.2.2.1.2.1: 'LOOPBACK'
```

以上输出信息显示了下一个标识符，这里为.1.3.6.1.2.1.2.2.1.2.1，并且获取到了对应的值为 LOOPBACK。表示网络接口为回环接口。

（2）通过抓包可以看到构建的 SNMP Walk 请求包和对应的响应包，如图 11.11 所示。

其中，第 18 个数据包的源 IP 地址为 192.168.59.133，目标 IP 地址为 198.13.107.218，Info 列中的基本信息为 get-next-request 1.3.6.1.2.1.2.2.1.2。其中，1.3.6.1.2.1.2.2.1.2 表示 OID，get-next-request 表示要获取该 OID 的下一个 OID。该数据包的报文信息如下：

```
Simple Network Management Protocol
    version: version-1 (0)
    community: public
    data: get-next-request (1)              #PDU 类型，这里值为 1，表示为 Walk 请求
        get-next-request
            request-id: 222961396
```

```
error-status: noError (0)
error-index: 0
variable-bindings: 1 item
    1.3.6.1.2.1.2.2.1.2: Value (Null)
        Object Name: 1.3.6.1.2.1.2.2.1.2 (iso.3.6.1.2.1.2.2.1.2)
                                            #对象名（变量名）
        Value (Null)
```

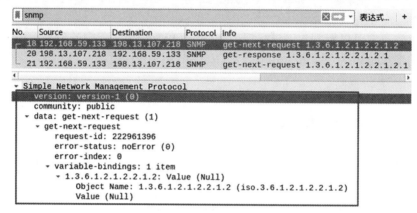

图 11.11　请求指定的 OID

从输出信息可以看到，报文中 PDU 类型为 1，请求的变量名为对象标识符 1.3.6.1.2.1.2. 2.1.2。

（3）捕获到的返回数据包，如图 11.12 所示。该数据包为对应的响应包。此时在报文中可以看到，对象名为 1.3.6.1.2.1.2.2.1.2.1，该 OID 是命令中指定的 OID 的下一个 OID。

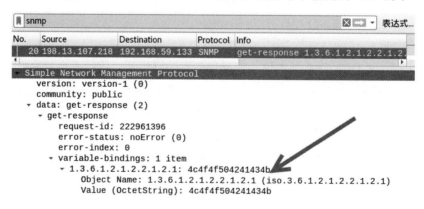

图 11.12　响应数据包

（4）指定再次向下一个 OID 发送请求，捕获的数据包如图 11.13 所示。从图中的数据包报文中可以看到，对象名为 1.3.6.1.2.1.2.2.1.2.1，表示向下一个 OID 发送了请求。

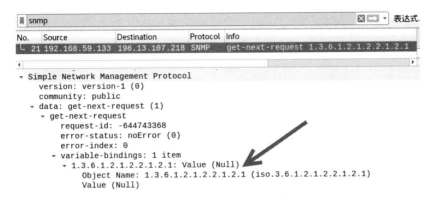

图 11.13　请求下一个 OID

11.3.4　构建 SNMP Trap 请求

一般情况下，网络管理站 NMS 向 SNMP 代理发送请求，获取被管理设备的参数值。然后，SNMP 代理将自己在 MIB 管理信息库中查到的参数值返回给网络管理站 NMS。这种方式采用的是 Get 请求。但是还有一种情况，就是 SNMP 代理主动向网络管理站 NMS 发出报文，通知发生了某些事件。该种情况使用的是 Trap 请求，它可以用来通知故障、连接的中断和恢复、认证失败等消息。由于 SNMP 版本不同，netwox 工具提供了不同的模块，用于构建 SNMPv1 版本和 SNMPv2 版本的 Trap 请求。

1．构建SNMPv1版本的Trap请求

netwox 工具编号为 161 的模块实现了 SNMPv1 版本的 Trap 请求功能，其语法格式如下：

```
netwox 161 -i IP -r OID -a IP -s Traptype -z timestamp -n OID -t OIDtype
-V oidvalue
```

其中，-i 选项用来指定远程主机服务（网络管理站 NMS）的地址；-r 选项用来指定报文的网络设备的 OID（报文中的企业字段）；-a 选项用来指定 SNMP 代理的 IP 地址；-s 选项用来指定 Trap 类型；-z 选项用来指定时间戳；-n 选项用来指定要告诉网络管理站 NMS，发生事情的 OID；-t 选项用来指定 OID 类型；-V 选项用来指定 OID 对应的值。

【实例 11-3】已知网络管理站 NMS 地址为 182.16.184.190。主机 192.168.59.133 作为 SNMP 代理，构建 SNMP Trap 请求，具体步骤如下：

（1）构建 SNMP Get 请求，设置企业对象 OID 为.1.3.6.1.4.1，通知网络管理站 NMS，OID.1.3.6.1.2.1.1.1.0 对应的值为 APC Web/SNMP Management Card。执行命令如下：

```
root@daxueba:~# netwox 161 -i "182.16.184.190" -r ".1.3.6.1.4.1.3.1" -a
"192.168.59.133" -s "3" -z "0" -n ".1.3.6.1.2.1.1.1.0" -t "s" -V "APC Web/SNMP
Management Card"
```

执行命令后没有任何输出信息，但是会成功构建 SNMP Trap 请求。

（2）通过抓包查看构建的 SNMP Trap 请求，如图 11.14 所示。

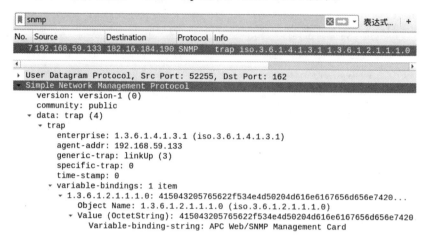

图 11.14　SNMPv1 版本的 Trap 请求

其中，该数据包的源 IP 地址为 192.168.59.133，目标 IP 地址为 182.16.184.190。Info 列显示了 trap，表示该数据包为 SNMP 代理向客户端发送的 Trap 数据包，是针对 SNMPv1 版本的。Simple Network Management Protocol 部分显示了 Trap 请求的相关报文信息，具体如下：

```
Simple Network Management Protocol
version: version-1 (0)
community: public
data: trap (4) )                               #PDU 类型，这里值为 4，表示为 Trap 请求
    trap
        enterprise: 1.3.6.1.4.1.3.1 (iso.3.6.1.4.1.3.1)   #企业 OID
        agent-addr: 192.168.59.133                 #代理 IP 地址
        generic-trap: linkUp (3)                   #Trap 类型
        specific-trap: 0                           #特定代码
        time-stamp: 0                              #时间戳
        variable-bindings: 1 item
            1.3.6.1.2.1.1.1.0: 415043205765622f534e4d50204d616e6167656
d656e7420...
                Object Name: 1.3.6.1.2.1.1.1.0 (iso.3.6.1.2.1.1.1.0)
                                                   #OID
                Value (OctetString): 415043205765622f534e4d50204d616e6616
7656d656e7420...
                    Variable-binding-string: APC Web/SNMP Management Card
                                                   #OID 的值
```

上述输出信息显示了 Trap 请求的报文信息，如代理 IP 地址、Trap 类型、OID，以及对应的值。

2. 构建SNMPv2版本的Trap请求

netwox 工具中编号为 162 的模块实现了 SNMPv2 版本的 Trap 请求功能，其语法格式如下：

```
netwox 162 -i IP -r OID -z timestamp -n OID -t OIDtype -V oidvalue
```

其中，-i 选项用来指定网络管理站 NMS 的地址；-r 选项用来指定报文中企业字段的 OID；-z 选项用来指定时间戳；-n 选项用来告诉网络管理站 NMS，发生事情的 OID；-t 选项用来指定 OID 类型；-V 选项用来指定 OID 对应的值。

【实例 11-4】构建 SNMPv2 版本的 Trap 请求。执行命令如下：

```
root@daxueba:~# netwox 162 -i "182.16.184.190" -r ".1.3.6.1.4.1.3.1" -z "0"
-n ".1.3.6.1.2.1.1.1.0" -t "s" -V "APC Web/SNMP Management Card"
```

执行命令后没有任何输出信息。通过抓包查看构建的 Trap 请求，如图 11.15 所示。从报文中可以看到，data 的值为 snmpV2-trap (7)，表示 PDU 类型为 SNMPv2 版本的 Trap 请求。

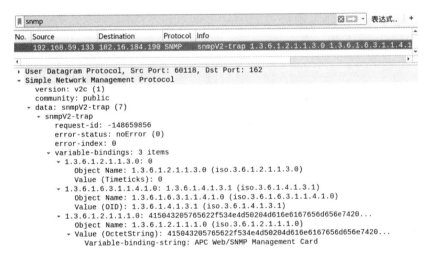

图 11.15　SNMPv2 版本的 Trap 请求

11.3.5　构建 SNMP Inform 请求

Inform 请求是 SNMP 代理检测到设备上有资源消息产生，根据资源消息到 MIB 中找到对应的 OID，并主动向网络管理站 NMS 发出 Inform 请求。与 Trap 请求不同的是，网络管理站 NMS 收到 Inform 请求后会给出响应。netwox 工具提供编号为 163 的模块，可以用来构建 SNMP Inform 请求。

【实例 11-5】已知网络管理站 NMS 地址为 198.13.107.218，在主机 192.168.59.133 上

构建 Inform 请求。操作步骤如下：

（1）构建 Inform 请求，指定 OID.1.3.6.1.2.1.1.1.0 对应的值为 SNMP Management，执行命令如下：

```
root@daxueba:~# netwox 163 -i 198.13.107.218 -r ".1.3.6.1.4.1" -z "0" -n
".1.3.6.1.2.1.1.1.0" -t "s" -V "SNMP Management"
```

执行命令后没有任何输出信息，但是会成功构建 Inform 请求。

（2）通过抓包验证成功构建的 Inform 请求，捕获的数据包如图 11.16 所示。该数据包的源 IP 地址为 192.168.59.133，目标 IP 地址为 198.13.107.218。Info 列显示了 informRequest，表示该数据包为 SNMP 代理向网络管理站 NMS 发送的 Inform 请求数据包。在报文中可以看到，data 的值为 informRequest (6)。

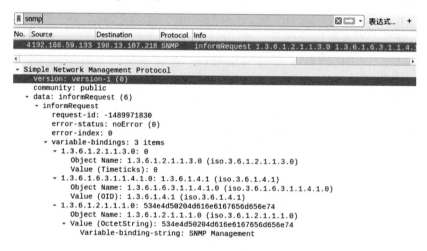

图 11.16　Inform 请求

11.3.6　构建 SNMP Set 请求

通过发送 Get 请求或 Walk 请求获取远程设备指定参数的值，实际上是获取远程设备中管理信息库 MIB 指定 OID 的值。为了方便对远程设备上 MIB 中的 OID 值进行管理，用户可以通过 Set 命令，改变设备的配置或控制设备的运转状态。netwox 工具提供了编号为 164 的模块，用于构建 SNMP Set 请求，设置远程设备中 MIB 中的 OID 的值。语法格式如下：

```
netwox 164 -i IP -n OID -t OIDtype -V oidvalue
```

其中，-i 选项指定远程设备的 IP 地址，-n 选项指定要设置的 MIB 中 OID 的值，-t 选项指定 OID 类型；-V 选项指定 OID 对应的值。

【实例 11-6】已知远程设备的 IP 地址为 182.16.184.190，在主机 192.168.59.133 上构

建 SNMP Set 请求，设置远程主机 MIB 中 OID .1.3.6.1.2.1.1.1.0 的值为 Linux snmp 2.6.39 #1 SMP PREEMPT。

（1）构建 SNMP Set 请求，执行命令如下：

```
root@daxueba:~# netwox 164 -i "182.16.184.190" -n ".1.3.6.1.2.1.1.1.0" -t
"s" -V "Linux snmp 2.6.39 #1 SMP PREEMPT"
```

执行命令后没有任何输出信息，但是会成功构建 SNMP Set 请求。

（2）通过抓包查看构建的 SNMP Set 请求，如图 11.17 所示。其中，数据包的源 IP 地址为 192.168.59.133，目标 IP 地址为 182.16.184.190。Info 列显示了 set-request，表示成功构建了 Set 请求。在报文中可以看到，OID.1.3.6.1.2.1.1.1.0 的值被设置为了 Linux snmp 2.6.39 #1 SMP PREEMPT。

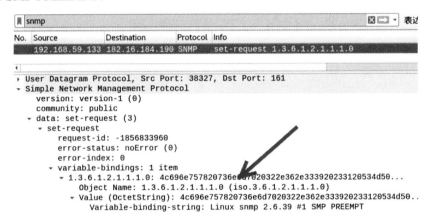

图 11.17　构建 SNMP Set 请求

第 12 章　WHOIS 协议

WHOIS 是用来查询域名或 IP 所有者信息的传输协议。它可以用来查询域名是否已经被注册，以及注册者的详细信息。本章将详细讲解 WHOIS 协议的使用方式。

12.1　工　作　流　程

WHOIS 协议只是规定查询的方式，具体功能还是需要对应的程序来完成。这类程序被称为 WHOIS 服务。下面详细讲解 WHOIS 服务的作用以及工作流程。

1. WHOIS服务的作用

WHOIS 服务是由注册商和注册局来提供，主要记录了支持的所有域名的信息。它是一个基于"查询/响应"的 TCP 事务服务，并向客户端提供对应的查询服务。

2. 工作流程

WHOIS 协议基于 TCP 协议工作。当客户端发起查询请求时，服务端进行响应。WHOIS 协议工作流程如图 12.1 所示。

在这里，客户端向 WHOIS 服务器查询域名 baidu.com 的域名注册信息。其中，每个步骤介绍如下：

（1）客户端向 WHOIS 服务器的 43 端口发送 TCP [SYN]数据包，请求建立连接。

（2）服务器返回 TCP [SYN,ACK]包，表示可以进行连接。

（3）客户端向服务器发送要查询的信息。这里查询 baidu.com 的域名注册信息。所以发送域名 baidu.com，以回车和换行结尾。

（4）服务器收到客户端的请求包，并查询自己的域名数据库。如果存在相应的记录，将相关信息返回给客户端，如所有者信息。

（5）服务器继续将更多的域名注册信息返回给客户端，如联系方式、邮件地址等。

（6）当服务器将所有的信息都返回给客户端后，将关闭连接。此时，向客户端发送 TCP [FIN]数据包。

（7）客户端收到服务器发来的关闭连接数据包，将关闭连接。然后，向服务器发送 TCP [FIN]数据包。

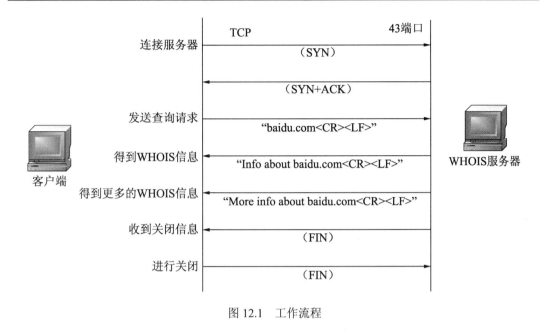

图 12.1　工作流程

12.2　获取 WHOIS 服务器

　　WHOIS 服务器通常由域名注册商和分销商搭建。在域名注册的时候，注册人通常将信息提交给域名注册商或其分销商。因此，用户可以从域名注册商和分销商的 WHOIS 服务器获取域名的相关注册信息。

12.2.1　常用 WHOIS 服务器

　　由于注册申请的域名、IP 地址用途及作用和种类不同，使用的 WHOIS 服务器也不同。常用的 Internet 管理机构的 WHOIS 服务器如表 12.1 所示。

表 12.1　常用的WHOIS服务器

机构缩写	WHOIS服务器地址	机 构 名 称	提供查询内容
CERNIC	whois.edu.cn	中国教育与科研计算机网网络信息中心	中国教育网内的IP地址和.edu.cn域名信息
CNNIC	whois.cnnic.net.cn	中国互联网络信息中心	.cn域名（除.edu.cn）信息
INTERNIC	whois.internic.net	互联网络信息中心	.com，net，org，biz，info，name域名的注册信息（只给出注册代理公司）

续表

机构缩写	WHOIS服务器地址	机 构 名 称	提供查询内容
ARIN	whois.arin.net	美国Internet号码注册中心	全世界早期网络及现在的美国、加拿大、撒哈拉沙漠以南非洲的IP地址信息
APNIC	whois.apnic.net	亚洲与太平洋地区网络信息中心	东亚（包括中国大陆和台湾）、南亚、大洋洲的IP地址注信息
RIPE	whois.ripe.net	欧州IP地址注册中心	欧洲、北非、西亚地区的IP地址信息
TWNIC	whois.twnic.net	（中国）台湾互联网络信息中心	.tw域名和中国台湾岛内的部分IP地址信息
JPNIC	whois.nic.ad.jp	日本互联网络信息中心	.jp域名和日本境内的IP地址信息
KRNIC	whois.krnic.net	韩国互联网络信息中心	.kr域名和韩国境内的IP地址信息
LACNIC	whois.lacnic.net	拉丁美洲及加勒比互联网络信息中心	拉丁美洲及加勒比海诸岛的IP地址信息

12.2.2　获取 WHOIS 服务

部分互联网机构只提供域名代理公司信息，不提供域名注册人信息。所以，用户需要到注册代理公司搭建的 WHOIS 服务器进行查询。这时需要查询域名所属的代理公司WHOIS 服务器。netwox 工具提供了编号 197 的模块，可以获取域名的基本注册信息，并猜测其 WHOIS 服务器。

【实例 12-1】获取域名 kali.org 的 WHOIS 信息，并猜测代理服务商的 WHOIS 服务器。执行命令如下：

```
root@daxueba:~# netwox 197 -q kali.org
```

输出信息如下：

```
Using org.whois-servers.net server.
You may have to refine your query using another server (tool 196).
Domain Name: KALI.ORG                          #请求的域名，这里为kali.org
Registry Domain ID: D88587735-LROR             #域名ID
Registrar WHOIS Server: whois.no-ip.com        #猜测的WHOIS服务
Registrar URL: http://www.noip.com/whois       #注册的URL
Updated Date: 2016-01-02T10:17:21Z             #更新时间
Creation Date: 2002-07-20T20:54:27Z            #创建时间
Registry Expiry Date: 2025-07-20T20:54:27Z     #到期时间
Registrar Registration Expiration Date:
Registrar: Vitalwerks Internet Solutions, LLC DBA No-IP      #注册商
Registrar IANA ID: 1327                        #IANA ID 号
Registrar Abuse Contact Email: abuse@no-ip.com #注册使用的邮件地址
Registrar Abuse Contact Phone: +775.8531883    #注册使用的电话号码
Reseller:                                      #注册人
Domain Status: clientTransferProhibited https://icann.org/epp#client
 TransferProhibited
```

```
Registrant Organization:                                    #注册人的组织
Registrant State/Province: NV                               #注册人所在的州/省
Registrant Country: US                                      #注册人所在国家
Name Server: NS3.NO-IP.COM                                  #名称服务器（DNS）
Name Server: NS2.NO-IP.COM
Name Server: NS1.NO-IP.COM
Name Server: NS4.NO-IP.COM
Name Server: NS5.NO-IP.COM
DNSSEC: unsigned
URL of the ICANN Whois Inaccuracy Complaint Form https://www.icann.
org/wicf/)
>>> Last update of WHOIS database: 2018-11-28T10:01:09Z <<<
```

以上输出信息显示了域名 kali.org 的基本 WHOIS 信息。例如，注册商为 Vitalwerks Internet Solutions, LLC DBA No-IP，注册使用的邮件地址为 abuse@no-ip.com 等。但是这些信息只是部分 WHOIS 信息。输出信息的加粗部分表示，猜测 WHOIS 服务为 whois.no-ip.com。表示从该 WHOIS 服务器上可以获取到更详细的 WHOIS 信息。

12.3　获取 WHOIS 信息

注册商的 WHOIS 服务器往往保留了域名更详细的 WHOIS 信息。netwox 工具提供了编号 196 的模块，它可以从指定的 WHOIS 服务器获取域名 WHOIS 信息。

【实例 12-2】已知域名 kali.org 注册商的 WHOIS 服务器为 whois.no-ip.com，从该服务器上获取域名 kali.org 的 WHOIS 信息。执行命令如下：

```
root@daxueba:~# netwox 196 -i "whois.no-ip.com" -q "kali.org"
```

输出信息如下：

```
Domain Name: KALI.ORG                                       #请求的域名
Registry Domain ID: D88587735-LROR                          #域名 ID
Registrar WHOIS Server: whois.no-ip.com                     #最佳的 WHOIS 服务
Registrar URL: http://www.noip.com/whois/                   #注册的 URL
Updated Date: 2018-09-26T23:36:52+00:00                     #更新时间
Creation Date: 2002-07-20T20:54:27+00:00                    #创建时间
Registrar Registration Expiration Date: 2025-07-20T20:54:27+00:00
                                                            #到期时间
Registrar: Vitalwerks Internet Solutions, LLC / No-IP.com  #注册商
Registrar IANA ID: 1327                                     #IANA ID 号
Registrar Abuse Contact Email: abuse@noip.com              #注册使用的邮件地址
Registrar Abuse Contact Phone: +1.7758531883               #注册使用的电话号码
Domain Status: clientTransferProhibited http://www.icann.org/epp#client
TransferProhibited
Registry Registrant ID: NOIP481ff1bc79b0                    #注册人 ID 号
Registrant Name: Registration Privacy, No-IP.com           #注册人名称
```

```
Registrant Organization:                                         #注册人的组织
Registrant Street: ATTN: kali.org, c/o No-IP.com Registration Privacy
                                                                 #注册人所在街道
Registrant Street: P.O. Box 19083
Registrant City: Reno                                            #注册人所在城市
Registrant State/Province: NV                                    #注册人所在的州/省
Registrant Postal Code: 89511                                    #注册人的邮编
Registrant Country: US                                           #注册人所在国家
Registrant Phone: +1.7758531883                                  #注册人的电话
Registrant FAX:                                                  #注册人传真
Registrant Email: c5cfff269b40af09-746968@privacy.no-ip.com
                                                                 #注册人的邮件地址
Registry Admin ID: NOIP481ff1bc79b0                              #管理员的 ID 号
Admin Name: Registration Privacy, No-IP.com                      #管理员的名字
Admin Street: ATTN: kali.org, c/o No-IP.com Registration Privacy
                                                                 #管理员所在街道
Admin Street: P.O. Box 19083
Admin City: Reno                                                 #管理员所在城市
Admin State/Province: NV                                         #管理员所在的州/省
Admin Postal Code: 89511                                         #管理员的邮编
Admin Country: US                                                #管理员所在国家
Admin Phone: +1.7758531883                                       #管理员的电话
Admin FAX:                                                       #管理员传真
Admin Email: c5cfff269b40af09-746968@privacy.no-ip.com           #管理员的邮件地址
Registry Tech ID: NOIP481ff1bc79b0                               #技术员的 ID 号
Tech Name: Registration Privacy, No-IP.com                       #技术员的名字
Tech Organization:                                               #技术员的组织
Tech Street: ATTN: kali.org, c/o No-IP.com Registration Privacy
                                                                 #技术员所在街道
Tech Street: P.O. Box 19083
Tech City: Reno                                                  #技术员所在城市
Tech State/Province: NV                                          #技术员所在的州/省
Tech Postal Code: 89511                                          #技术员的邮编
Tech Country: US                                                 #技术员所在国家
Tech Phone: +1.7758531883                                        #技术员的电话
Tech FAX:                                                        #技术员传真
Tech Email: c5cfff269b40af09-746968@privacy.no-ip.com            #技术员的邮件地址
Registry Billing ID: NOIP481ff1bc79b0                            #缴费人员 ID
Billing Name: Registration Privacy, No-IP.com                    #缴费人员名称
Billing Organization:                                            #缴费人员组织
Billing Street: ATTN: kali.org, c/o No-IP.com Registration Privacy
                                                                 #缴费人员所在街道
Billing Street: P.O. Box 19083
Billing City: Reno                                               #缴费人员所在城市
Billing State/Province: NV                                       #缴费人员所在的州/省
Billing Postal Code: 89511                                       #缴费人员邮编
Billing Country: US                                              #缴费人员所在国家
```

```
Billing Phone: +1.7758531883                              #缴费人员电话号码
Billing FAX:                                              #缴费人员的传真
Billing Email: c5cfff269b40af09-746968@privacy.no-ip.com
                                                          #缴费人员的邮件地址
Name Server: NS2.NO-IP.COM                                #名称服务器
Name Server: NS1.NO-IP.COM
Name Server: NS3.NO-IP.COM
Name Server: NS4.NO-IP.COM
Name Server: NS5.NO-IP.COM
DNSSEC: unsigned
URL of the ICANN WHOIS Data Problem Reporting System: http://wdprs.
internic.net/
```

以上输出信息显示了域名 kali.org 的 WHOIS 信息，如注册人、管理员、技术员、交费人员的相关信息。

第 13 章　FTP 协议

文件传输协议（File Transfer Protocol，FTP）是一种提供网络之间共享文件的协议。它可以在计算机之间可靠、高效地传送文件。在传输时，传输双方的操作系统、磁盘文件系统类型可以不同。本章将详细讲解 FTP 协议。

13.1　FTP 协议概述

FTP 协议允许 TCP/IP 网络上的两台计算机之间进行文件传输。而 FTP 服务是基于 FTP 协议的文件传输服务。工作时，一台计算机上运行 FTP 客户端应用程序，另一台计算机上需要运行 FTP 服务器端程序。只有拥有了 FTP 服务，客户端才能进行文件传输。下面介绍 FTP 服务的构成和文件传输模式。

13.1.1　FTP 服务构成

上述的文件传输，指的是客户端和 FTP 服务器端之间的文件传输，如文件上传和下载。要实现文件传输还需要满足两个条件，如下：

（1）服务器端必须开启一个 TCP 端口（默认为 21 端口），用来监听来自客户端的请求。

（2）客户端连接 FTP 服务器端，需要使用 TCP 方式。这样可以保证客户端和服务器之间的会话是可靠的。

客户端与 FTP 服务器端之间传输一个文件是一次完整的 FTP 会话。该会话包含有两个连接，分别为控制连接和数据连接。其作用如下：

- 控制连接：客户端向 FTP 服务器的 21 端口发送连接，服务器接受连接，建立一条命令通道。FTP 的命令和应答就是通过控制连接来传输的，这个连接会存在于整个 FTP 会话过程中。该连接主要负责将命令从客户端传给服务器，并将服务器的应答返回给客户端。所以，该连接不用于发送数据，只用于传输命令。
- 数据连接：每当一个文件在客户端与服务器之间进行传输时，就会创建数据连接。该连接主要用来进行文件传输。

13.1.2　数据格式

在使用 FTP 进行文件传输时，针对不同的文件类型，FTP 提供了两种文件传输模式，分别为 ASCII 和二进制。这两种模式支持的文件如下：

- ASCII：用于传输简单的文本文件，为默认类型。
- 二进制：用于传输程序文件、字处理文档、可执行文件或图片。

13.2　FTP 工作流程

FTP 与大多数 Internet 服务一样，使用的也是"客户端/服务器"模式。用户通过一个支持 FTP 协议的客户机程序，连接在远程主机上的 FTP 服务器程序。通过在客户端向服务器端发送 FTP 命令，服务器执行该命令，并将执行结果返回给客户端。由于"控制连接"的因素，客户端发送的 FTP 命令，服务器都会有对应的应答。FTP 工作流程如图 13.1 所示。

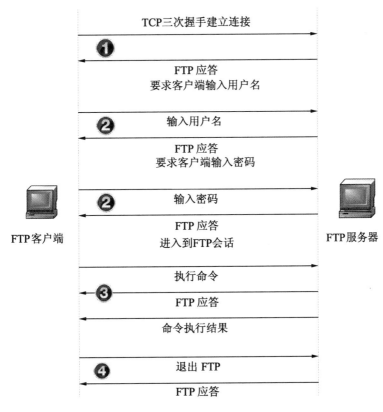

图 13.1　工作流程

图 13.1 中显示了 FTP 进行文件传输的基本工作流程。主要分为 4 个阶段，即建立连接阶段、身份认证阶段、命令交互阶段和断开连接阶段。下面对这 4 个阶段进行详细介绍。

13.2.1　建立连接阶段

该阶段是 FTP 客户端通过 TCP 三次握手与 FTP 服务器端进行建立连接。客户端向 FTP 服务器发出建立连接请求，FTP 服务器对请求进行应答。如果 FTP 服务器上的 21 端口是启用的，可以接受来自其他主机的请求，给出应答 220，表示服务就绪，即告诉客户端需要的 FTP 服务已经准备好了。返回应答以后，FTP 服务器需要客户端进行身份认证，向客户端发送身份认证请求。

13.2.2　身份认证阶段

身份认证是指客户端需要向 FTP 服务提供登录所需的用户名和密码。FTP 服务器对客户端输入的用户名和密码都会给出相应的应答。如果客户端输入的用户名和密码正确，将成功登录 FTP 服务器，此时进入 FTP 会话。

13.2.3　命令交互阶段

在 FTP 会话中，用户可以执行 FTP 命令进行文件传输，如查看目录信息、上传或下载文件等。客户端输入要执行的 FTP 命令后，服务器同样会给出应答。如果输入的执命令正确，服务器会将命令的执行结果返回给客户端。执行结果返回完成后，服务器继续给出应答。

13.2.4　断开连接阶段

当客户端不再与 FTP 服务器进行文件传输时，需要断开连接。客户端向 FTP 服务器发送断开连接请求，服务器收到断开连接后给出相应的应答。

13.2.5　验证工作流程

为了能够更好地理解 FTP 客户端与服务器的工作流程，下面以一个简单的实例进行讲解。

【实例 13-1】已知 FTP 服务器的 IP 地址为 192.168.59.135。使用一个主机作为 FTP 客户端与 FTP 服务器进行文件传输。这里查看 FTP 服务器上目录 content 中的信息。执行命

令如下:

```
root@daxueba:~# ftp
```

为了方便分析，下面将按照 FIP 的 4 个工作流程阶段进行分析。

（1）建立连接。

```
ftp> open 192.168.59.135                    #客户端请求建立连接
Connected to 192.168.59.135.
220 Welcome                                 #服务器应答，应答码为 220
```

以上输出信息显示客户端向 FTP 服务器 192.168.59.135 发起了连接请求，服务器给出了对应的应答码 220，表示成功建立了连接。

（2）身份认证。

```
Name (192.168.59.135:root): sm             #客户端输入的用户名（明文显示），这里为 sm
331 User name ok, need password.           #服务器应答，应答码为 331
Password:                                   #客户端输入的密码
230 User logged in, proceed.               #服务器应答，应答码为 230
```

以上输出信息显示了客户端输入的用户名和密码，并显示了对应的应答码。用户名的应答码为 331，表示还需要客户端输入密码；密码的应答码为 230，表示登录成功。

（3）命令交互。

```
Remote system type is UNIX.
Using binary mode to transfer files.
ftp> dir content                           #客户端执行的命令
200 Connected.                             #服务器应答，应答码为 200
150 Start of file list.                    #服务器应答，应答码为 150
-rwxrwxrwx 1 ftp ftp        18 Sep 11 14:47 file-3.txt   #目录列表信息
-rwxrwxrwx 1 ftp ftp        18 Sep 11 14:47 file-1.txt   #目录列表信息
-rwxrwxrwx 1 ftp ftp        18 Sep 11 14:47 file-2.txt   #目录列表信息
226 Transfer complete.                     #服务器应答，应答码为 226
```

以上输出信息显示了用户名要执行的命令 dir content，表示显示 FTP 服务器上 content 的目录列表信息；服务器给出了应答，这里给出了两个应答码。应答码为 200，表示 FTP 服务器可以执行该命令；应答码为 150，表示服务器已经准备好了目录列表，打开数据连接，将执行结果发送给客户端。这里显示的目录列表信息可以看到 content 中有 3 个文件 file-1.txt，file-2.txt 和 file-3.txt。输出信息最后一行显示了服务器的应答码 226，表示执行结果已经返回。

（4）断开连接。

```
ftp> quit                                   #客户端指定的断开 FTP 子命令
221 Service closing control connection.     #服务器应答，应答码为 221
```

以上输出信息显示了客户端执行的断开连接的 FTP 子命令 quit。最后一行显示了服务器的应答，应答码为 221，表示服务器确认退出登录。

13.3 FTP 命令及应答码

在上述的 FTP 工作流程中，客户端成功连接 FTP 服务器以后，进行身了份验证、执行 FTP 命令等操作。这些操作都是客户端向 FTP 服务器发出的请求，而这些请求实际上是在发送 FTP 命令。对于每一个请求，服务器都会返回对应的应答码。例如，客户端输入用户名，实际上就是在发送 FTP 子命令。该子命令为 USER，表示服务器上的用户名。FTP 命令及应答码信息如下：

```
Name (192.168.59.135:root): sm          #FTP命令，这里为用户名 sm
331 User name ok, need password          #FTP 应答码，这里为 331
```

上述操作，通过抓包可以查看到对应的 FTP 命令和应答码，如图 13.2 所示。

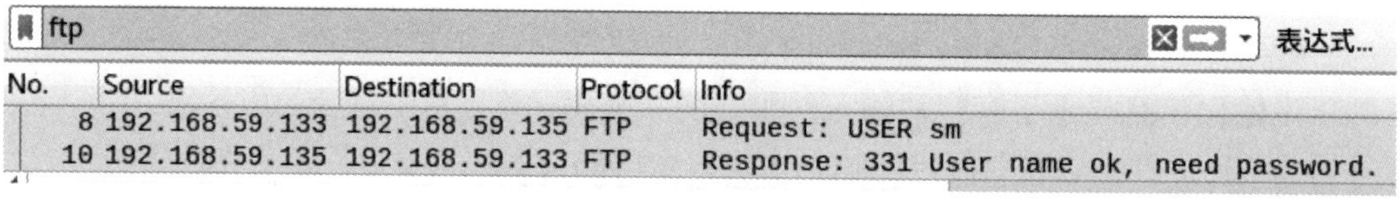

图 13.2　FTP 命令及应答码

图 13.2 中第 8 个数据包为客户端向 FTP 服务器发送的 FTP 命令，命令为 USER，其中 sm 表示客户端输入的用户名。第 9 个数据包为 FTP 服务器对该请求返回的应答，应答码为 331。

客户端与 FTP 服务器之间进行文件传输时，可以执行多种操作。常见的 FTP 命令如表 13.1 所示，而常见的 FTP 应答如表 13.2 所示。

表 13.1　FTP命令

FTP命令	说　　明
ABOR	使服务器终止前一个FTP服务命令，以及任何相关数据传输
ACCT <account>	使用一个Telnet字符串来指明用户的账户
ALLO <bytes>	为服务器上的文件存储器分配空间
APPE <filename>	添加文件到服务器同名文件
CDUP <dir path>	改变服务器上的父目录
CWD <dir path>	改变服务器上的工作目录
DELE <filename>	删除服务器上的指定文件
EPSV	进入扩展被动模式
HELP <command>	返回指定命令信息
LIST <name>	如果是文件名，列出文件信息；如果是目录，则列出文件列表

（续）

FTP命令	说　　明
MODE <mode>	传输模式（S=流模式、B=块模式、C=压缩模式）
MKD <directory>	在服务器上建立指定目录
NLST <directory>	列出指定目录内容
NOOP	无动作，仅让服务器返回确认信息
PASS <password>	系统登录密码
PASV	请求服务器，等待数据连接
PORT <address>	IP地址和两字节的端口ID
PWD	显示当前工作目录
QUIT	从FTP服务器上退出登录
REIN	重新初始化登录状态连接
REST <offset>	由特定偏移量重启文件传递
RETR <filename>	从服务器上找回（复制）文件
RMD <directory>	在服务器上删除指定目录
RNFR <old path>	对旧路径重命名
RNTO <new path>	对新路径重命名
SITE <params>	由服务器提供的站点特殊参数
SMNT <pathname>	挂载指定文件结构
STAT <directory>	在当前程序或目录上返回信息
STOR <filename>	储存（复制）文件到服务器上
STOU <filename>	储存文件到服务器名称上
STRU <type>	数据结构（F=文件、R=记录、P=页面）
SYST	返回服务器使用的操作系统
TYPE <data type>	数据类型（A=ASCII，E=EBCDIC，I=binary）
USER <username>>	系统登录的用户名

表 13.2　FTP应答

应　答　码	说　　明
110	新文件指示器上的重启标记
120	服务器准备就绪的时间（分钟数）
125	打开数据连接，开始传输
150	打开数据连接
200	就绪命令（命令成功）

（续）

应 答 码	说 明
202	命令没有执行
211	系统状态回复
212	目录状态回复
213	文件状态回复
214	帮助信息回复
215	系统类型回复
220	服务就绪
221	退出FTP
225	打开数据连接
226	结束数据连接（下载完成、目录列表完成等）
227	进入被动模式（IP 地址、ID 端口）
230	成功登录FTP服务
250	完成目录切换
257	路径名建立
331	要求密码
332	要求账号
350	文件行为暂停
421	服务关闭
425	无法打开数据连接
426	结束连接
450	文件不可用
451	遇到本地错误
452	磁盘空间不足
500	无效命令
501	错误参数
502	命令没有执行
503	错误指令序列
504	无效命令参数
530	登录FTP服务失败
532	存储文件需要账号
550	文件不存在
551	不知道的页类型
552	超过存储分配
553	文件名不允许

13.4　FTP 内部命令

　　客户端成功登录 FTP 服务器后，就可以进入会话模式（ftp>）。在该模式下，不论是在 Windows 系统，还是 UNIX 操作系统，都会使用大量的 FTP 内部命令。熟悉掌握每个内部命令的作用，有助于客户端与 FTP 服务器之间的数据传输。FTP 内部命令及作用如表 13.3 所示。

表 13.3　FTP 内部命令

命　　令	作　　用
!　[command [args]]	在本地机中执行交互shell，exit回到FTP环境，列如：！LS*．zip
$　macro-name [args]	运行宏，macro_name为宏的名称
account　[passwd]	提供登录远程系统成功后，访问系统资源所需的补充口令
append　local-file [remote-file]	将本地文件追加到远程系统主机，若未指定远程系统文件名，则使用本地文件名
ascii	将文件传送类型设置为ASCII
bell	每个命令执行完毕后计算机响铃一次
binary	使用二进制文件传输方式
bye	结束与远程计算机的FTP会话，并退出FTP
case	在使用mget时，将远程主文件名中的大写字母转换为小写字母
cd　remote-directory	进入远程主机指定目录
cdup	更改的远程计算机上的目录，跳到上一层目录
chmod　mode file-name	将远程主机文件file-name的存取方式设置为mode
close	中断与远程服务器的FTP会话
cr	使用ASCII方式传输文件时，将回车换行符转换为回行符
delete　remote-file	删除远程主机文件
debug　[debug-value]	设置调试方式，显示发送至远程主机的每条命令，如deb up 3。若设置为0，表示取消debug
dir　[remote-directory] [local-file]	显示远程主机目录，并将结果存入本地文件local-file
disconnect　A synonym for close	中断与远程服务器的FTP会话
form　format	将文件传输方式设置为format，默认为file方式
get　remote-file [local-file]	将远程主机的文件remote-file传至本地硬盘的local-file（下载文件）
glob	设置mdelete、mget、mput的文件名扩展，默认情况下不显示扩展文件名，同命令行的-g参数
hash　[increment]	每传输1024字节，显示一个hash符号（#）
help　[command]	显示FTP内部命令command的帮助信息

（续）

命　令	作　用
idle　[seconds]	将远程服务器的休眠计时器单位设为秒
image	设置二进制传输方式
lcd　[directory]	将本地工作目录切换至directory
ls　[remote-directory] [local-file]	显示远程目录remote-dir，并存入本地文件local-fileo
macdef　macro-name	定义一个宏，遇到macdef下的空行时，宏定义结束
mdelete　[remote-files]	删除远程主机文件
mdir　remote-files local-file	与dlr类似，但可指定多个远程文件
mget　remote-files	传输多个远程文件
mkdir　directory-name	在远程主机中创建目录
mode　[mode-name]	将文件传输方式设置为modename，默认为stream方式
modtime　file-name	显示远程主机文件的最后修改时间
mput　local-files	将多个文件传输至远程主机
newer　file-name [local-file]	如果远程主机中file-name的修改时间比本地硬盘同名文件的时间更近，则重新传输该文件
nlist　[remote-directory] [local-file]	显示远程主机目录的文件清单，并存入本地硬盘的local-file
nmap　[inpattern outpattern]	设置文件名映射机制，使得文件传输时，文件中的某些字符相互转换
ntrans　[inchars [outchars]]	设置文件名字符的翻译机制，如ntrans 1R，则文件名LLL将变为RRR
open　host [port]	建立指定FTP服务器连接，可指定连接端口
prompt	设置多个文件传输时的交互提示
put　local-file [remote-file]	将本地文件local-file传送至远程主机（上传文件）
pwd	显示远程主机的当前工作目录
quit	退出FTP会话
rename　[from] [to]	更改远程主机文件名
rmdir　directory-name	删除远程主机目录
status	显示当前FTP状态
system	显示远程主机的操作系统类型
type　[type-name]	设置文件传输类型为type-name，默认为为ASCII。例如：type binary 设置使用二进制传输方式
user　user-name [password] [account]	向远程主机表明自己的身份，需要口令时，必须输入口令
verbose	切换详细模式，在该模式下，显示所有来自FTP服务器的消息
?　[command]	显示帮助信息

13.5　FTP 基本使用

有了 FTP 服务器以后，客户端就可以与其建立连接，进行登录，然后进行文件传输，并实现各种操作，如上传文件/目录、下载文件/目录、列出目录信息等操作。下面介绍 FTP 操作的基本使用。

13.5.1　构建 FTP 服务器

使用 FTP 服务，首先需要构建一个 FTP 服务器。为了便于测试，这里使用 netwox 工具中编号为 168 的模块，它可以在主机上构建一个 FTP 服务器。其语法格式如下：

```
netwox 168 -l login -L password
```

其中，-l 选项用来指定 FTP 服务器登录的用户名；-L 选项用来指定 FTP 服务器登录的密码。

13.5.2　下载文件及校验

为了检查文件在传输过程中是否有损坏，需要对文件进行校验。一般情况下，会在文件传输之前计算它的哈希值，传输后再次计算它的哈希值。如果两次的哈希值一样，则表示文件没有损坏。netwox 工具提供编号为 174 的模块，它可以从 FTP 服务器端下载文件，并检查它的 MD5 哈希值。其语法格式如下：

```
netwox 174 -i IP -F file -m MD5 -u login -a password
```

其中，-i 选项指定 FTP 服务器的 IP 地址；-F 选项指定要下载的文件名称；-m 选项指定文件预期的 MD5 哈希值；-u 选项指定 FTP 服务器登录的用户名；-a 选项指定登录的密码。

【实例 13-2】已知 FTP 服务器的 IP 地址为 192.168.59.135，登录用户名为 sm，密码为 123。在该服务器上有一个 file.txt 文件。使用 netwox 工具，下载该文件，并校验其哈希值。

（1）假设文件的哈希值为 c23f95941f9e226044a622c925b5fd2b，执行命令如下：

```
root@daxueba:~# netwox 174 -i 192.168.59.135 -F file.txt 4566.txt -m
c23f95941f9e226044a622c925b5fd2b -u sm -a 123
```

执行命令后，没有输出任何信息，表示下载文件 file.txt 的哈希值和指定值是一致的。

（2）如果提供一个错误的哈希值 123456789012345678901234567890012，执行命令如下：

```
root@daxueba:~# netwox 174 -i 192.168.59.135 -F file.txt -m 1234567890
12345678901234567890012 -u sm -a 123
```

输出信息如下：

```
MD5 is c23f95941f9e226044a622c925b5fd2b instead of 12345678901234567890
123456789012
```

以上输出信息表示，file.txt 文件的 MD5 哈希值不是 12345678901234567890
123456789012，而是 c23f95941f9e226044a622c925b5fd2b。

13.5.3 列出 FTP 服务器上目录列表信息

成功登录 FTP 服务器以后，用户就可以查看服务器上的目录信息了。netwox 工具提供了一个编号为 111 的模块，它可以列出当前目录下的所有信息，但不能列出子目录中的信息。其语法格式如下：

```
netwox 111 -i IP --dir file.txt -u login -a password
```

其中，-i 选项指定 FTP 服务器的 IP 地址；--dir 选项指定要列出的目录名称；-u 选项指定登录的用户名；-a 选项指定登录的密码。

【实例 13-3】已知 FTP 服务器上有一个目录 content。使用 netwox 工具列出该目录中的信息，具体步骤如下：

（1）在 FTP 服务器上，查看该目录的信息，执行命令如下：

```
root@daxueba:~# ls content/
```

输出信息如下：

```
dir-1 dir-2 file.txt pass-1.txt pass-2.txt
```

以上输出信息表示该目录中包含了 3 个文件和 2 个目录。

（2）使用 netwox 工具，在客户端列出该文件夹的目录信息，执行命令如下：

```
root@daxueba:~# netwox 111 -i 192.168.59.135 --dir content -u sm -a 123
```

输出信息如下：

```
pass-1.txt (file of size 23)
file.txt (file of size 27)
pass-2.txt (file of size 18)
dir-2 (dir)
dir-1 (dir)
```

将以上输出信息与步骤（1）的输出信息对比可以看出，成功列出了该目录中的所有信息，包含的文件分别为 pass-1.txt，file.txt 和 pass-3.txt，并且给出了对应的大小。

13.5.4 下载文件

成功登录 FTP 服务器以后，用户就可以从服务器上下载文件了。netwox 工具提供了编号为 112 的模块，它可以从 FTP 服务器上下载指定文件。其语法格式如下：

```
netwox 112 -i IP -F file1.txt -f file2.txt -u login -a password
```

其中，-i 选项指定 FTP 服务器的 IP 地址；-F 选项指定 FTP 服务器上的文件名称，即要下载的文件；-f 选项指定下载到本机后的文件名称；-u 选项指定登录的用户名；-a 选项指定登录的密码。

【实例 13-4】从 FTP 服务器上下载文件 file.txt，下载后的文件名称命名为 keep.txt。执行命令如下：

```
root@daxueba:~# netwox 112 -i 192.168.59.135 -F file.txt -f keep.txt -u sm
-a 123
```

执行命令后没有任何输出信息，但是会成功下载文件 file.txt，下载后的文件名为 keep.txt。

13.5.5　上传文件

成功登录 FTP 服务器以后，用户还可以向服务器上传文件。netwox 工具提供了编号为 113 的模块，实现文件上传功能。其语法格式如下：

```
netwox 113 -i IP -f file1.txt -F file2.txt -u login -a password
```

其中，-i 选项指定 FTP 服务器的 IP 地址；-f 选项指定要上传的文件名称，即本地文件；-F 选项指定上传到 FTP 服务器后的文件名称；-u 选项指定登录的用户名；-a 选项指定登录的密码。

【实例 13-5】将本地文件 keep1.txt 上传到 FTP 服务器上，命名为 keep2.txt。执行命令如下：

```
root@daxueba:~# netwox 113 -i 192.168.59.135 -f keep1.txt -F keep2.txt -u
sm -a 123
```

执行命令后没有任何输出信息，但是会将本地文件 keep1.txt 上传到 FTP 服务器上，文件名为 keep2.txt。

13.5.6　FTP 删除文件

登录 FTP 服务器后，用户还可以在客户端上删除 FTP 服务器上的文件。netwox 工具提供了编号为 114 的模块实现该功能。其语法格式如下：

```
netwox 114 -i IP -F file -u login -a password
```

其中，-i 选项指定 FTP 服务器的 IP 地址；-F 选项指定要删除 FTP 服务器上的文件名称；-u 选项指定登录的用户名；-a 选项指定登录的密码。

【实例 13-6】删除 FTP 服务器上的 file.txt 文件，执行命令如下：

```
root@daxueba:~# netwox 114 -i 192.168.59.135 -F file.txt -u sm -a 123
```

执行命令后没有任何输出信息，但是会将 FTP 服务器上的 file.txt 文件删除。

13.5.7 下载目录

netwox 工具中编号为 112 的模块可以下载指定的文件。如果要下载服务器上某个目录，需要使用编号为 114 的模块。该模块不仅可以下载目录，还可以列出目录及子目录信息。其语法格式如下：

```
netwox 114 -i IP -F DIR1 -f DIR2 -u login -a password
```

其中，-i 选项指定 FTP 服务器的 IP 地址；-F 选项指定 FTP 服务器的目录名称；-f 选项用来指定下载的目录在本地显示的目录名称；-u 选项用来指定 FTP 服务器登录的用户名；-a 选项用来指定 FTP 服务器登录的密码。

【实例 13-7】已知 FTP 服务器上有一个目录 Dir，使用 netwox 工具下载该目录的所有内容。具体步骤如下：

（1）查看目录 Dir 包含的信息，执行命令如下：

```
root@daxueba:~# ls Dir -R
```

输出信息如下：

```
Dir:
dir-1  dir-2  dir-3  pass.txt

Dir/dir-1:
file-1.txt

Dir/dir-2:
file-2.txt

Dir/dir-3:
file-3.txt
```

以上输出信息表示目录 Dir 中包含了 3 个子目录，分别为 dir-1，dir-2 和 dir-3，还包含了一个文件 pass.txt。在子目录 dir-1 中包含了一个文件 file-1.txt，在子目录 dir-2 中包含了一个文件 file-2.txt，在子目录 dir-3 中包含了一个文件 file-3.txt。

（2）使用 netwox 工具从 FTP 服务器下载目录 Dir 中的所有目录信息，下载后目录名称为 DIR，执行命令如下：

```
root@daxueba:~# netwox 115 -i 192.168.59.135 -F Dir -f DIR -u sm -a 123
```

输出信息如下：

```
DIR/dir-3
DIR/dir-3/file-3.txt
DIR/dir-2
DIR/dir-2/file-2.txt
DIR/pass.txt
DIR/dir-1
DIR/dir-1/file-1.txt
```

将以上输出信息与步骤（1）的输出信息进行对比，可以看出成功下载了所有的信息。

13.5.8　上传目录

登录 FTP 服务器以后，用户不仅可以从服务器下载整个目录，还可以将本地的目录上传到 FTP 服务器。netwox 工具提供了编号为 116 的模块，它可以进行递归上传，将本地目录以及子目录中的内容都上传到服务器。其语法格式如下：

```
netwox 116 -i IP -f DIR1 -F DIR2 -u login -a password
```

其中，-i 选项指定 FTP 服务器的 IP 地址；-f 选项指定要上传的本地目录名称；-F 选项指定上传到 FTP 服务器的目录名称；-u 选项指定登录的用户名；-a 选项指定登录的密码。

【实例 13-8】将本地目录 DIR 上传到服务器，上传后的目录名称设置为 Mydir，执行命令如下：

```
root@daxueba:~# netwox 116 -i 192.168.59.135 -f DIR -F Mydir -u sm -a 123
```

输出信息如下：

```
DIR/dir-3
DIR/dir-3/file-3.txt
DIR/dir-2
DIR/dir-2/file-2.txt
DIR/pass.txt
DIR/dir-1
DIR/dir-1/file-1.txt
```

以上输出信息显示了上传目录的所有文件和子目录，可以看到上传了目录下的子目录 dir-1，dir-2，dir-3 和多个文件。

13.5.9　递归删除目录

如果 FTP 服务器上的某个目录不再需要，可以将其删除。netwox 工具中编号为 117 的模块提供了删除目录的功能。它可以递归删除目录中的所有信息，包括子目录及子目录下的所有内容。其语法格式如下：

```
netwox 117 -i IP -F DIR -u login -a password
```

其中，-i 选项指定 FTP 服务器的 IP 地址；-F 选项指定要删除的 FTP 服务器上的目录名称；-u 选项指定登录的用户名；-a 选项指定登录的密码。

【实例 13-9】删除 FTP 服务器上的 Mydir 目录，执行命令如下：

```
root@daxueba:~# netwox 117 -i 192.168.59.135 -F Mydir -u sm -a 123
```

输出信息如下：

```
Entering directory Mydir
Entering directory dir-3
Deleting file file-3.txt
Leaving directory dir-3
Deleting directory dir-3
Entering directory dir-2
Deleting file file-2.txt
Leaving directory dir-2
Deleting directory dir-2
Deleting file pass.txt
Entering directory dir-1
Deleting file file-1.txt
Leaving directory dir-1
Deleting directory dir-1
Deleting directory Mydir
```

以上输出信息显示了递归删除目录内容的整个过程。例如，首先进入目录 Mydir。由于该目录中包含子目录 dir-3，再进入子目录 dir-3 中；将该子目录中的文件 file-3.txt 进行删除，然后离开子目录 dir-3，删除该子目录。以此类推，删除指定目录中的所有信息。

13.6 暴力破解 FTP 服务

登录 FTP 服务器需要正确的用户名和密码。如果不知道用户名和密码，就无法登录。netwox 工具提供了编号为 130 的模块，它可以对 FTP 服务器的用户名和密码实施暴力破解。它使用用户名和密码字典进行匹配，猜测正确的登录用户名和密码。其语法格式如下：

```
netwox 130 -i IP -l user.file -w pass.file
```

其中，-i 选项指定 FTP 服务器的 IP 地址；-l 选项指定用户名字典文件，-w 选项指定密码字典文件。

【实例 13-10】已知 FTP 服务器的 IP 地址为 192.168.59.135。现有一个用户名字典文件 user.txt，一个密码字典文件 password.txt。使用这两个字典文件，暴力破解 FTP 服务器的用户名和密码。

```
root@daxueba:~# netwox 130 -i 192.168.59.135 -l user.txt -w password.txt
```

输出信息如下：

```
Trying(thread1) "admin" - "root"
Trying(thread2) "admin" - "linux"
Trying(thread3) "admin" - "123abc"
Trying(thread4) "admin" - "123"
Trying(thread5) "root" - "root"
Couple(thread1) "admin" - "root" -> bad
Trying(thread1) "root" - "linux"
Couple(thread2) "admin" - "linux" -> bad
Trying(thread2) "root" - "123abc"
Couple(thread3) "admin" - "123abc" -> bad
Trying(thread3) "root" - "123"
```

```
Couple(thread4) "admin" - "123" -> bad
Trying(thread4) "sm" - "root"
Couple(thread5) "root" - "root" -> bad
Trying(thread5) "sm" - "linux"
Couple(thread3) "root" - "123" -> bad
Trying(thread3) "sm" - "123abc"
Couple(thread1) "root" - "linux" -> bad
Trying(thread1) "sm" - "123"
Couple(thread5) "sm" - "linux" -> bad
Trying(thread5) "" - "root"
Couple(thread2) "root" - "123abc" -> bad
Trying(thread2) "" - "linux"
Couple(thread4) "sm" - "root" -> bad
Trying(thread4) "" - "123abc"
Couple(thread1) "sm" - "123" -> good
Trying(thread1) "" - "123"
Couple(thread2) "" - "linux" -> bad
Couple(thread3) "sm" - "123abc" -> bad
Couple(thread5) "" - "root" -> bad
Couple(thread4) "" - "123abc" -> bad
Couple(thread1) "" - "123" -> bad
```

以上输出信息显示了暴力破解的整个过程。它将用户名字典文件 user.txt 中的每一个用户名与密码字典文件 password.txt 中的所有密码进行配对使用。如果登录成功，显示为 good；否则，显示为 bad。当使用用户名 sm 与密码 123 进行登录时，显示为 good，表示 FTP 服务器登录的用户名为 sm，密码为 123。

如果用户知道用户名而不知道密码，可以直接使用用户名，指定密码字典即可。执行命令如下：

```
root@daxueba:~# netwox 130 -i 192.168.59.135 -L sm -w password.txt
```

输出信息如下：

```
Trying(thread1) "sm" - "root"
Trying(thread2) "sm" - "linux"
Trying(thread3) "sm" - "123abc"
Trying(thread4) "sm" - "123"
Couple(thread1) "sm" - "root" -> bad
Couple(thread2) "sm" - "linux" -> bad
Couple(thread3) "sm" - "123abc" -> bad
Couple(thread4) "sm" - "123" -> good
```

第 14 章 TFTP 服务

简单文件传输协议（Trivial File Transfer Protocol，TFTP）是 TCP/IP 协议族中一种简单的文件传输协议，用来在客户端与服务器之间进行文件传输。本章将讲解基于该协议的 TFTP 服务。

14.1 TFTP 协议概述

TFTP 基于 UDP 协议进行文件传输。与 FTP 协议不同的是，TFTP 传输文件时不需要用户进行登录。它只能从文件服务器上下载或上传文件，不能列出目录。本节将讲解 TFTP 协议的工作方式。

14.1.1 协议模式

TFTP 协议模式类似于客户端发送请求，服务器进行响应。由于 TFTP 是基于 UDP 协议的，而 UDP 数据包本身就不是很安全，即发送端发送的数据是否能成功到达接收端是不能确定的。因此，为了能够让发送端知道接收端已经接收到了发送端发来的数据包，接收端对接收到的每一个数据包都进行确认。

14.1.2 报文类型

TFTP 客户端与服务器进行信息交互的过程中有 5 种报文类型。每种报文类型及含义如下：

- Read Request（RRQ）：请求读取报文，表示客户端向 TFTP 服务器发送读取请求，希望从 TFTP 服务器上读取文件，即下载文件。
- Write Request（WRQ）：请求写入报文，表示客户端向 TFTP 服务器发送写入请求，希望向 TFTP 服务器写入文件，即上传文件。
- Data（DATA）：传输数据包报文，表示客户端与 TFTP 服务器之间进行文件的数据传输。
- Acknowledgment（ACK）：确认报文，表示对请求读取、请求写入和传输数据包进行确认。

- Error（ERROR）：差错报文，在文件传输过程中，如果出现读取和写入错误，将会产生这种数据包。

14.1.3　构建 TFTP 服务器

为了能够验证 TFTP 协议工作机制，需要构建一个 TFTP 服务器。netwox 工具提供了编号为 167 的模块，它可以构建 TFTP 服务器，允许用户完成简单的文件传输任务。其语法格式如下：

```
netwox 167
```

14.2　下 载 文 件

下载文件是指客户端从 TFTP 服务器上下载文件。本节讲解客户端如何从 TFTP 服务器进行文件下载，以及下载所涉及的各类型的数据包。

14.2.1　工作流程

客户端会向 TFTP 服务器发送请求读取（RRQ）数据包，指明要从服务器上读取的文件。如果 TFTP 服务器接收了该请求，将打开连接，向客户端发送请求获取的文件数据。发送的数据包是以定长 512 字节进行传输。如果文件数据大于 512 字节，将分成多个数据包进行传输。由于每个数据包都需要得到确认，所以发送的每个数据包都包含数据编号，并且从 1 开始进行排序。当发送的数据包小于 512 字节，则表示这是最后一个数据包，传输即将结束。其工作流程如图 14.1 所示。

图 14.1 中显示了客户端从 TFTP 服务器上下载文件信息的工作流程，每个步骤含义如下：

（1）客户端向 TFTP 服务器发送读取请求（RRQ）。

（2）TFTP 服务器将文件数据返回给客户端，这里是第 1 个数据包（DATA 包），数据编号为 1，大小为 512 字节。

（3）客户端对发来的数据，即编号为 1 的 DATA 包进行确认。

（4）服务器收到客户端的确认以后，继续发送第 2 个 DATA 包，数据编号为 2，大小为 512 字节。

（5）客户端对发来的数据，即编号为 2 的 DATA 包进行确认，向服务器发送数据编号为 2 的 ACK 包。

（6）服务器收到客户端的确认以后，继续发送第 3 个 DATA 包，数据编号为 3。此时，该数据包是文件的最后数据信息，大小小于 512 字节。

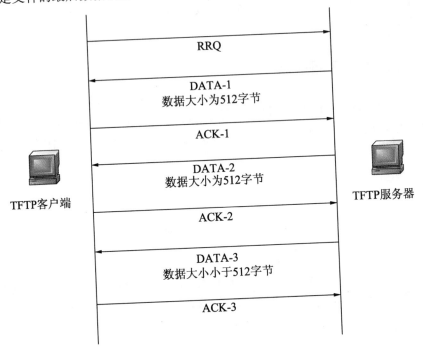

图 14.1　工作流程

（7）客户端收到服务器发来的 DATA 包，查看数据编号为 3，并且大小小于 512 字节，就认为服务器已经将文件的数据信息全部发送给了自己（客户端），表示下载完成。客户端对最后的 DATA 数据包进行确认，向服务器发送数据编号为 3 的 ACK 包。

14.2.2　报文格式

图 14.1 中的工作流程中涉及 3 种类型的数据包，即 RRQ，DATA 和 ACK。下面介绍这三种类型数据包的报文格式。

（1）RRQ 请求报文格式

RRQ 类型的请求包是读取服务器上指定文件的信息。因此，该类型数据包的报文中包含了文件名字段。文件信息数据进行传输时需要指定传输模式，因此报文中还包含了模式字段。RRQ 请求包格式如图 14.2 所示。

操作码	文件名	0	模式	0

图 14.2　RRQ 请求包格式

每个字段含义如下：

- 操作码：表示 TFTP 报文类型，这里为 Read Request，值为 1。
- 文件名：位于 TFTP 服务器上的文件名称。
- 0：表示文件字段要以 0 字节作为结束。
- 模式：表示数据格式。如果为 netascii 时，表示主机必须将数据转换为 ASCII 格式；如果为 octet 时，表示使用 8bit 的字节流传输。
- 0：这里表示模式字段要以 0 字节作为结束。

（2）DATA 报文格式

DATA 报文是用来传输数据的，因此报文中包含了"数据"字段。由于传输的数据包往往是多个，需要添加对应的编号，因此报文中包含了"数据编号"字段。DATA 报文格式如图 14.3 所示。

| 操作码 | 数据编号 | 数据 |

图 14.3　DATA 报文格式

每个字段含义如下：

- 操作码：表示 TFTP 报文类型，这里为 Data Packet，值为 3。
- 数据编码：数据包对应的编号，从 1 开始进行排序。
- 数据：传输的文件数据及大小。

（3）ACK 报文格式

ACK 是对每个 DATA 包的确认，由于每个 DATA 包的数据编号不同，因此该报文中包含数据编号字段。ACK 报文格式如图 14.4 所示。

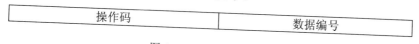

| 操作码 | 数据编号 |

图 14.4　ACK 报文格式

每个字段含义如下：

- 操作码：表示 TFTP 报文类型，这里为 Acknowledgement，值为 4。
- 数据编号：用来对应 DATA 包中的"数据编号"字段。

14.2.3　构建 RRQ 包

为了能够更清晰地了解 TFTP 下载文件的整个过程，下面进行文件下载操作。在 netwox 工具中，编号为 165 的模块可以从 TFTP 服务器上下载指定的文件。其语法格式如下：

```
netwox 165 -i IP -F file1 -f file2
```

其中，-i 选项指定 TFTP 服务器的 IP 地址；-F 选项指定 TFTP 服务器上的文件名称；-f 选项用来指定文件下载后保存的名称。

【实例 14-1】已知 TFTP 服务器的 IP 地址为 192.168.59.135，在该服务器上存在一个

test.txt 文件。在 192.168.59.133 主机上使用 netwox 工具下载该文件。具体步骤如下：

（1）在 TFTP 服务器上查看 test.txt 文件的大小，执行命令如下：

```
root@daxueba:~# du -b test.txt
```

输出信息如下：

```
1226    test.txt
```

其中，1226 表示文件大小为字节，test.txt 为文件名称。表示该文件大小为 1226 字节。

（2）下载该文件到本地主机，下载后命名为 Test-keep.txt，执行命令如下：

```
root@daxueba:~# netwox 165 -i 192.168.59.135 -F test.txt -f Test-keep.txt
```

执行命令后没有任何输出信息，但是会成功下载 test.txt 文件。

（3）通过抓包查看下载文件整个过程产生的数据包，如图 14.5 所示。

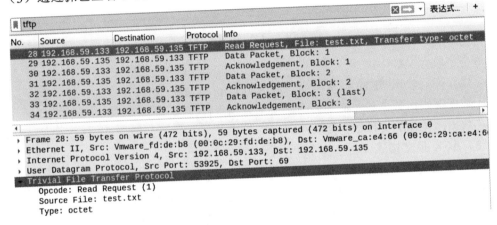

图 14.5　下载文件数据包

图 14.5 中，第 28～34 个数据包为下载文件整个过程的数据包。第 28 个数据包为客户端构建的 RRQ 请求包。通过包的基本信息可以看到源 IP 地址为 192.168.59.133，目标 IP 地址为 192.168.59.135，Info 列中的信息为 Read Request。在 Trivial File Transfer Protocol 部分显示了报文格式，含义如下：

```
Trivial File Transfer Protocol
    Opcode: Read Request (1)          #操作码，这里值为 1，表示是一个 RRQ 请求
    Source File: test.txt             #要下载的文件名
    Type: octet                       #数据格式为 octet
```

（4）第 29 个数据包是一个 DATA（传输数据）包，如图 14.6 所示。

该数据包为 TFTP 服务器返回给客户端的第一个 DATA 包，用来传输文件信息。通过包的基本信息可以看到源 IP 地址为 192.168.59.135，目标 IP 地址为 192.168.59.133，Info 列中的信息为 Data Packet。其报文格式及信息如下：

```
Trivial File Transfer Protocol
    Opcode: Data Packet (3)           #操作码，这里值为 3，表示是一个 DATA 包
```

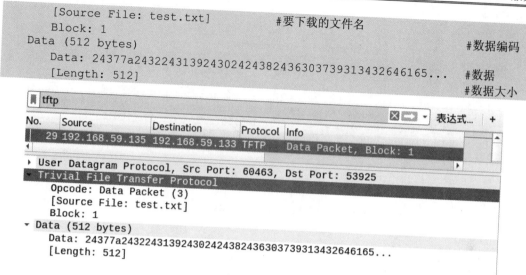

图 14.6 DATA 包

从输出信息可以看到，服务器返回的文件数据信息，这里数据编码为 1，说明这是返回的第一个 DATA 包，数据大小为 512 字节。

（5）第 30 个数据包为客户端返回给服务器的确认包，是对服务器发来的 DATA 包的确认，如图 14.7 所示。通过包的基本信息可以看到源 IP 地址为 192.168.59.133，目标 IP 地址为 192.168.59.135，Info 列中的信息为 Acknowledgement。在报文字段中可以看到，数据编码为 1，表示该包是第一个 DATA 包的确认包。

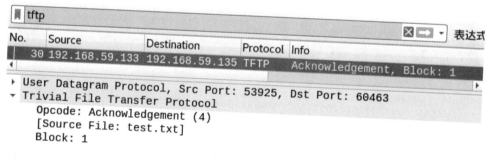

图 14.7 确认包

（6）第 31 个数据包为服务器第二次给客户端发送的 DATA 包，如图 14.8 所示。通过包的基本信息可以看到源 IP 地址为 192.168.59.135，目标 IP 地址为 192.168.59.133，Info 列中的信息为 Data Packet。在报文字段信息中，可以看到与第 30 个数据包不同的是，这次的数据编码为 2，说明这是发送的第 2 个 DATA 包，数据大小为 512 字节。第 32 个数据包为客户端返回的确认包。

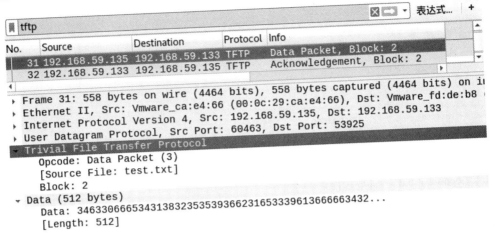

图 14.8　第 2 个 DATA 包

（7）第 33 个数据包为服务器第 3 次给客户端发送的 DATA 包，如图 14.9 所示。在报文字段中，可以看到 Block 的值为 3，表示这是第 3 个 DATA 包，Length 的值为 202，表示该数据包大小为 202 字节，它小于 512 字节，说明该 DATA 包是服务器向客户端发送的最后一个 DATA 包。

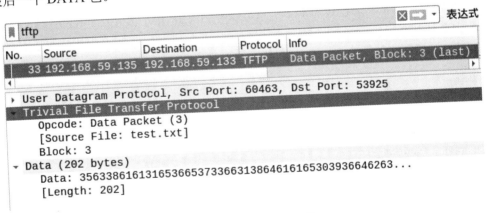

图 14.9　第 3 个 DATA 包

（8）第 34 个数据包为客户端对服务器发送的最后一次确认包，如图 14.10 所示。在该数据包的报文字段中可以看到 Block 的值为 3，表示是对最后一个 DARA 包的确认，是客户端发送给服务器的 ACK 包。此时完成了整个文件下载过程。通过前面介绍知道文件 test.txt 大小为 1226 字节，服务器向客户端发送的第 1 个和第 2 个 DATA 包大小都为 512 字节，第 3 个 DATA 包大小为 202，这 3 个 DATA 包大小加起来正好为 1226 字节。

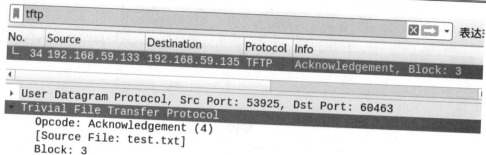

图 14.10　对最后一个 DATA 包的确认

在进行文件下载时，为了判断文件是否在传输过程中有损坏，可以在下载文件时对文件进行 MD5 值校验。netwox 工具的第 176 个模块提供了该功能。它可以从 TFTP 服务器上下载指定文件并检查文件的 MD5 值。其语法格式如下：

```
netwox 176 -i IP -F file -s MD5
```

其中，-i 选项用来指定 TFTP 服务器的 IP 地址，-F 选项用来指定 TFTP 服务器上的文件名称，-s 选项用来指定预期的 MD5 哈希值。

【实例 14-2】以【实例 14-1】中的 test.txt 文件为例进行文件下载并检查其 MD5 值。这里假设文件的 MD5 值为 123456789012345678901234456789012，执行命令如下：

```
root@daxueba:~# netwox 176 -i 192.168.59.135 -F test.txt -s
"123456789012345678901234456789012"
```

输出信息如下：

```
MD5 is e68fa2ccc1acea5d1173f2669fbc69e4 instead of 12345678901234567890
123456789012
```

上述输出信息表示给定的值不正确。下载文件的 MD5 值应该为 e68fa2ccc1acea5d1173f2669fbc69e4。在执行命令时，没有输出结果，表示指定的 MD5 值正确。

14.3　上 传 文 件

上传文件指的是客户端将本地上的文件上传到 TFTP 服务器上。下面介绍客户端如何进行文件上传，以及上传时所涉及的各类型数据包。

14.3.1　工作流程

客户端会向 TFTP 服务器发送请求写入（WRQ）数据包，指明要写入的文件。如果 TFTP 服务器允许该文件的写入，就返回一个 ACK 确认包，该包的编号为 0。客户端收到

服务器的确认包以后，就开始向服务器写入文件。文件数据以定长 512 字节进行传输，与 RRQ 包的传输方式一样，传输的每一个文件数据包都会得到服务器返回的确认包，并且数据包的数据编号也是从 1 开始。其工作流程如图 14.11 所示。

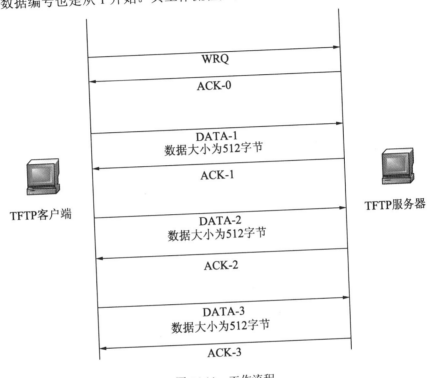

图 14.11　工作流程

图 14.11 中显示了客户端向 TFTP 服务器上传文件信息的工作流程，每个步骤含义介绍如下：

（1）客户端向 TFTP 服务器发送写入请求（WRQ）。

（2）服务器收到客户端的 WRQ 请求后，同意该请求，返回 ACK 确认包。这里的确认包的数据编号为 0。

（3）客户端收到请求的确认包以后，得知服务器已经同意文件上传。客户端开始进行文件上传，向服务器发送文件信息数据。首先发送第 1 个 DATA 包，大小为 512 字节，此时包的数据编号为 1，因为步骤（2）中已经使用了数据编号 0。

（4）服务器收到客户端发来的数据编号为 1 的 DATA 包，并进行确认，向客户端发送数据编号为 1 的 ACK 包。

（5）客户端收到第 1 个 DATA 包返回的 ACK 包后，继续向服务器发送第 2 个 DATA 包，大小为 512 字节，此时的数据编号为 2。

（6）服务器对第 2 个 DATA 包进行确认，向客户端发送数据编号为 2 的 ACK 包。

（7）客户端收到第 2 个 DATA 包返回的 ACK 包后，继续向服务器发送第 3 个 DATA

包，大小小于 512 字节，此时的数据编号为 3。

（8）服务器收到发来第 3 个的 DATA 包，发现包大小小于 512 字节，就认为客户端已经将文件的数据信息全部发送给了自己（服务器），表示上传完成。服务器对最后的 DATA 数据包进行确认，向客户端发送数据编号为 3 的 ACK 包。

14.3.2　构建 WRQ 包

为了能够更清晰地了解 TFTP 上传文件的整个过程，下面演示该操作。在 netwox 工具中，编号为 166 的模块可以将客户端的文件上传到 TFTP 服务器上。其语法格式如下：

```
netwox 166 -i IP -f file1 -F file2
```

其中，-i 选项指定 TFTP 服务器的 IP 地址；-f 选项指定本地的文件名称；-F 选项指定本地文件上传到服务器后的文件名称。

【实例 14-3】已知 TFTP 服务器的 IP 地址为 192.168.59.135，本地文件 Test-keep.txt 大小为 1226 字节。使用 netwox 工具将该文件上传到 TFTP 服务器上。具体步骤如下：

（1）上传文件，上传后的文件命名为 keep.txt，执行命令如下：

```
root@daxueba:~# netwox 166 -i 192.168.59.135 -f Test-keep.txt -F keep.txt
```

执行命令后没有任何输出信息，但是会成功将文件上传到 TFTP 服务器上。

（2）抓包，并查看上传文件整个过程产生的数据包，如图 14.12 所示。

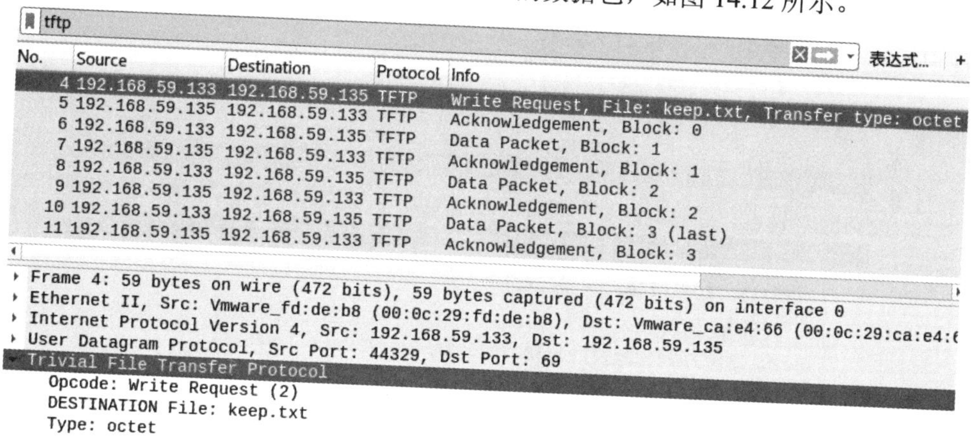

图 14.12　文件上传

图 14.12 中，第 4~11 个数据包为上传文件整个过程的数据包。第 4 个数据包为客户端构建的 WRQ 请求包。通过包的基本信息可以看到，源 IP 地址为 192.168.59.133，目标 IP 地址为 192.168.59.135，Info 列中的信息为 Write Request。在 Trivial File Transfer Protocol 部分显示了报文格式，含义如下：

```
Trivial File Transfer Protocol
    Opcode: Write Request (2)
    DESTINATION File: keep.txt
    Type: octet
```
#操作码，这里值为 2，表示是一个 WRQ 请求
#上传后的文件名
#数据格式为 octet

（3）第 5 个数据包是服务器返回的确认（ACK）包，如图 14.13 所示。通过包的基本信息可以看到，源 IP 地址为 192.168.59.135，目标 IP 地址为 192.168.59.133，Info 列中的信息为 Acknowledgement。在报文字段信息中可以看到，Block 值为 0，表示该确认包的数据编码为 0。

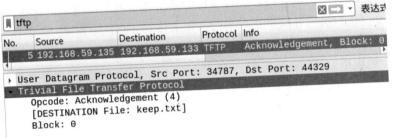

图 14.13　ACK 包

（4）第 6 个数据包为客户端向服务器上传文件时，发送数据信息的第一个 DATA 包，如图 14.14 所示。通过包的基本信息可以看到，源 IP 地址为 192.168.59.133，目标 IP 地址为 192.168.59.135，Info 列中的信息为 Data Packet。在报文字段信息中可以看到，此时数据编码为 1，传输的数据大小为 512 字节。

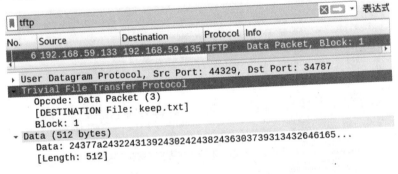

图 14.14　第 1 个 DATA 包

（5）第 7 个数据包为服务器返回给客户端的确认包，是对客户端发来的 DATA 包的确认，如图 14.15 所示。通过包的基本信息可以看到，源 IP 地址为 192.168.59.135，目标 IP 地址为 192.168.59.133，Info 列中的信息为 Acknowledgement。在报文字段中可以看到，数据编码为 1，表示该包是第 1 个 DATA 包的确认包。

（6）第 8 个数据包为客户端第 2 次给服务器发送的 DATA 包，如图 14.16 所示。通过包的基本信息可以看到，源 IP 地址为 192.168.59.133，目标 IP 地址为 192.168.59.135，Info